Heidelberger Taschenbücher Band 71

Otfried Madelung

Grundlagen der Halbleiterphysik

Mit 63 Abbildungen

Springer-Verlag Berlin · Heidelberg · New York 1970

Professor Dr. Otfried Madelung
Institut für Theoretische Physik (II) der Universität Marburg (Lahn)

ISBN-13: 978-3-540-04872-5   e-ISBN-13: 978-3-642-95158-9
DOI: 10.1007/978-3-642-95158-9

Das Werk ist urheberrechtlich geschützt. Die dadurch begründeten Rechte, insbesondere die der Übersetzung, des Nachdruckes, der Entnahme von Abbildungen, der Funksendung, der Wiedergabe auf photomechanischem oder ähnlichem Wege und der Speicherung in Datenverarbeitungsanlagen bleiben, auch bei nur auszugsweiser Verwertung, vorbehalten. Bei Vervielfältigungen für gewerbliche Zwecke ist gemäß § 54 UrhG eine Vergütung an den Verlag zu zahlen, deren Höhe mit dem Verlag zu vereinbaren ist.
© by Springer-Verlag Berlin · Heidelberg 1970. Library of Congress Catalog Card Number 72-108678.

Titel-Nr. 7599

Vorwort

Das nun seit zwei Jahrzehnten anhaltende Interesse an den Halbleitern — sei es als Modellsubstanzen für die Untersuchung von Festkörpereigenschaften, sei es als Ausgangsmaterialien für zahlreiche Bauelemente der Elektronik — hat zu einer Flut von Veröffentlichungen geführt. Alle neu erscheinenden Originalarbeiten kann ein einzelner nicht mehr überblicken. Die Zahl der zusammenfassenden Berichte über Teilgebiete der Halbleiterphysik beträgt weit über Hundert. Wenn in dieser Situation ein weiteres Buch über Halbleiter vorgelegt wird, so waren dafür folgende Gründe maßgebend:

Der größte Teil der Halbleiterphänomene läßt sich mit einfachen halbklassischen Modellvorstellungen qualitativ (und oft auch quantitativ) erklären. Dies gilt insbesondere für die Erscheinungen, die die Grundlage zum Verständnis der Transistorphysik bilden. Der Erfolg einfacher Modelle ist aber immer mit der Gefahr der mißbräuchlichen Anwendung der notwendig simplifizierten Begriffe verbunden. Die Grenzen der Anwendung eines Modells müssen also stets im Auge behalten werden. Nicht nur in der Forschung, sondern auch in der Anwendung sind diese Grenzen aber heute in vielen Fällen überschritten. So läßt sich der Gunn-Effekt — um nur ein Beispiel zu nennen — nicht verstehen ohne die Kenntnis der detaillierten Bandstruktur des Galliumarsenids und ohne Berücksichtigung der unterschiedlichen Elektron-Phonon-Wechselwirkung bei schwachen und bei starken elektrischen Feldern. Nicht nur der Physiker, der auf dem Halbleitergebiet arbeitet, sondern auch der Ingenieur, der die Halbleiterbauelemente mit Verständnis anwenden will, sollte deshalb über die einfachen Grundbegriffe des Halbleitermodells hinaus dessen Grenzen und Erweiterungsmöglichkeiten kennen. Er sollte wissen, was ein $\Gamma_{25'}$-Minimum ist und warum es so genannt wird, er sollte den Unterschied zwischen akustischer und optischer Elektron-Gitter-Wechselwirkung verstehen, er sollte also etwas mehr von den Grundlagen der Halbleiterphysik wissen als ihm häufig in Einführungen geboten wird.

Nach einer Erläuterung der Grundbegriffe an Hand des einfachen Halbleitermodells werden deshalb in den ersten fünf Kapiteln und Teilen des sechsten und siebenten Kapitels die theoretischen Grundlagen des Modells quantitativ so weit entwickelt, wie dies im Rahmen eines Taschenbuches möglich ist. Die weiteren Kapitel bringen dann die Fülle der optischen und elektrischen Halbleiterphänomene, die Grundlagen der Transistorphysik und weitere relevante Halbleitereigenschaften. Hier war eine rigorose Beschränkung des Stoffes notwendig. Dies war nur möglich durch die zahlreichen zusammenfassenden Berichte, die in Buchreihen und Zeitschriften vorliegen. Auf diese Darstellungen wird ausgiebig und möglichst vollständig hingewiesen.

Die Abschnitte, die sich mit der theoretischen Fundierung des Halbleitermodells befassen, erfordern zu ihrem Verständnis eine Vertrautheit des Lesers mit den Grundlagen der Quantenmechanik. Dem theoretisch weniger vorgebildeten Leser sei empfohlen, die wichtigsten Ergebnisse dieser Abschnitte zur Kenntnis zu nehmen und sich dann der Schilderung der zahlreichen Halbleiterphänomene zuzuwenden.

Damit kann das vorliegende Buch in zweierlei Hinsicht nützlich sein. Einmal kann es zum ersten Selbststudium und als Führer in die zusammenfassende Literatur dienen. Zusammenfassende Berichte über Teilgebiete erfüllen nur dann ihren Zweck, wenn der Leser sie in das Gesamtgebiet richtig einordnen kann. Zum anderen kann das Buch als Textbuch für Vorlesungen dienen. Es ist nicht als Vorlesungsniederschrift gedacht. Der Nutzen von Taschenbüchern, die den Stoff einer Vorlesung in dem Umfang bringen, in dem ein intelligenter Student mitschreiben würde, ist noch nicht erwiesen. Sie ersparen zwar den Hörern einer mit dem Buch identischen Vorlesung das Mitschreiben — aber oft auch das Mitdenken. Das vorliegende Buch bringt in möglichst sauberer Form die Grundlagen der Halbleitertheorie, läßt aber dem Dozenten die Freiheit, Akzente selbst zu setzen, Teile zurückzustellen, andere ausführlicher zu bringen und Einzelkapitel als Grundlage für Seminare zu benutzen.

Meinen Mitarbeitern, die mir bei der abschließenden Fassung des Manuskriptes und beim Lesen der Korrekturen behilflich waren, danke ich herzlich. Dem Springer-Verlag gebührt Dank für die sorgfältige und ungewöhnlich schnelle Drucklegung des Buches.

Marburg, Dezember 1969　　　　　　　　　　　　　　　　O. Madelung

Inhaltsverzeichnis

Kapitel 1: Grundbegriffe der Halbleiterphysik 1
  1. Definition des Halbleiters 1
  2. Elektronen und Löcher 2
  3. Störstellen 4
  4. Effektive Masse, Beweglichkeit, Lebensdauer 6
  5. Das Energiespektrum der Elektronen 9
  6. Die Grenzen des klassischen Modells 11
  7. Klassifikation der wichtigsten Halbleiter 13

Kapitel 2: Die Symmetrien des Kristallgitters 17
  8. Wigner-Seitz-Zellen und Brillouin-Zonen 17
  9. Die Translationsgruppe, zyklische Randbedingungen . 20
  10. Punktgruppen und Raumgruppen 21

Kapitel 3: Die Bandstruktur 23
  11. Die Schrödinger-Gleichung des Ein-Elektronen-Problems 24
  12. Folgerungen aus der Translationsinvarianz 25
  13. Folgerungen aus der Invarianz gegenüber Operationen der Raumgruppe 28
  14. Irreduzible Darstellungen 31
  15. Typische Eigenschaften der Bandstruktur von Halbleitern 37
  16. Die Effektiv-Massen-Näherung 40
  17. Dynamik der Kristallelektronen 42
  18. Die Zustandsdichte 46
  19. Störstellenterme im Bändermodell 47
  20. Das Bändermodell im Magnetfeld 48

Kapitel 4: Gitterschwingungen 50
  21. Normalschwingungen, Phononen 51
  22. Dispersionsbeziehung für Phononen 52

Kapitel 5: Statistik 54
  23. Das thermodynamische Gleichgewicht 54
  24. Elektronen- und Löcherkonzentrationen in den Bändern und den Störstellen für den homogenen feldfreien Halbleiter 57

25. Reaktionskinetik	61
26. Das lokale Gleichgewicht: Rekombination und Erzeugung	64
27. Das räumliche Gleichgewicht: Diffusions- und Feldströme	66

Kapitel 6: Optische Eigenschaften ... 68

28. Direkte Interband-Übergänge	69
29. Indirekte Interband-Übergänge	74
30. Übergänge in Exzitonen-Zustände	76
31. Absorption und Reflexion im Magnetfeld	79
32. Elektroreflexion	82
33. Absorption freier Ladungsträger	84
34. Absorption durch Gitterschwingungen	89

Kapitel 7: Transporteigenschaften bei lokalem Gleichgewicht ... 92

35. Die Stromgleichungen	92
36. Streumechanismen	94
37. Die Stromgleichungen in der Relaxationszeit-Näherung	100
38. Elektrische Leitfähigkeit und Beweglichkeit	104
39. Galvanomagnetische Effekte	109
40. Thermoelektrische Effekte	116
41. Thermomagnetische Effekte	120
42. Abweichungen von dem Modell des homogenen nichtentarteten Halbleiters mit isotroper parabolischer Bandstruktur	122
43. Transporterscheinungen bei extremen äußeren Einflüssen	128

Kapitel 8: Transporteigenschaften bei Störung des lokalen Gleichgewichtes ... 133

44. Die Transportgleichungen	134
45. Photoleitung	137
46. Mit der Photoleitung verbundene Erscheinungen	142
47. Der p-n-Übergang	143
48. Weitere Eigenschaften von p-n-Übergängen	150
49. Photoeffekt in p-n-Übergängen	153
50. Der n-p-n-Transistor	155
51. Der Feldeffekt-Transistor	159

Kapitel 9: Oberflächen und Kontakte ... 160

52. Die freie Halbleiteroberfläche	160
53. Der Kontakt Metall-Halbleiter mit Verarmungsrandschicht	164
54. Ergänzungen zur Randschichttheorie: Inversionsschichten und Anreicherungs-Randschichten	169

Kapitel 10: Die wichtigsten Eigenschaften spezieller Halbleiter ... 170
55. Halbleiter mit tetraedrischem Gitter ... 171
56. Weitere halbleitende Elemente und Verbindungen . . 181
57. Anwendungsmöglichkeiten der Halbleiter ... 185

Schlußbemerkungen ... 186

Liste der verwendeten Symbole ... 186

Literaturverzeichnis ... 190

Sachverzeichnis ... 194

Kapitel 1

Grundbegriffe der Halbleiterphysik

Das einfachste Bild, das man sich von einem Halbleiter machen kann, ist ein rein klassisch-korpuskulares Modell. Ladungsträger (Elektronen und „Löcher") reagieren miteinander nach Massenwirkungsgesetzen, bewegen sich unter der Wirkung äußerer Felder wie klassische Teilchen durch den Halbleiter und geben Anlaß zu leicht einsehbaren Effekten. Verschärft man dieses Bild durch einige einfache Argumente der Theorie des Bändermodells, so läßt sich ein anschauliches Modell aufstellen, das den größten Teil der typischen Halbleitereigenschaften erklären kann.

Wir werden in diesem einleitenden Kapitel dieses Modell entwickeln und an ihm die Grundbegriffe der Halbleiterphysik erläutern. Im Abschnitt 6 wird das Modell nochmals zusammengefaßt und dabei auf seine Grenzen hingewiesen. Der siebente Abschnitt gibt dann einen ersten Überblick über die wichtigsten heute bekannten Halbleiter.

1. Definition des Halbleiters

Nach der Größe ihrer Leitfähigkeit lassen sich die Festkörper einteilen in *Metalle, Halbleiter* und *Isolatoren*. Hiernach wäre jeder Stoff, dessen elektrische Leitfähigkeit kleiner als die eines Metalles ist, ein Halbleiter. Der moderne Halbleiterbegriff umfaßt eine kleinere Gruppe von Festkörpern, da er mit dem Namen „Halbleiter" eine physikalisch klar definierte Gruppe umfassen will, deren Mitglieder sich nicht nur in einem willkürlich gewählten Merkmal, der elektrischen Leitfähigkeit gleichen.

Alle physikalisch undefinierten Stoffe werden zunächst ausgeschlossen. Als wesentliches Merkmal wird dann eine *elektronische* Leitfähigkeit gefordert. Damit wird die *Ionenleitung* ausgegliedert. Die so eingeengte Stoffgruppe wird dann gegen die *Metalle* durch die Forderung abgegrenzt, daß ein Halbleiter in reinem Zustand bei hinreichend tiefer Temperatur isoliert. Im Gegensatz zu den *Isolatoren* soll der Halbleiter jedoch bei höherer Temperatur einen elektrischen Strom leiten, oder eine Leitfähigkeit soll zumindest durch äußere Eingriffe erzwungen werden können. Damit ist die starke Abhängigkeit der elektrischen Eigenschaften eines Halbleiters von Störungen des idealen Gitteraufbaus gemeint sowie die Möglichkeit, durch Lichteinstrahlung Ladungsträger des Gitters für die Elektrizitätsleitung freizumachen.

Wir fassen als *Definition des Halbleiters* zusammen:

Halbleiter sind physikalisch definierte Festkörper, die in reinem Zustand in der Nähe des absoluten Nullpunktes der Temperatur isolieren, bei höherer Temperatur jedoch entweder eine eindeutig nachweisbare elektronische Leitfähigkeit besitzen, durch Störung des idealen Gitteraufbaus eine Leitfähigkeit erhalten, oder bei welchen zumindest durch äußere Einwirkung eine Leitfähigkeit erzwungen werden kann.

Diese Definition auf Grund phänomenologischer Merkmale charakterisiert eine Stoffgruppe, die durch ein einheitliches physikalisches Modell beschrieben werden kann.

2. Elektronen und Löcher

Ohne an Allgemeinheit zu verlieren, können wir unser Halbleitermodell am Beispiel des *Germaniums* entwickeln, eines Halbleiters, der aus vielen später ersichtlichen Gründen als Modellsubstanz besonders geeignet ist. Germanium ist ein Element der vierten Gruppe des Periodischen Systems. Seine Atome besitzen vier Valenzelektronen außerhalb der äußersten abgeschlossenen Schale. Im Kristall ist jedes Ge-Atom tetraedrisch von vier nächsten Nachbarn umgeben. Die chemische Bindung zwischen nächsten Nachbarn erfolgt durch „*Elektronenbrücken*", in denen jeweils zwei Valenzelektronen lokalisiert sind. Abb. 1 zeigt diese Struktur in einer schematischen zweidimensionalen Darstellung.

Die Valenzelektronen sind also gebunden und können der Kraft eines elektrischen Feldes nicht folgen. Bei gegebener Temperatur werden aber durch die thermische Bewegung des Gitters immer ein

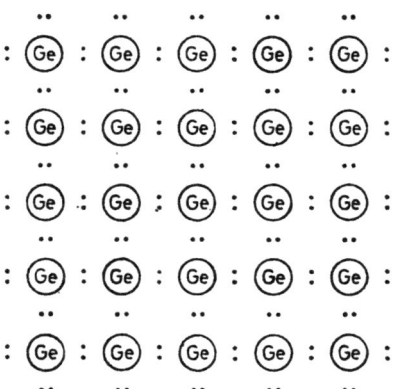

Abb. 1. Schematische Darstellung der Bindungsverhältnisse in Germanium
Ⓖⓔ = Ge^{4+}-Ionen, : = Elektronenpaar

bestimmter Bruchteil der Elektronenbrücken aufgebrochen sein, eine bestimmte Anzahl von Elektronen also aus ihren Bindungen gerissen sein. Diese ,,Leitungselektronen" können dann einen elektrischen Strom führen. Die Zahl solcher thermisch befreiter Ladungsträger wächst offensichtlich mit steigender Temperatur. Wir verallgemeinern diese Aussage:

In einem Halbleiter sind die Valenzelektronen der Gitteratome lokalisiert gebunden. Durch die Temperaturbewegung des Gitters oder durch äußere Einwirkung können sie aus ihren Bindungen gelöst werden und tragen dann als frei bewegliche Elektronen (Leitungselektronen) zum Stromtransport bei.

Der Begriff der Lokalisierung bedeutet nicht, daß ein Valenzelektron an ein bestimmtes Atom fest gebunden ist. Zwei Elektronen in benachbarten Elektronenbrücken können ohne Energieaufwand ihre Plätze tauschen, nur ist damit kein Ladungstransport verbunden. Anders wird die Situation, wenn einzelne Elektronenbrücken aufgebrochen sind, in der vollständigen Besetzung also ,,Löcher" sind. Valenzelektronen aus anderen Brücken können dann (etwa unter der Wirkung eines elektrischen Feldes) in diese Löcher wandern. Dieser Vorgang kann sich sukzessiv wiederholen. Das Loch selbst ,,bewegt" sich dabei genau in die entgegengesetzte Richtung wie die Elektronen. Dies ist in Abb. 2 dargestellt.

Aus diesem Verhalten können wir folgendes Konzept entwickeln:
Die Bewegung der Valenzelektronen unter Wirkung eines elektrischen Feldes läßt sich ersatzweise beschreiben durch die Bewegung der ,,Löcher" in den lokalisierten Zuständen. Diesen Löchern muß man dann eine positive Ladung $+e$ zuordnen, um den Richtungssinn ihrer Bewegung richtig zu beschreiben.

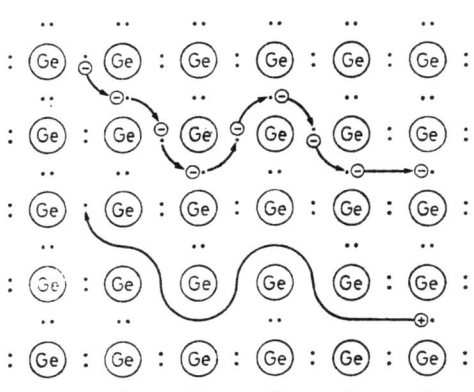

Abb. 2. Sukzessive Bewegung von Valenzelektronen (⊖) und Beschreibung des gleichen Vorganges durch die Bewegung eines Loches (⊕) im schematischen Germanium-Gitter der Abb. 1

Dieses Konzept vereinfacht unser Modell erheblich. Anstelle der Betrachtungen der Gesamtheit der Valenzelektronen genügt die Betrachtung einer wesentlich kleineren Zahl von fiktiven Teilchen, den *Löchern*. Dies Konzept kann aber nur sinnvoll sein, wenn die Löcher sich auch unter anderen als rein elektrischen Kräften wie positive Teilchen verhalten. Wir beschränken uns hier auf die Bemerkung, daß die Theorie des Bändermodells uns in Kapitel 3 zeigen wird, daß das Konzept des Loches als eines Teilchens positiver Ladung (und positiver Masse) im gleichen Umfang gültig ist, wie das Konzept des freien Leitungselektrons im Kristall. Die Löcher haben damit in unserem Modell die gleiche Daseinsberechtigung wie die Elektronen, und wenn wir künftig von diesen beiden ,,Teilchensorten'' sprechen, so bezeichnen wir mit *Elektronen* nur noch die Leitungselektronen, also die aus ihren Bindungen befreiten Valenzelektronen.

In einem ungestörten Halbleiter *(Eigenhalbleiter)* stammen alle Elektronen aus gebundenen Zuständen. Die Konzentration der Löcher p (positive Ladungsträger) ist gleich der Konzentration der Elektronen n (negative Ladungsträger). In diesem Modell entspricht das Herausreißen eines Elektrons aus seiner Elektronenbrücke der *Erzeugung eines Elektron-Loch-Paares*, das Zurückfallen eines Elektrons in einen gebundenen Zustand der *Rekombination eines Elektron-Loch-Paares*. Im thermischen Gleichgewicht halten sich Erzeugung und Rekombination die Waage. Im Sinne der Reaktionskinetik können wir dieses Gleichgewicht durch ein Massenwirkungsgesetz beschreiben. Es lautet, wenn wir noch die zum Loslösen eines Elektrons notwendige Energie mit E_G bezeichnen

$$n \cdot p \sim e^{-\frac{E_G}{kT}}. \qquad (2.1)$$

Da hier $n = p$ sein soll, ist die Konzentration der Elektron-Loch-Paare in einem Eigenhalbleiter proportional $\exp(-E_G/2kT)$.

3. Störstellen

Die elektrischen Eigenschaften der Halbleiter hängen empfindlich von Störungen des idealen Gitteraufbaus *(Störstellen)* ab. Wir machen uns dies am Beispiel des Germaniums klar. Dabei betrachten wir zunächst den Fall, daß Gitteratome durch *Fremdatome* ersetzt werden (Abb. 3). Wird etwa ein Ge-Atom durch ein fünfwertiges As-Atom substituiert, so genügen vier der fünf Valenzelektronen des Arsens für die Bildung der Elektronenbrücken zu den nächsten Nachbarn. Das fünfte, nur schwach elektrostatisch an die Störstelle gebundene Elektron wird sicher leichter abspaltbar sein als ein Elektron aus einer Gitterbindung. Schon bei Temperaturen, bei denen nur wenige Elektron-Loch-Paare durch thermische Anregung geschaffen sind, können die Elektronen solcher als *Donatoren* be-

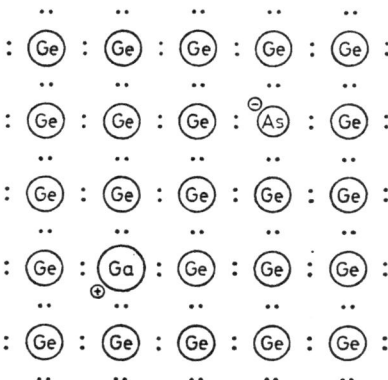

Abb. 3. Ein Arsen-Atom als Donator und ein Gallium-Atom als Akzeptor im Germanium-Gitter

zeichneter Störstellen die Leitfähigkeit erheblich beeinflussen. Wird ein Ge-Atom andererseits durch ein dreiwertiges Atom (z.B. ein Ga-Atom) substituiert, so fehlt ein Valenzelektron zur Bildung der Elektronenbrücken. Dieses fehlende Elektron kann mit geringem Energieaufwand aus einer anderen Elektronenbrücke ergänzt werden. Der Energieaufwand ist notwendig, da die Gallium-Störstelle eine geringere Kernladung hat als ein Gitteratom, ein Valenzelektron von ihr also schwächer angezogen wird als von einem Gitteratom. In unserem Halbleitermodell bedeutet dies, daß an die Störstelle ein Loch angelagert ist, welches mit geringem Energieaufwand abgegeben werden kann. Solche Störstellen werden als *Akzeptoren* bezeichnet.

Ähnlich wie Fremdatome wirkt die *Fehlordnung* des Gitters (Abb. 4). Wird etwa durch die thermische Bewegung des Gitters ein Gitteratom aus seiner Gleichgewichtslage gerissen, so bleibt eine *Leerstelle* zurück. Sie kann unter Bildung von Elektronenpaaren an den nur einfach besetzten Bindungen der Nachbaratome Valenzelektronen einfangen, also Löcher abgeben. Das Gitteratom selbst wird sich auf einem *Zwischengitterplatz* festsetzen. Seine Valenzelektronen werden in vielen Fällen leichter abspaltbar sein als die Valenzelektronen der Gitterbausteine. Leerstelle und Zwischengitterplatzatom wirken also häufig als Akzeptoren bzw. Donatoren. Damit finden wir:

Störstellen beeinflussen die Halbleitereigenschaften vornehmlich dadurch, daß sie Ladungsträger (Elektronen oder Löcher) unter geringem Energieaufwand abgeben können.

Damit sind die Eigenschaften der Störstellen nicht ausgeschöpft. Auf ihre Wirkung als *Haftstellen* und als *Rekombinationszentren* gehen wir weiter unten ein.

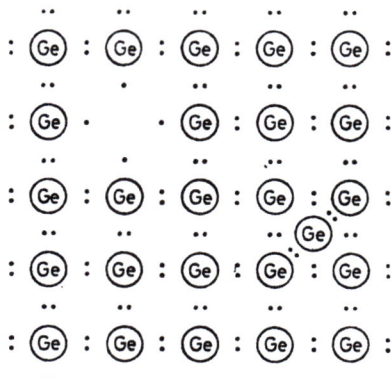

Abb. 4. Leerstelle und Atom auf Zwischengitterplatz als Beispiel der Eigenfehlordnung im Germanium-Gitter

Werden durch den Einbau von Störstellen in einem Halbleiter freie Elektronen oder Löcher erzeugt, so ist die Beziehung $n = p$ nicht mehr erfüllt. Enthält ein Halbleiter nur Donatoren, und ist die Temperatur so niedrig, daß die Zahl der thermisch erzeugten Elektron-Loch-Paare nicht ins Gewicht fällt, so stehen für den Stromtransport allein Elektronen zur Verfügung, die aus den Donatoren stammen. Man bezeichnet einen solchen Halbleiter als *n-Leiter*, den Leitungstyp als *n-Leitung*. Entsprechend heißt ein Halbleiter, in dem durch den Einbau von Akzeptoren nur Löcher für die Elektrizitätsleitung zur Verfügung stehen, ein *p-Leiter* und sein Leitungstyp *p-Leitung*.

Sind Elektronen und Löcher gleichzeitig vorhanden, ist aber im Gegensatz zur Eigenleitung $n \neq p$, so spricht man von *gemischter Leitung*. Der zunächst naheliegende Gedanke, daß dieser Fall durch gleichzeitige „Dotierung" eines Kristalls mit Donatoren und Akzeptoren erreicht wird, ist irrig. Aus energetischen Gründen lagern sich Donatoren-Elektronen bevorzugt an Akzeptoren an. Nur der Überschuß der Donatoren über die Akzeptoren bzw. der Akzeptoren über die Donatoren ist in der Lage, freie Elektronen (bzw. Löcher) zu liefern. Gemischte Leitung tritt vielmehr dann auf, wenn neben Ladungsträgern aus Störstellen Elektron-Loch-Paare durch thermische Anregung geschaffen werden.

4. Effektive Masse, Beweglichkeit, Lebensdauer

Die Kräfte, die auf die Ladungsträger (Elektronen und Löcher) eines Halbleiters wirken, sind *äußere Kräfte*, also elektrische und magnetische Felder oder Temperaturgradienten, und die *Gitterkräfte* der Gitteratome. In einer klassischen Beschreibung gilt dann die

Bewegungsgleichung

$$\text{äußere Kräfte} + \text{Gitterkräfte} = m\,\frac{dv}{dt}. \tag{4.1}$$

Die Berücksichtigung der Gitterkräfte in (4.1) ist äußerst kompliziert. Unserem phänomenologischen Modell, das bei Einbeziehung von (4.1) wesentlich an Anschaulichkeit und Einfachheit verlieren würde, kommt ein Ergebnis der Theorie des Bändermodells zur Hilfe (Abschnitt 16):

Die Wirkung der Gitterkräfte auf ein Elektron (Loch) in einem periodischen Potential läßt sich pauschal berücksichtigen durch Ersetzen der reziproken Elektronenmasse (Löchermasse) in (4.1) durch einen Tensor T_m. In Halbleitern wird T_m häufig ein Skalar $T_m = 1/m^*$. m^* wird dann als effektive Masse bezeichnet.

Setzen wir also für unser Modell $T_m = 1/m^* = $ const., so wird (4.1)

$$\text{äußere Kräfte} = m^*\,\frac{dv}{dt}. \tag{4.2}$$

Mit der Einführung der effektiven Masse ist der Einfluß des Gitters jedoch noch nicht völlig erfaßt. Die effektive Masse beschreibt eine Kollektiveigenschaft des Gitters, bei der die strenge Periodizität des Potentials wesentlich ist. Nur der Einfluß des *statischen* Gitters ($T = 0$) wird also durch m^* beschrieben. Wir erhalten durch diese Betrachtung das Zwischenergebnis: Ein streng periodisches Gitter setzt einer Bewegung der Ladungsträger keinen Widerstand entgegen. Elektronen und Löcher werden nach (4.2) durch eine äußere Kraft ständig weiter beschleunigt. Erst die *Abweichung von der Periodizität*, die *Gitterschwingungen* bewirken, daß der Beschleunigung der Ladungsträger eine bremsende Kraft entgegengestellt wird, die zu einer stationären Geschwindigkeit der Ladungsträger und damit zu einem stationären elektrischen Strom führt.

Die Wechselwirkung der Ladungsträger mit den Gitterschwingungen werden wir in Abschnitt 36 näher betrachten. Hier kommt es uns nur darauf an, festzustellen, daß ein Ladungsträger bei seiner Bewegung durch das Gitter die aus dem äußeren Feld aufgenommene Energie an das Gitter abgibt und dadurch eine im Mittel konstante Geschwindigkeit annimmt.

Im Rahmen der klassischen Beschreibung sind zwei Modelle möglich: In Anlehnung an die frühe Elektronentheorie der Metalle kann die Bewegung der Ladungsträger als ein Wechselspiel zwischen Beschleunigung der Ladungsträger längs einer „freien Weglänge" und bremsenden „Gitterstößen" betrachtet werden. Für unser Modell ist es zweckmäßiger, die Elektron-Gitter-Wechselwirkung als eine kontinuierliche Bremsung durch ein reibendes Medium der

Reibungskonstante ω_0 zu beschreiben. Wir erweitern also (4.2) zu

$$m^*(\dot{v} + \omega_0 v) = K, \qquad (4.3)$$

wobei wir für die äußeren Kräfte K geschrieben haben.

Aus (4.3) folgt mit $K = -eE$ und $\tau_r \equiv 1/\omega_0$ für den stationären Zustand

$$v = -\frac{e\,\tau_r}{m^*} E = -\mu E, \mu = \frac{e\,\tau_r}{m^*}. \qquad (4.4)$$

Der hier noch eingeführte Proportionalitätsfaktor zwischen den Beträgen der Elektronengeschwindigkeit und des elektrischen Feldes wird als die *Beweglichkeit* der Elektronen bezeichnet.

Die Zweckmäßigkeit der Einführung von τ_r anstelle von ω_0 zeigt die aus (4.3) folgende Gleichung für das Abklingen von v nach Abschalten der Kraft

$$v \sim e^{-\frac{t}{\tau_r}}. \qquad (4.5)$$

Nach Abschalten der Kraft stellt sich hiernach der stromlose Zustand exponentiell wieder ein. Die maßgebende Zeitkonstante ist die *Relaxationszeit* τ_r.

Der dritte für die Beschreibung der Elektronen und Löcher wichtige Faktor ist ihre *Lebensdauer* τ. Hierunter versteht man folgendes:

Das Massenwirkungsgesetz (2.1) gibt für den Eigenhalbleiter — für entsprechende Gesetze für den gemischten Halbleiter vgl. Abschnitt 25 — die Konzentration der Ladungsträger im *Gleichgewicht*. Wird dieses Gleichgewicht durch einen äußeren Einfluß gestört, indem zum Beispiel durch Lichteinstrahlung zusätzliche Elektron-Loch-Paare geschaffen wurden, so wird sich das Gleichgewicht durch die Rekombination dieser Elektron-Loch-Paare allmählich wieder einstellen. Erfolgt diese Einstellung exponentiell, so ist die maßgebende Zeitkonstante gerade die *Lebensdauer* τ der Elektron-Loch-Paare.

Wir betrachten den einfachen Fall einer schwachen Abweichung ($n = n_{gl} + \delta n$, $p = p_{gl} + \delta n$), wo δn klein gegen die Gleichgewichtskonzentration n_{gl} oder p_{gl} sei. Pro Zeiteinheit werden G Elektron-Loch-Paare in der Volumeneinheit erzeugt. Die Zahl der rekombinierenden Elektron-Loch-Paare beschreiben wir durch den bimolekularen Ansatz

$$U = r(np - n_{gl}p_{gl}) \approx r(n_{gl} + p_{gl})\delta n. \qquad (4.6)$$

Dieser Ansatz ist naheliegend, da einmal die Rekombination sicher proportional der Konzentration der Elektronen und der Löcher ist und zum anderen verschwinden muß, wenn n und p ihre Gleichgewichtswerte annehmen.

Die Differentialgleichung für δn lautet dann

$$\frac{d}{dt}\delta n = G - U \approx G - \frac{\delta n}{\tau}, \quad \tau = \frac{1}{r(n_{g1} + p_{g1})}. \tag{4.7}$$

Für $G = 0$ (Abklingen einer Dichteabweichung) führt (4.7) auf ein Exponentialgesetz mit der Zeitkonstanten τ, für $\frac{d}{dt}\delta n = 0$ (stationär aufrechterhaltende Dichteabweichung) ist $\delta n = G\tau$, also gleich der Zahl der in der Zeiteinheit geschaffenen Paare mal deren „Lebensdauer".

Wir haben uns in dem Ansatz (4.6) auf den einfachsten Fall eines Einstufenprozesses beschränkt. Häufig erfolgt die Rekombination eines Elektron-Loch-Paares über ein *Rekombinationszentrum*, d.h. an einer Störstelle, die für die Impulserhaltung bei der Rekombination sorgt. Auf die Kinetik eines solchen Zweistufenprozesses kommen wir in Abschnitt 26 zurück.

5. Das Energiespektrum der Elektronen

Die Elektronen eines Halbleiters können frei oder gebunden sein. Gebundene Elektronen treten auf in den abgeschlossenen Schalen der Gitterionen, in den Valenzbindungen und in den Störstellen. Für alle diese Elektronen können wir ein Energiespektrum entwerfen, das sich mit Vorteil auf das phänomenologische Modell der Elektronen und Löcher übertragen läßt.

Wir stellen zunächst fest, daß die Elektronen des ungestörten Halbleiters grundsätzlich örtlich nicht lokalisiert sind. Ein herausgegriffenes Elektron kann sich mit gleicher Wahrscheinlichkeit an jeder Stelle des Kristalls befinden. Elektronen in (dispers im Kristall verteilten) Störstellen sind dagegen an den Ort der Störstelle gebunden. Wir berücksichtigen dies dadurch, daß wir in unser Energiespektrum schematisch eine Ortskoordinate einführen und alle Zustände der Kristallelektronen ortsunabhängig, alle Zustände der Elektronen in Störstellen ortsabhängig zeichnen.

Damit ergibt sich das in Abb. 5 angegebene qualitative „*Bändermodell*". Unterhalb einer Energie E_V liegt das Kontinuum der gebundenen Zustände der Elektronen in den Elektronenschalen und den Valenzbindungen. Dieses Kontinuum ist von dem Kontinuum der Zustände der „freien" Elektronen um die in Abschnitt 2 eingeführte Energie E_G entfernt. Es möge bei der Energie E_L beginnen ($E_G = E_L - E_V$). Zwischen E_L und E_V liegen keine mit Elektronen besetzbaren Zustände des Kristalls. Man bezeichnet das Gebiet $E > E_L$ als *Leitungsband*, das Gebiet $E < E_V$ als *Valenzband*. Das Gebiet zwischen Leitungs- und Valenzband heißt *verbotene Zone*. E_G erhält damit den Namen *Breite der verbotenen Zone* oder kurz *Bandabstand*. In der verbotenen Zone liegen die *Terme* der Störstellen. Die *Donatorenterme* liegen um den Energiebetrag unterhalb

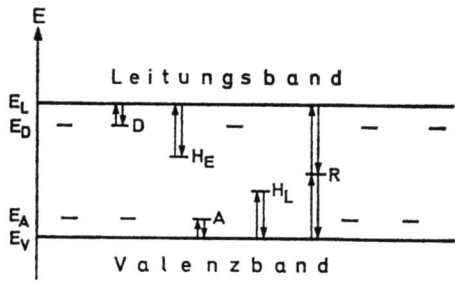

Abb. 5. Schematisches Bändermodell eines Halbleiters. Ordinate: Energie der freien und gebundenen Zustände der Elektronen. Abszisse: Ortskoordinate zur qualitativen Unterscheidung von lokalisierten und nicht-lokalisierten Zuständen. Die eingezeichneten Störstellen-Terme bedeuten: D Donator, A Akzeptor, H_E bzw. H_L Haftstellen für Elektronen bzw. Löcher, R Rekombinationszentrum. Die senkrechten Pfeile deuten die Übergangsmöglichkeiten der Ladungsträger an

E_L, der notwendig ist, um ein Elektron von dem Donator abzuspalten. Die *Akzeptorenterme* liegen entsprechend um den Betrag über dem Valenzband, der notwendig ist, um ein Valenzelektron an den Akzeptor anzulagern.

Dieses Modell gestattet es, die Störstellen nach ihren energetischen Eigenschaften besser zu klassifizieren: Als Donatoren oder Akzeptoren werden nur Störstellen von Bedeutung sein, deren Termabstand vom Leitungs- bzw. Valenzband $\ll E_G$ ist. Bei Störstellen, deren Terme „tiefer" in der verbotenen Zone liegen, können wir unterscheiden zwischen denen, die nur zu einem Band eine merkliche Übergangswahrscheinlichkeit haben, und denen, deren Ladungsträger mit beiden Bändern kombinieren können. Der erste Typ wird Ladungsträger des einen Bandes einfangen, wegen des großen Termabstandes aber thermisch nicht mehr abgeben *(Haftstellen)*. Der zweite Typ wird den Übergang zwischen beiden Bändern ermöglichen und so als die schon im vorigen Abschnitt erwähnten *Rekombinationszentren* wirken.

Im Modell der freien Elektronen und Löcher besetzen die Elektronen das Leitungsband. Ihre potentielle Energie ist E_L. Der Abstand des von einem Elektron besetzten Zustandes im Leitungsband von der *Bandkante* E_L kann als kinetische Energie des Elektrons betrachtet werden. Entsprechend besetzen die Löcher das Valenzband. Einem Loch der Energie E kann der Betrag $E_V - E$ als kinetische Energie und $-E_V$ als potentielle Energie zugeschrieben werden. Man beachte, daß die Energie der Löcher als fehlender Elektronen im Bändermodell „nach unten" positiv gerechnet werden muß.

6. Die Grenzen des klassischen Modells

Wir fassen noch einmal die wichtigsten in den vorhergehenden Abschnitten eingeführten Begriffe zusammen und diskutieren dabei den Gültigkeitsbereich ihrer Anwendung.

Elektronen sind die aus ihren Bindungen befreiten Valenzelektronen. Sie sind Träger des elektrischen Stromes und besetzen Zustände des Leitungsbandes.

Wir wollen hier nicht die Frage aufwerfen, ob in einem Viel-Elektronen-Problem der Begriff des „freien" Teilchens, auf das Kräfte wirken, überhaupt anwendbar ist. Für die Theorie des Halbleiters, die keine Kollektiveigenschaften wie Ferromagnetismus oder Supraleitung beschreibt, genügt diese „Ein-Elektronen-Näherung".

Zu einfach ist jedoch die generelle Annahme des Elektrons als eines quasifreien (d. h. bis auf eine geänderte effektive Masse freien) Teilchens. Besonders bei Energien weit oberhalb E_L zeigt das Leitungsband Strukturen, die wesentlich von der kinetischen Energie eines freien Teilchens abweichen. Man erkennt dies z. B. in den optischen Spektren, die Übergänge von Elektronen in diese Energiebereiche enthalten (vgl. z. B. Abb. 27, S. 73). Um die hieraus folgenden Konsequenzen adäquat berücksichtigen zu können, ist es nötig, die Theorie des Bändermodells in ihrer vollen Breite heranzuziehen (Kapitel 3).

Löcher sind fiktive Teilchen positiver Ladung, die es gestatten, den Leitungsmechanismus der Gesamtheit der Valenzelektronen einfacher zu beschreiben. Ihre Zahl ist gleich der Zahl der in den gebundenen Zuständen fehlenden Elektronen. Die Einführung dieser Teilchen in das Halbleitermodell wird durch eine Reihe experimenteller Phänomene (wie z. B. den Hall-Effekt, Abschnitt 39) nahegelegt, die sich zwanglos durch die Wirkung von positiv geladenen Teilchen deuten lassen.

Für den Gültigkeitsbereich des Begriffes der Löcher gilt das für die Elektronen Gesagte sinngemäß. Auch das Valenzband zeigt deutliche Strukturen, die die Halbleitereigenschaften beeinflussen. Darüber hinaus benötigen wir die Ergebnisse der Theorie des Bändermodells, um die Einführung positiv geladener Teilchen, die sich von den Elektronen sonst nur in einer anderen effektiven Masse unterscheiden, überhaupt rechtfertigen zu können.

Elektronen und Löcher werden durch drei Parameter beschrieben:

Die *effektive Masse* beschreibt den Einfluß des ruhenden periodischen Gitters auf die Leitungs- und Valenzelektronen. Die Zuordnung einer skalaren, isotropen und konstanten effektiven Masse zu den Elektronen und den Löchern ist jedoch nur in Einzelfällen möglich. Wir werden später sehen (vgl. z. B. Abschnitt 15), wie sich der Begriff einer anisotropen, energieabhängigen effektiven Masse in das Halbleitermodell einbauen läßt.

Die *Beweglichkeit* beschreibt die Bewegung der Ladungsträger unter den äußeren Kräften bei Berücksichtigung der Wechselwirkung der Ladungsträger mit dem Gitter. Eine Erweiterung der theoretischen Ansätze des vorletzten Abschnittes ist in drei Richtungen notwendig. Die Annahme einer einheitlichen Geschwindigkeit aller Elektronen im elektrischen Feld ist sicher zu eng. Die Ladungsträger werden neben einer Energieverteilung auch eine Verteilung über ein Geschwindigkeitsspektrum besitzen. Die Annahme einer (konstanten) Relaxationszeit kann nicht die Wechselwirkung der Elektronen mit dem Gitter und den Störstellen pauschal berücksichtigen. Wir haben vielmehr eine Reihe verschiedener Wechselwirkungen (Streumechanismen, Abschnitt 36) nebeneinander zu berücksichtigen. Dabei wird sich herausstellen, daß auch der Begriff einer Relaxationszeit selbst nur in Einzelfällen begründet werden kann. Die Annahme einer konstanten Beweglichkeit schließlich als Proportionalitätsfaktor zwischen Feld und Geschwindigkeit setzt die Gültigkeit des Ohmschen Gesetzes voraus. Abweichungen vom Ohmschen Gesetz sind aber in Halbleitern wichtig (Abschnitt 43).

Die *Lebensdauer* enthält die Kinetik der Übergänge der Elektronen zwischen freien und gebundenen Zuständen. Auch diesen Begriff werden wir in Abschnitt 26 einer Kritik unterwerfen.

Störstellen bilden in unserem Modell lokalisierte Zentren, die durch Abgabe oder Anlagerung freier Ladungsträger, durch Wechselwirkung mit diesen Ladungsträgern die Halbleitereigenschaften beeinflussen.

Dem klassischen Modell des Halbleiters sind also — wie jedem stark vereinfachenden Modell — enge Grenzen gesetzt. Bei seiner Verwendung muß man sich über den Gültigkeitsbereich stets im klaren sein. Der genauen Abgrenzung dieses Gültigkeitsbereiches, der Fundierung der Postulate und der Erweiterung des Modells wird deshalb in den folgenden Kapiteln besondere Aufmerksamkeit zu widmen sein.

Über der Kritik der Annahmen darf der Nutzen des Modells nicht übersehen werden. Das Modell enthält nur Teilchensorten (Elektronen, Löcher, Störstellen), deren Konzentrationen meist so klein sind, daß die gegenseitige Wechselwirkung der Teilchen einer Sorte vernachlässigt werden kann. *Das Kristallgitter des Halbleiters einschließlich aller Valenzelektronen ist aus der Beschreibung explizit verschwunden.* Die Zahl der zur Beschreibung eines Teilchens notwendigen Parameter ist zwar klein; diese hängen aber von zahlreichen experimentellen und präparativen Vorbedingungen ab, so daß die Werte der Parameter von Probe zu Probe variieren können. Mit dieser Variationsbreite ist die Vielfalt der in Halbleitern auftretenden Erscheinungen verbunden.

Eine weitere Eigenheit des Halbleitermodells sollte hier bereits erwähnt werden. Es erscheint zunächst möglich, im Rahmen des

Bändermodells (mit Störstellentermen) mittels einer geeigneten Statistik die Energieverteilung aller relevanten Ladungsträger beschreiben zu können. Dies geht jedoch nur, wenn die Störstellenterme fest vorgegeben sind. Unterliegen die Störstellen in ihrer Konzentration selbst Gleichgewichtsbedingungen, so ist eine Beschreibung des gegenseitig bedingten Gleichgewichts aller Teilchensorten durch reaktionskinetische Methoden dem Problem angemessener.

Das korpuskulare Modell ist also keineswegs nur eine anschauliche Vereinfachung des aus der Elektronentheorie der Metalle abgeleiteten Bändermodells. *Elektronentheoretische und korpuskulare Methoden ergänzen sich in der Theorie der Halbleiter.* Dies spiegelt die Mittelstellung der Halbleiter zwischen den Metallen und den Isolatoren bzw. Ionenkristallen wider. Bei der Theorie der Metalle steht die quantentheoretische Beschreibung, bei den Nichtleitern die atomistisch-anschauliche Beschreibung im Vordergrund.

7. Klassifikation der wichtigsten Halbleiter

Halbleitende Eigenschaften sind bei vielen Elementen und chemischen Verbindungen zu finden. Wir geben in diesem Abschnitt einen Überblick über die wichtigsten dieser Halbleiter. Eine Diskussion ihrer speziellen Eigenschaften und quantitative Angaben über ihre Parameter kann erst im letzten Kapitel erfolgen, da dazu der materielle Inhalt der folgenden Kapitel notwendig ist.

Bei dem Element *Germanium* war das Auftreten von Halbleitereigenschaften schon aus dem Bindungstyp (Abb. 1) unmittelbar einsichtig. Die Bedingung für die dort auftretende *kovalente Bindung* ist die Bildung von Elektronenbrücken. Jedes Atom muß also so viele gleichberechtigte Valenzelektronen zur Verfügung stellen können, wie es nächste Nachbarn im Gitter hat. Germanium hat als Element der IV. Gruppe des Periodischen Systems vier Valenzelektronen, sein Kristallgitter (das sog. *Diamant-Gitter*, Abb. 6a) ist durch die tetraedrische Anordnung der vier nächsten Nachbarn jedes Atoms gekennzeichnet.

In der gleichen Struktur kristallisieren die Elemente C (in der Modifikation des Diamanten), Si und Sn (in der Modifikation des grauen Zinn oder α-Sn). Auch diese Elemente sind Halbleiter. Die chemische Bindung allein bestimmt aber nicht, ob ein Kristallgitter mit lokalisierten Valenzelektronen Halbleitereigenschaften zeigt. Die Festigkeit der Bindung der Valenzelektronen, der *Bandabstand* E_G ist mitbestimmend. Ist E_G zu groß, so werden bei Temperaturen unterhalb des Schmelzpunktes der Substanz keine Elektronen-Loch-Paare freigesetzt werden können; ist E_G zu klein ($E_G \to 0$), so zeigt der Kristall häufig metallische Eigenschaften. In neuerer Zeit werden Festkörper, bei denen dieser Grenzfall realisiert ist, als *Halbmetalle*

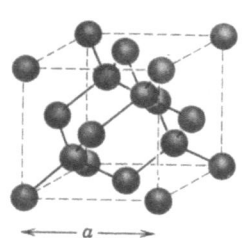 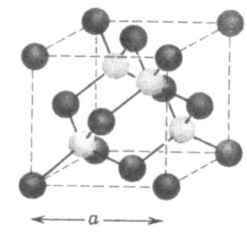 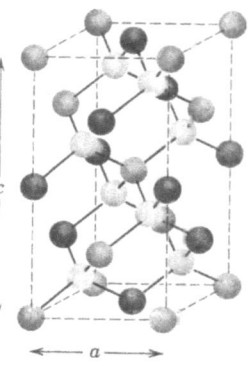

Abb. 6. a Diamant-Gitter,   b Zinkblende-Gitter,   c Chalkopyrit-Gitter

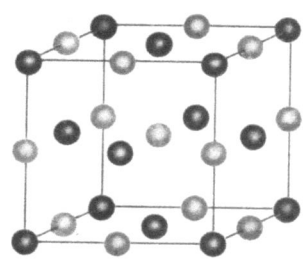 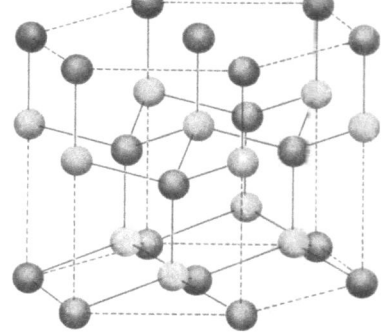

Abb. 7. Das NaCl-Gitter   Abb. 8. a Wurtzit-Gitter,

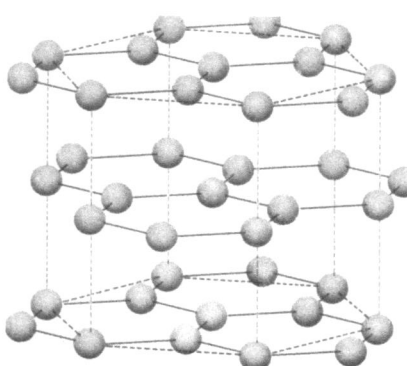 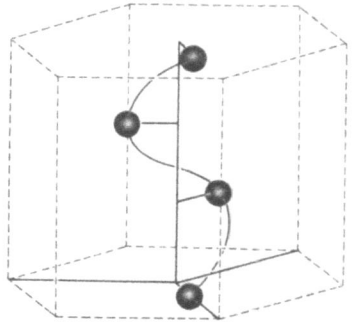

b Graphit-Gitter,   c Kettenstück des Selen-Gitters; entsprechende Ketten gehen durch die sechs Ecken des hexagonalen Prismas

bezeichnet. Wir werden auf sie später zurückkommen (Abschnitte 55 und 56).

Nachdem wir so die *Halbleiter der IV. Gruppe des Periodischen Systems* kennengelernt haben, können wir danach fragen, ob das gleiche Aufbauprinzip auch bei chemischen Verbindungen möglich ist. Offensichtlich ist eine binäre Verbindung zwischen zwei der oben genannten Elemente — wenn sie existiert — ebenfalls ein Halbleiter. Das einzige bekannte Beispiel einer solchen *IV-IV-Verbindung* ist Siliziumkarbid SiC. Hier sind im Diamant-Gitter alternierend Si- und C-Atome eingebaut. Die Struktur wird dann als Zinkblendestruktur (Abb. 6b) bezeichnet.

Die Zinkblendestruktur finden wir bei zahlreichen weiteren halbleitenden Verbindungen. Gefordert wird ja nur, daß die Zahl der Valenzelektronen das Vierfache der Zahl der Gitteratome beträgt. Dies kann aber auch bei einer binären Verbindung dadurch realisiert sein, daß die eine Komponente $4+n$, die andere $4-n$ Valenzelektronen mitbringt. So entstehen die *III-V-Verbindungen*, *II-VI-Verbindungen* und *I-VII-Verbindungen* mit Zinkblendestruktur, also Verbindungen aus Atomen der III. (II., I.) Gruppe und der V. (VI., VII.) Gruppe des Periodischen Systems. Beispiele sind in Tabelle 7.1 angeführt.

Abb. 6c zeigt ferner das Chalkopyrit-Gitter. In ihm kristallisieren ternäre Verbindungen, die sich aus den III-V- bzw. II-VI-Verbindungen dadurch ableiten lassen, daß in einem der beiden Teilgitter die Hälfte der Atome durch höherwertige, die andere Hälfte durch entsprechend niederwertige ersetzt wird. Man kommt so zu den II-IV-V- und I-III-VI-Verbindungen.

Bei ungleicher Kernladungszahl nächster Nachbarn wird die Elektronenbrücke der kovalenten Bindung nicht mehr symmetrisch zwischen beiden Nachbarn liegen. Sie wird zum stärker positiv geladenen Atom hin *polarisiert* sein. Man spricht hier von einem *ionogenen Bindungsanteil*, der zu dem kovalenten hinzukommt. In dem Grenzfall, daß die Elektronenbrücke ganz zum Kation hingezogen und in dessen äußerste Schale inkorporiert ist, liegt reine *Ionenbindung* vor. Die Bindung erfolgt dann durch elektrostatische Anziehung der alternierend entgegengesetzt geladenen Ionen. Für die Zahl der nächsten Nachbarn wird dann nicht mehr die Zahl der Valenzelektronen der ausschlaggebende Gesichtspunkt sein. Dementsprechend finden wir bei I-VII-Verbindungen neben der Zinkblendestruktur auch andere Strukturen. Ein wichtiges Beispiel ist die NaCl-Struktur (Abb. 7). Wenn auch NaCl und andere I-VII-Verbindungen zu den Ionenkristallen und nicht zu den eigentlichen Halbleitern zu rechnen sind, so ist doch die NaCl-Struktur bei den halbleitenden IV-VI-Verbindungen realisiert.

Alle bisher erwähnten Halbleiter kristallisieren in kubischen Strukturen. Man erkennt dies aus den Abb. 6 und 7, wo jeweils ein

Kubus als Grundelement des Gitters miteingezeichnet ist. Neben diesen *kubischen Halbleitern* spielen als zweite wichtige Gruppe die *hexagonalen Halbleiter* eine Rolle. Bei ihnen ist ein hexagonales Prisma Grundelement des Gitters. Als Beispiele sind in Abb. 8 das

Tabelle 7.1. *Die wichtigsten halbleitenden Elemente und Verbindungen*

Gruppe	Beispiel	Struktur
Elemente der IV. Gruppe	Diamant, Si, Ge, graues Zinn	Diamantstruktur
IV-IV-Verbindungen	SiC	Zinkblendestruktur
III-V-Verbindungen	InSb, InAs, InP, GaSb, GaAs, GaP, AlSb, AlN, BN	Zinkblendestruktur, vereinzelt auch Wurtzitstruktur
II-VI-Verbindungen	HgS, HgSe, HgTe, CdO, CdS, CdSe, CdTe, ZnO, ZnS, ZnSe, ZnTe	Zinkblende- und Wurtzitstruktur, vereinzelt auch NaCl-Struktur
II-IV-V-Verbindungen	$CdSnAs_2$	Chalkopyritstruktur
I-III-VI-Verbindungen	$CuInSe_2$	Chalkopyritstruktur
IV-VI-Verbindungen	PbS, PbSe, PbTe	NaCl-Struktur
	GeS, SnSe, SnTe	
	TiO_2, SnO_2, $-S_2$, $-Te_2$	
II-IV-Verbindungen	Mg_2Si, $-Ge$, $-Sn$, $-Pb$	
	Ca_2Si, $-Sn$, $-Ge$	
II-V-Verbindungen	Zn_3As_2, Cd_3As_2, Mg_3Sb_2	
	$ZnAs_2$, $CdAs_2$	
	ZnSb, CdSb	
I-VI-Verbindungen	CuO	verschiedene, auch innerhalb der Gruppen wechselnde Strukturen, für Einzelheiten vgl. Abschnitt 56
	Cu_2O, Cu_2S, Ag_2Te	
I-V-Verbindungen	Na_3Sb, K_3Sb, Cs_3Sb	
III-VI-Verbindungen	In_2Te_3, In_2Se_3, Tl_2Te_3	
	InTe, GaSe, TlSe	
	EuO, EuS, EuSe	
V-VI-Verbindungen	Bi_2Se_3, Bi_2Te_3, Sb_2Se_3	
einige Oxide und Sulfide	von Fe, Co, Ni, Mo, W ...	
weitere Elemente	Graphit, B, P, As, Sb, S, J, Bi (teilweise nur in bestimmten Modifikationen)	
	Se, Te	trigonale Struktur

Ferner finden sich unter den organischen Molekülkristallen und unter den Gläsern Stoffe mit halbleitenden Eigenschaften

Wurtzitgitter, das Graphitgitter und das Selengitter gezeigt. Das Wurtzitgitter unterscheidet sich vom Zinkblendegitter nur durch eine andere Orientierung benachbarter Tetraeder zueinander. Dementsprechend kristallisieren viele Halbleiter in beiden Modifikationen. Graphit zeigt ein Schichtengitter naher Verwandtschaft zum

Wurtzit. Selen schließlich enthält spiralförmige Atomketten, die sich längs einer ausgezeichneten Richtung (c-Achse) erstrecken. Infolge einer gegenüber den eigentlichen hexagonalen Strukturen eingeschränkten Symmetrie wird das Selengitter zu den trigonalen Gittern gerechnet.

Auf die zahlreichen weiteren Gruppen von Halbleitern wollen wir nicht eingehen. Sie sind in Tabelle 7.1 aufgeführt. Erwähnen wollen wir lediglich noch die Existenz von *Mischkristallreihen* zwischen verwandten Halbleitern, die die Zahl der verfügbaren halbleitenden Substanzen erheblich erhöht. Wir weisen ferner darauf hin, daß einige Halbleiter auch in *amorphen Phasen* auftreten, ohne daß dabei die halbleitenden Eigenschaften verloren gehen.

Kapitel 2

Die Symmetrien des Kristallgitters

Einer der wesentlichen Mängel des im vorhergehenden Kapitel entworfenen Modells ist die Vernachlässigung der Struktur des Halbleiters. Gerade das Kristallgitter, die Anordnung der Atome und die Art ihrer gegenseitigen Bindung ist entscheidend für die Halbleitereigenschaften. Jeder Erweiterung unseres Modells muß deswegen eine Diskussion der Gittertypen vorausgehen, in denen Halbleiter kristallisieren. Für ein qualitatives Verständnis des Einflusses der Kristallstruktur auf die physikalischen Eigenschaften des Kristalls genügen häufig Symmetriebetrachtungen. Die Symmetrieeigenschaften der für Halbleiter relevanten Gitter bilden deshalb den Schwerpunkt dieses Kapitels.

8. Wigner-Seitz-Zellen und Brillouin-Zonen

Die kleinste Struktureinheit eines periodischen Kristallgitters ist die *Elementarzelle*. Von einem Punkt innerhalb einer Elementarzelle kommt man zu allen äquivalenten Punkten im Gitter durch die *primitiven Translationen*

$$R_l = l_1 a_1 + l_2 a_2 + l_3 a_3 \qquad (8.1)$$

mit ganzzahligen l_i. Die a_i sind drei (nicht komplanare) *Basisvektoren* vom Aufpunkt zu drei äquivalenten Punkten in benachbarten Zellen. Die R_l spannen das *Punktgitter* des Kristalls auf.

Wigner-Seitz-Zellen sind Elementarzellen des Gitters, die nach folgender Vorschrift konstruiert sind: Man verbinde einen Gitterpunkt mit allen seinen äquivalenten Nachbarpunkten und errichte jeweils in der Mitte dieser Verbindungslinien senkrechte Ebenen. Die so eingegrenzte Wigner-Seitz-Zelle enthält alle Orte, die zu dem betrachteten Gitterpunkt näher liegen als zu allen anderen.

Jedem Punktgitter (8.1) läßt sich ein *reziprokes Gitter*

$$K_m = m_1 b_1 + m_2 b_2 + m_3 b_3 \tag{8.2}$$

zuordnen, wo die m_i wieder ganzzahlig sind und die b_i mit den a_i verbunden sind durch die Relationen

$$a_i \cdot b_j = 2\pi \delta_{ij}, \quad i,j = 1,2,3. \tag{8.3}$$

Die beiden Gitter (8.1) und (8.2) sind zueinander reziprok. Die Wigner-Seitz-Zellen des reziproken Gitters werden als *Brillouin-Zonen* bezeichnet. Die Bedeutung des reziproken Gitters und der Brillouin-Zonen für die Halbleitertheorie wird im folgenden Kapitel ersichtlich werden.

Bravais-Gitter sind Atomgitter, bei denen die Atome an den Gitterpunkten R_l eines Punktgitters sitzen. Im allgemeinen Fall ist einem Gitterpunkt ein aus mehreren Atomen bestehendes Gebilde, eine *Basis* zugeordnet.

Wir betrachten als Beispiel die beiden für Halbleiter wichtigsten Punktgitter, das *kubisch-flächenzentrierte* und das *hexagonale* Punktgitter.

a) Das kubisch-flächenzentrierte Punktgitter

Gemäß Abb. 9a lassen sich folgende Basisvektoren wählen:

$$a_1 = \frac{a}{2}(e_y + e_z), \quad a_2 = \frac{a}{2}(e_x + e_z), \quad a_3 = \frac{a}{2}(e_x + e_y), \tag{8.4}$$

wo a die Seitenlänge des Würfels ist. Die Wigner-Seitz-Zelle ist ein Rhombendodekaeder (Abb. 9b). Das reziproke Gitter ist kubisch-raumzentriert mit Basisvektoren

$$b_1 = \frac{2\pi}{a}(-e_x + e_y + e_z), \quad b_2 = \frac{2\pi}{a}(e_x - e_y + e_z),$$
$$b_3 = \frac{2\pi}{a}(e_x + e_y - e_z). \tag{8.5}$$

Die Brillouin-Zone ist ein durch acht gleichseitige Sechsecke und sechs Quadrate begrenzter Körper (Abb. 9c).

b) Das hexagonale Punktgitter

Die Basisvektoren lassen sich am einfachsten in einem hexagonalen Prisma darstellen, dessen Ecken und beide Basismittelpunkte mit Gitterpunkten besetzt sind. Gemäß Abb. 10a ist

$$a_1 = \frac{a}{2}(e_x - \sqrt{3}\,e_y), \quad a_2 = \frac{a}{2}(e_x + \sqrt{3}\,e_y), \quad a_3 = c\,e_z \tag{8.6}$$

bei geeignet gewählten kartesischen Koordinaten e_i. Die Wigner-Seitz-Zelle ist ebenfalls ein hexagonales Prisma mit gleicher Höhe (c), aber um den Faktor drei verkleinerter Basis (Abb. 10b).

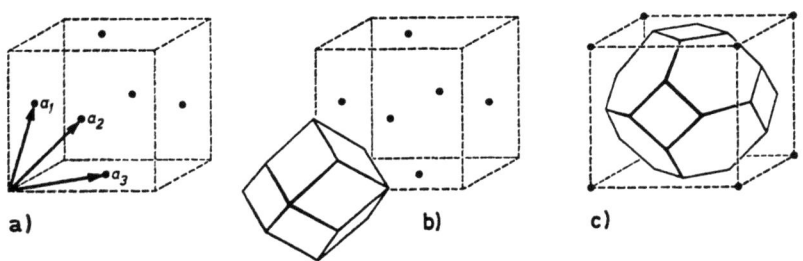

Abb. 9a—c. Das kubisch-flächenzentrierte Punktgitter. a Basisvektoren, b Wigner-Seitz-Zelle, c Brillouin-Zone im reziproken (kubisch-raumzentrierten) Gitter

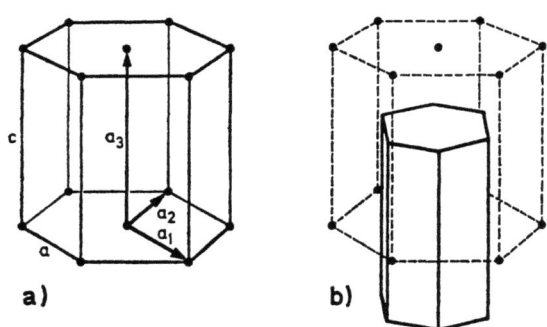

Abb. 10a u. b. Das hexagonale Punktgitter. a Basisvektoren, b Wigner-Seitz-Zelle. Die Brillouin-Zone im reziproken Gitter hat die gleiche Gestalt wie die Wigner-Seitz-Zelle im Ortsgitter

Das reziproke Gitter ist ebenfalls hexagonal, die Brillouinzone also auch ein hexagonales Prisma.

Die in den Abb. 6—8 dargestellten Gitter besitzen mit einer Ausnahme ein kubisch-flächenzentriertes bzw. ein hexagonales Punktgitter; dies ist leicht aus den Abbildungen zu erkennen:

Die Gitter in Abb. 6a und 6b lassen sich als zwei ineinandergestellte kubisch-flächenzentrierte Gitter auffassen. Sie besitzen also das kubisch-flächenzentrierte Punktgitter mit einer *zweiatomigen Basis*. Die beiden Basisatome liegen im Abstand $\frac{a}{4}(e_x + e_y + e_z)$ (Abstand nächster Nachbarn in Richtung der Raumdiagonalen) auseinander. Dabei sind beide Basisatome im *Diamantgitter* gleich, im *Zinkblendegitter* verschieden.

Das *Chalkopyritgitter* der Abb. 6c fällt nicht unter diese Gruppe. Es ist leicht tetragonal verzerrt (Abstand c nicht genau gleich $2a$) und kann als tetragonal-raumzentriertes Gitter mit achtatomiger Basis aufgefaßt werden.

Dagegen besitzt das *NaCl-Gitter* der Abb. 7 wieder das kubischflächenzentrierte Punktgitter. Die Basis ist zweiatomig, der Abstand der beiden Basisatome ist gleich der halben Gitterkonstanten. Die Abb. 8a und 8b lassen erkennen, daß das *Wurtzitgitter* und das *Graphitgitter* als hexagonale Gitter mit vieratomiger Basis aufgefaßt werden können. Das Selengitter dagegen hat eine dreiatomige Basis. Die drei Basisatome sind die in Abb. 8c eingezeichneten Kettenatome.

9. Die Translationsgruppe, zyklische Randbedingungen

Jedes Gitter hat die *Translationssymmetrie* seines Punktgitters: Ordnen wir jeder primitiven Translation $\boldsymbol{R}_l$ einen Operator $\{\boldsymbol{R}_l\}$ zu, so ist das Gitter invariant gegenüber der Transformation

$$\boldsymbol{r}' = \{\boldsymbol{R}_l\}\, \boldsymbol{r} = \boldsymbol{r} + \boldsymbol{R}_l. \tag{9.1}$$

Das Produkt zweier Translationsoperatoren bedeutet offensichtlich die sukzessive Ausführung zweier Translationen.

Alle $\{\boldsymbol{R}_l\}$ bilden zusammen eine Gruppe, die *Translationsgruppe*. Da wir im weiteren häufig auf den Gruppenbegriff zurückgreifen werden, sei hier kurz definiert:

Als *Gruppe* bezeichnet man eine (endliche oder unendliche) Menge von Elementen, die folgenden Axiomen genügen:

1. Es existiert eine Verknüpfung, so daß zwei Elementen A und B ein drittes Element C der Gruppe zugeordnet ist: $A \cdot B = C$. Dabei ist im allgemeinen $AB \neq BA$.
2. Die Verknüpfung ist assoziativ: $A(BC) = (AB)C$.
3. Es existiert ein Einheitselement E, so daß $AE = A$.
4. Zu jedem Element existiert ein reziprokes Element A^{-1}, so daß $AA^{-1} = E$.

Die $\{\boldsymbol{R}_l\}$ genügen offensichtlich diesen Axiomen. Sie bilden eine *unendliche Gruppe*, da die Zahl der $\{\boldsymbol{R}_l\}$ für das bisher immer als unendlich ausgedehnt gedachte Gitter unendlich ist.

Es ist häufig zweckmäßig, die Translationsgruppe durch die sog. *zyklischen Randbedingungen* endlich zu machen. Dazu beachtet man, daß die Annahme eines unendlich ausgedehnten Kristalls eine Näherung ist, die nur dann berechtigt ist, wenn seine Oberflächen für ein physikalisches Geschehen in seinem Inneren als bedeutungslos angesehen werden können. In dieser Näherung ist es aber genau so möglich, an Stelle der freien Oberflächen den Kristall *als Ganzes* nach allen Richtungen periodisch fortgesetzt zu denken. Das heißt: außerhalb eines *Grundgebietes* der Kantenlängen $N_1 a_1, N_2 a_2, N_3 a_3$ werden die Gitterpunkte des unendlichen Gitters nicht mehr als äquivalent, sondern als *identisch* mit entsprechenden Punkten innerhalb des Grundgebietes angesehen:

$$r + m_1(N_1 a_1) + m_2(N_2 a_2) + m_3(N_3 a_3) \equiv r \qquad (9.2)$$

mit beliebigen ganzzahligen m_i.

Der Kristall (das *Grundgebiet*) enthält dann nur noch die endliche Zahl von $N = N_1 N_2 N_3$ Gitterpunkten und damit N verschiedene R_l. Trotzdem bleibt die Translationsinvarianz des Gitters erhalten!

10. Punktgruppen und Raumgruppen

Zusätzlich zu den Translationen besitzt jedes Gitter weitere Symmetrieoperationen, wie Drehungen um n-zählige Achsen, Spiegelungen, Inversionen, Schraubungen, Gleitspiegelungen. Diese lassen sich beschreiben durch orthogonale Transformationen

$$r' = \alpha r + a \equiv \{\alpha \,|\, a\} r \qquad (10.1)$$

Dabei ist a eine *nicht-primitive Translation*, die bei Schraubungen und Gleitspiegelungen in der Symmetrieoperation zu der Drehung bzw. Spiegelung tritt.

Alle Operatoren $\{\alpha \,|\, t\}$ ($t = a + R_l$), die ein Kristallgitter invariant lassen, faßt man unter dem Begriff der *Raumgruppe* des Kristalls zusammen. Die Raumgruppe enthält also alle Translationen (9.1) sowie alle Symmetrieoperationen (10.1). Die Translationen (9.1) (die wir jetzt unter Benutzung des Einheitsoperators E besser $\{E \,|\, R_l\}$ schreiben) bilden als Gruppe selbst eine *Untergruppe* der Raumgruppe.

Eine Raumgruppe $\{\alpha \,|\, t\}$ enthält als Elemente nicht immer alle reinen Drehspiegelungen $\{\alpha \,|\, 0\}$, da einige der α mit nicht-primitiven Translationen gekoppelt sein können. Trotzdem bilden auch die $\{\alpha \,|\, 0\}$ eine Gruppe, die als die *Punktgruppe* des Kristalls bezeichnet wird. Ihre Bedeutung werden wir im folgenden Kapitel kennenlernen.

Enthält eine Raumgruppe keine nicht-primitiven Translationen, so ist die ihr zugeordnete Punktgruppe eine Untergruppe der Raumgruppe. Die Raumgruppe heißt dann *symmorph*.

Als Beispiele betrachten wir nun die Gruppen der Symmetrieoperationen, die die Wigner-Seitz-Zellen des kubisch-flächenzentrierten Punktgitters und des hexagonalen Punktgitters invariant lassen. Diese *Punktgruppen* werden mit den Symbolen O_h bzw. D_{6h} bezeichnet. Die Symmetrieoperationen sind in Tabelle 10.1 aufgeführt.

Bei den in Abschnitt 8 diskutierten Gittern ist wegen der niedrigen Symmetrie der Basis die Zahl der Symmetrieoperationen der Raumgruppe gegenüber der der zugehörigen Punktgruppe meist eingeschränkt. Die Raumgruppen des Kochsalz-, Zinkblende- und

Tabelle 10.1. *Symmetrieoperationen der Punktgruppen O_h und D_{6h}*

Anzahl	Bezeichnung	Operation
		Punktgruppe O_h
1	E	Identität
8	C_3	Drehung um $\pm 2\pi/3$ um die vier Raumdiagonalen
3	C_2	Drehung um π um die drei Achsen parallel x, y, z durch den Mittelpunkt des Würfels
6	C_4	Drehung um $\pm \pi/2$ um die selben Achsen
6	C_2'	Drehung um π um Achsen, die je zwei gegenüberliegende Kantenmitten durchdringen
1	I	Inversion
8	S_6	Drehung um die vier Raumdiagonalen um $\pm 2\pi/6$ (!) mit nachfolgender Spiegelung an der Ebene senkrecht zur Drehachse
3	σ_h	Spiegelung an den drei Ebenen durch den Mittelpunkt des Würfels parallel zu den Seitenflächen
6	S_4	Operationen C_4 mit nachfolgender Spiegelung
6	σ_d	Spiegelung an Ebenen, die je zwei gegenüberliegende Seiten diagonal schneiden
		Punktgruppe D_{6h}
1	E	Identität
1	C_2	Drehung um die c-Achse um π
2	C_3	Drehung um die c-Achse um $\pm 2\pi/3$
2	C_6	Drehung um die c-Achse um $\pm 2\pi/6$
3	C_2'	Drehung um π mit Drehachse durch die Mittelpunkte des Prismas und je zwei gegenüberliegende Seiten
3	C_2''	Drehung um π mit Drehachse durch die Mittelpunkte des Prismas und je zwei gegenüberliegende Kanten
1	I	Inversion
1	σ_h	Spiegelung an einer Ebene senkrecht zur c-Achse
2	S_6	Drehung um die c-Achse um $\pm 2\pi/6$ und Spiegelung
2	S_3	Drehung um die c-Achse um $\pm 2\pi/3$ und Spiegelung
3	σ_v	Spiegelung an den Ebenen, die den Mittelpunkt und die Mitten je zweier gegenüberliegender Seiten der beiden Basis-Sechsecke enthalten
3	σ_d	Spiegelung an den Ebenen, die den Mittelpunkt und je zwei gegenüberliegende Ecken der beiden Basis-Sechsecke enthalten

Diamantgitters zeigen sehr instruktiv, in welcher Form eine Punktgruppe mit einem Punktgitter kombinieren kann:

Im *NaCl-Gitter* schränkt die zweiatomige Basis die Operationen der Punktgruppe O_h nicht ein. Alle 48 Operationen lassen das Gitter invariant. Jedes Element der Raumgruppe (Bezeichnung O_h^5) läßt sich in eine Operation aus O_h und eine primitive Translation zerlegen. Die Raumgruppe ist also symmorph.

Im *Zinkblendegitter* schränkt die verminderte Symmetrie der Basis die kubische Symmetrie ein. Von O_h bleiben nur die Operationen übrig, die einen Tetraeder invariant lassen, nämlich E, $8C_3$, $3C_2$, $6S_4$ und $6\sigma_d$. Diese 24 Operationen bilden eine Untergruppe von O_h. Sie wird mit T_d bezeichnet. Die Raumgruppe des Zinkblendegitters (T_d^2) enthält dann die Kombinationen der Elemente von T_d mit den primitiven Translationen des kubisch-flächenzentrierten Punktgitters. Sie ist also symmorph.

Im *Diamantgitter* sind zwar die Operationen von O_h durch die Basis nicht eingeschränkt, einige aber mit nicht-primitiven Translationen verbunden. Alle in T_d fehlenden Operationen aus O_h drehen die Basis bei festgehaltenem Basisatom in $r = 0$ so, daß das andere Basisatom (oder ein ihm äquivalenter nächster Nachbar) in die Position $r_0 = -\frac{a}{2}(e_x + e_y + e_z)$ gedreht wird. Da im Diamantgitter beide Basisatome gleich sind, kann durch eine nachfolgende nicht-primitive Translation um $-r_0$ die ursprüngliche Lage wiederhergestellt werden. Die Raumgruppe des Diamantgitters (O_h^7) ist also nichtsymmorph. Sie enthält neben den Translationen des kubisch-flächenzentrierten Punktgitters die Operationen E, $8C_3$, $3C_2$, $6S_4$ und $6\sigma_d$ mit der nicht-primitiven Translation

$$\frac{a}{2}(e_x + e_y + e_z).$$

Die hier interessierenden hexagonalen (bzw. trigonalen) Gitter sind alle nicht-symmorph. Die Raumgruppe des *Graphitgitters* (D_{6h}^4) enthält zwar alle Operationen aus D_{6h}, die Hälfte jedoch verbunden mit nicht-primitiven Translationen. Die Raumgruppe des *Wurtzitgitters* enthält aus D_{6h} nur noch E, $2C_3$, $3\sigma_v$, C_2, $2C_6$, $3\sigma_d$, davon die letzten sechs mit nicht-primitiven Translationen verbunden. Im *Selengitter* sind neben den Translationen in der Raumgruppe (D_3^4) als Symmetrieelemente nur noch E, $2C_3$ und $3C_2'$ vorhanden. Die beiden C_3 und zwei der C_2' sind mit nicht-primitiven Translationen verbunden.

Kapitel 3

Die Bandstruktur

Wir haben im ersten Kapitel gesehen, daß das Energiespektrum der Elektronen in einem Halbleiter aus zwei Bereichen, dem „Valenzband" und dem „Leitungsband" besteht. Beide Bänder sind durch eine verbotene Zone getrennt, die (außer diskreten Störstellentermen) keine mit Elektronen besetzbaren Zustände enthält. Dieses stark vereinfachte Modell einer *Bandstruktur* wollen wir jetzt ausgestalten.

Zunächst werden wir die Grundlagen der Theorie der Bandstruktur diskutieren, dabei aber oft auf eine strenge Beweisführung verzichten. Für ein tieferes Verständnis der Theorie sei auf die am Anfang des Literaturverzeichnisses zitierten allgemeinen Lehrbücher der Festkörpertheorie verwiesen. Speziell den Problemen der Bandstruktur gewidmet sind ferner die Bücher von Callaway [4] und Jones [13]. Uns kommt es in diesem Kapitel darauf an, die für Halbleiter charakteristischen Aspekte der allgemeinen Theorie zusammenzustellen (Abschnitte 11—14) und daraus einen Überblick über die typischen Merkmale der Bandstrukturen von Halbleitern zu gewinnen (Abschnitt 15). Die Abschnitte 16 und 17 sind dann dem Begriff der „effektiven" Masse eines Elektrons, dessen Bewegung unter äußeren Kräften und der Möglichkeit gewidmet, die Kollektivbewegung der Valenzelektronen durch die Bewegung von „Löchern" zu beschreiben. Damit werden die im ersten Kapitel heuristisch eingeführten Grundbegriffe des Halbleitermodells auf eine festere Basis gestellt. Abschnitt 18 formuliert den Begriff der Zustandsdichte und legt damit die Grundlagen für die Behandlung der statistischen Verteilung der Elektronen auf die energetischen Zustände, der das fünfte Kapitel gewidmet ist. Die beiden letzten Abschnitte bringen als Ergänzung zur Theorie des Bändermodells im ungestörten Halbleiter Erläuterungen zum Bändermodell eines durch Einbau von Störstellen bzw. durch ein äußeres Magnetfeld gestörten Halbleiters.

11. Die Schrödinger-Gleichung des Ein-Elektronen-Problems

Wir gehen aus von der Schrödinger-Gleichung für ein Elektron in einem periodischen Potential $V(r)$, die wir zunächst ohne Berücksichtigung des Spins

$$H\psi_n = E\psi_n \quad \text{mit} \quad H = -\frac{\hbar^2}{2m}\Delta + V(r) \tag{11.1}$$

schreiben. Das Potential soll die volle Symmetrie der Raumgruppe des Kristalls haben:

$$V(\{\alpha\,|\,t\}\,r) = V(r). \tag{11.2}$$

Dieser Ansatz ist naheliegend, da es intuitiv einleuchtet, daß ein Elektron in einem Kristall sich in einem periodischen Potential bewegt. Es ist jedoch wichtig, darauf hinzuweisen, daß (11.1) eine sehr grobe Näherung des eigentlichen Viel-Elektronen-Problems ist. $V(r)$ enthält neben dem von den periodisch angeordneten Gitterionen aufgespannten Potential die Elektron-Elektron-Wechselwirkung nur sehr unvollständig. Gl. (11.1) stellt die Grundlage der *Ein-Elektronen-Näherung* dar. Wir werden an verschiedenen Stellen dieses Buches Gelegenheit haben, auf die Grenzen dieser Näherung hinzuweisen.

Aus der Invarianz des Potentials (11.2) folgt auch die Invarianz des Hamilton-Operators gegenüber Operationen der Raumgruppe

$$H(\{\alpha\,|\,t\}\,r) = H(r). \tag{11.3}$$

Die Konsequenzen dieser Eigenschaft des Hamilton-Operators werden wir in den beiden folgenden Abschnitten prüfen.

12. Folgerungen aus der Translationsinvarianz

Zur quantitativen Erfassung der Invarianz des Hamilton-Operators gegenüber primitiven Translationen des Gitters ordnen wir jedem R_l einen Operator T_{R_l} zu durch die Gleichung

$$T_{R_l} f(r) = f(r + R_l). \tag{12.1}$$

Nach (11.3) ist H invariant gegenüber allen T_{R_l}. Es wird also

$$T_{R_l}(H\psi_n) = T_{R_l}(E_n\psi_n) \rightarrow H(T_{R_l}\psi_n) = E_n(T_{R_l}\psi_n). \tag{12.2}$$

Alle $T_{R_l}\psi_n$ sind gleichzeitig mit ψ_n Eigenfunktionen zum gleichen Eigenwert E_n.

Ist E_n *nicht entartet*, gehört also zu ihm nur eine Eigenfunktion ψ_n, so muß $T_{R_l}\psi_n$ bis auf einen Faktor gleich ψ_n sein. Da weiter $|T_{R_l}\psi_n|^2 = |\psi_n|^2$ sein muß, hat dieser Faktor den Betrag Eins:

$$T_{R_l}\psi_n = \lambda^{(l)}\,\psi_n \quad \text{mit} \quad |\lambda^{(l)}|^2 = 1. \tag{12.3}$$

(12.3) ist eine Eigenwertgleichung für den Operator T_{R_l}. Wegen $|\lambda^{(l)}|^2 = 1$ läßt sich $\lambda^{(l)}$ in der Form $e^{i\beta_l}$ schreiben. Da weiter aus $R_l + R_m = R_p$ auch $T_{R_l} T_{R_m} = T_{R_p}$ und $e^{i(\beta_l + \beta_m)} = e^{i\beta_p}$ folgt, liegt es nahe, die β_l als Produkt eines allen β gemeinsamen Vektors k und der zugehörigen R_l zu schreiben:

$$\lambda^{(l)} = e^{i k \cdot R_l}. \tag{12.4}$$

Dabei ist der Vektor k zunächst noch unbekannt.

Ist E_n *f-fach entartet*, gehören also f zueinander orthogonale Eigenfunktionen $\psi_{n\varkappa}$ zum selben E_n, so muß die Funktion, die durch Anwendung eines T_{R_l} auf ein $\psi_{n\varkappa}$ entsteht, sich als Linearkombination aller $\psi_{n\varkappa}$ darstellen lassen:

$$T_{R_l}\psi_{n\varkappa} = \sum_{\varkappa'=1}^{f} \lambda_{\varkappa\varkappa'}^{(l)}\,\psi_{n\varkappa'} \qquad \varkappa = 1,\ldots,f. \tag{12.5}$$

Durch (12.5) wird jedem Operator T_{R_l} der Translationsgruppe eine **Matrix** zugeordnet. Diese Matrizen genügen offensichtlich den gleichen Multiplikationsregeln wie die T_{R_l}:

$$T_{R_l} T_{R_m} = T_{R_p} \to \sum_{\varkappa'=1}^{f} \lambda_{\varkappa\varkappa'}^{(l)} \lambda_{\varkappa'\varkappa''}^{(m)} = \lambda_{\varkappa\varkappa''}^{(p)}. \tag{12.6}$$

Die $\lambda_{\varkappa\varkappa'}$ bilden also ebenfalls eine Gruppe, die man als eine f-dimensionale *Darstellung der Translationsgruppe* zur Basis der $\psi_{n\varkappa}$ bezeichnet.

An Stelle der f Eigenfunktionen $\psi_{n\varkappa}$ kann man durch Linearkombination einen neuen Satz von f orthogonalen Eigenfunktionen $\overline{\psi}_{n\varkappa}$ herstellen, die eine Basis für eine weitere f-dimensionale Darstellung der Translationsgruppe bilden

$$T_{R_l} \overline{\psi}_{n\varkappa} = \sum_{\varkappa'=1}^{f} \overline{\lambda}_{\varkappa\varkappa'}^{(l)} \overline{\psi}_{n\varkappa'}, \quad \varkappa = 1, \ldots, f. \tag{12.7}$$

Die beiden Darstellungen werden als *äquivalent* bezeichnet. Es läßt sich nun zeigen, daß immer dann, wenn die Operatoren einer Gruppe vertauschbar sind ($T_{R_l} T_{R_m} = T_{R_m} T_{R_l}$), durch geeignete Linearkombination der entarteten Eigenfunktionen eine äquivalente Darstellung gefunden werden kann, deren Matrizen Diagonalmatrizen sind:

$$\Lambda_{\varkappa\varkappa'}^{(l)} = \Lambda_{\varkappa\varkappa}^{(l)} \delta_{\varkappa\varkappa'} \quad \text{für alle } l. \tag{12.8}$$

Gl. (12.5) lautet dann

$$T_{R_l} \overline{\psi}_{n\varkappa} = \sum_{\varkappa'} \Lambda_{\varkappa\varkappa'}^{(l)} \overline{\psi}_{n\varkappa'} = \Lambda_{\varkappa\varkappa}^{(l)} \overline{\psi}_{n\varkappa}. \tag{12.9}$$

Entsprechend den Überlegungen bei Gl. (12.3) folgt dann für die $\Lambda_{\varkappa\varkappa}^{(l)}$ ebenfalls die Gestalt $e^{i\boldsymbol{k} \cdot \boldsymbol{R}_l}$.

Der Vektor $\boldsymbol{k}$ braucht natürlich für verschiedene Eigenfunktionen ψ_n nicht der gleiche zu sein. Zu jedem ψ gibt es aber immer ein $\boldsymbol{k}$, so daß ψ als Eigenfunktion des Translationsoperators T_{R_l} zum Eigenwert $e^{i\boldsymbol{k} \cdot \boldsymbol{R}_l}$ gehört. ψ ist also durch dieses $\boldsymbol{k}$ *klassifiziert*: $\psi = \psi(\boldsymbol{k}, \boldsymbol{r})$.

Die Gleichungen (12.3) und (12.9) fassen wir zusammen zum *Blochschen Theorem*:

Die nicht-entarteten Lösungen der Schödinger-Gleichung und geeignet gewählte Linearkombinationen der entarteten Lösungen sind gleichzeitig Eigenfunktionen $\psi_n(\boldsymbol{k}, \boldsymbol{r})$ der Translationsoperatoren T_{R_l} zum Eigenwert $e^{i\boldsymbol{k} \cdot \boldsymbol{R}_l}$:

$$T_{R_l} \psi_n(\boldsymbol{k}, \boldsymbol{r}) = e^{i\boldsymbol{k} \cdot \boldsymbol{R}_l} \psi_n(\boldsymbol{k}, \boldsymbol{r}). \tag{12.10}$$

Da die $\psi_n(\boldsymbol{k}, \boldsymbol{r})$ gleichzeitig die Eigenfunktionen des Hamilton-Operators sind, hängen auch die Eigenwerte E_n von $\boldsymbol{k}$ ab:

$$E_n = E_n(\boldsymbol{k}). \tag{12.11}$$

Aus dem Blochschen Theorem folgt
$$\psi_n(\mathbf{k}, \mathbf{r} + \mathbf{R}_l) = e^{i\mathbf{k} \cdot \mathbf{R}_l} \psi_n(\mathbf{k}, \mathbf{r}). \tag{12.12}$$

Geht man in (12.12) mit dem Ansatz
$$\psi_n(\mathbf{k}, \mathbf{r}) = e^{i\mathbf{k} \cdot \mathbf{r}} u_n(\mathbf{k}, \mathbf{r}), \tag{12.13}$$
so folgt sofort
$$u_n(\mathbf{k}, \mathbf{r} + \mathbf{R}_l) = u_n(\mathbf{k}, \mathbf{r}). \tag{12.14}$$

$u_n(\mathbf{k}, \mathbf{r})$ ist *gitterperiodisch*. Die $\psi_n(\mathbf{k}, \mathbf{r})$ werden in der Schreibweise der Gl. (12.13) als *Bloch-Funktionen* bezeichnet.

Wir legen nun in den Raum des Vektors $\mathbf{k}$ ($\mathbf{k}$-*Raum*) ein reziprokes Gitter $\mathbf{K}_m$. Mit (8.1)—(8.3) wird dann
$$e^{i(\mathbf{k} + \mathbf{K}_m) \cdot \mathbf{R}_l} = e^{i\mathbf{k} \cdot \mathbf{R}_l} \quad \text{für alle } \mathbf{K}_m. \tag{12.15}$$

Durch $T_{\mathbf{R}_l}$ wird also einem $\psi(\mathbf{r})$ nicht *ein* $\mathbf{k}$ zugeordnet, sondern alle $\mathbf{k}' = \mathbf{k} + \mathbf{K}_m$. Alle diese Punkte im $\mathbf{k}$-Raum sind äquivalent:
$$\psi_n(\mathbf{k}, \mathbf{r}) = \psi_n(\mathbf{k} + \mathbf{K}_m, \mathbf{r}). \tag{12.16}$$

Die Lösungen $\psi(\mathbf{k}, \mathbf{r})$ haben im $\mathbf{k}$-Raum die Periodizität des reziproken Gitters. Entsprechend ist $E_n(\mathbf{k})$ eine periodische Funktion von $\mathbf{k}$.

Es genügt infolgedessen ein Periodizitätsvolumen des k-Raumes zur Beschreibung von E und ψ. Dazu wählt man zweckmäßig die *Brillouin-Zone* des reziproken Gitters.

In der Brillouin-Zone gibt $E_n(\mathbf{k})$ für jeden Vektor $\mathbf{k}$ ein diskretes Energiespektrum an. Für festgehaltenes n ist $E_n(\mathbf{k})$ in der Brillouin-Zone eine stetige und differenzierbare Funktion von $\mathbf{k}$. Sie wird als ein *Band* bezeichnet. Die Funktion $E_n(\mathbf{k})$ heißt dementsprechend *Bandstruktur*.

In Kapitel 2 hatten wir zyklische Randbedingungen eingeführt, um die Translationsgruppe endlich zu machen. Die Zahl der verschiedenen $\mathbf{R}_l$ ist dann gleich der Zahl der Gitterpunkte im Grundgebiet. Zwei primitive Translationen $\mathbf{R}_l$ und $\mathbf{R}_l + N_i \mathbf{a}_i$ gelten als identisch. Das bedeutet aber auch, daß
$$\psi_n(\mathbf{k}, \mathbf{r} + N_i \mathbf{a}_i) = \psi_n(\mathbf{k}, \mathbf{r}), \tag{12.17}$$
also mit (12.13)
$$e^{i\mathbf{k} \cdot (\mathbf{r} + N_i \mathbf{a}_i)} u_n(\mathbf{k}, \mathbf{r}) = e^{i\mathbf{k} \cdot \mathbf{r}} u_n(\mathbf{k}, \mathbf{r}) \tag{12.18}$$
oder
$$e^{iN_i \mathbf{k} \cdot \mathbf{a}_i} = 1. \tag{12.19}$$

Stellt man $\mathbf{k}$ als Vektor im reziproken Gitter dar ($\mathbf{k} = \sum_i \varkappa_i \mathbf{b}_i$), so wird
$$e^{2\pi i N_i \varkappa_i} = 1. \tag{12.20}$$

Das ist erfüllt, wenn die $\varkappa_i$ beschränkt sind auf die Werte

$$\varkappa_i = \frac{n_i}{N_i}, \qquad n_i = 1, \ldots, N_i. \tag{12.21}$$

Es gibt somit N verschiedene Wertetripel $\{\varkappa_1, \varkappa_2, \varkappa_3\}$ und damit N verschiedene $\boldsymbol{k}$! $\boldsymbol{k}$ kann also im $\boldsymbol{k}$-Raum nur diskrete Werte annehmen und $E_n(\boldsymbol{k})$ ist nur im Grenzfall „Grundgebiet gegen Unendlich" eine stetige Funktion von $\boldsymbol{k}$. Da das Grundgebiet aber beliebig groß gewählt werden kann, ist auch $E_n(\boldsymbol{k})$ immer beliebig gut durch eine stetige Funktion approximierbar.

Wir schließen diese Erörterungen mit folgendem Ergebnis:
Nach dem Blochschen Theorem ist

$$T_{\boldsymbol{R}_l} \psi_n^*(\boldsymbol{k}, \boldsymbol{r}) = e^{-i\boldsymbol{k} \cdot \boldsymbol{R}_l} \psi_n^*(\boldsymbol{k}, \boldsymbol{r}) \tag{12.22}$$

ebenso wie

$$T_{\boldsymbol{R}_l} \psi_n(-\boldsymbol{k}, \boldsymbol{r}) = e^{-i\boldsymbol{k} \cdot \boldsymbol{R}_l} \psi_n(-\boldsymbol{k}, \boldsymbol{r}). \tag{12.23}$$

Da durch das Blochsche Theorem die $\boldsymbol{k}$-Abhängigkeit der Wellenfunktion definiert ist, ist $\psi^*(\boldsymbol{k}, \boldsymbol{r})$ entartet mit $\psi(-\boldsymbol{k}, \boldsymbol{r})$. Da weiter wegen der Realität des Hamilton-Operators $(H = H^*)$ $\psi^*(\boldsymbol{k}, \boldsymbol{r})$ mit $\psi(\boldsymbol{k}, \boldsymbol{r})$ entartet ist, ist auch $\psi(-\boldsymbol{k}, \boldsymbol{r})$ mit $\psi(\boldsymbol{k}, \boldsymbol{r})$ entartet, d.h. es ist auch

$$E(\boldsymbol{k}) = E(-\boldsymbol{k}). \tag{12.24}$$

Diese wichtige Symmetrieaussage wird als das *Kramerssche Theorem* bezeichnet.

13. Folgerungen aus der Invarianz gegenüber Operationen der Raumgruppe

Innerhalb der Brillouin-Zone besitzt die Funktion $E_n(\boldsymbol{k})$ zahlreiche Symmetrien. Um sie zu erfassen, ordnen wir den $\{\alpha \mid t\}$ in gleicher Weise Operatoren zu wie den $\boldsymbol{R}_l$:

$$S_{\{\alpha \mid t\}} f(\boldsymbol{r}) = f(\{\alpha \mid t\} \boldsymbol{r}) = f(\alpha \boldsymbol{r} + \boldsymbol{t}). \tag{13.1}$$

Die $S_{\{\alpha \mid t\}}$ sind mit den $T_{\boldsymbol{R}_l}$ nicht immer vertauschbar, so wie eine Drehung und eine Translation je nach der Reihenfolge ihrer Anwendung ein Gitter meist in zwei verschiedene Lagen überführen. Es gilt vielmehr

$$T_{\boldsymbol{R}_l} S_{\{\alpha \mid t\}} f(\boldsymbol{r}) = S_{\{\alpha \mid t\}} T_{\alpha \boldsymbol{R}_l} f(\boldsymbol{r}). \tag{13.2}$$

Unter Berücksichtigung, daß das skalare Produkt zweier Vektoren ungeändert bleibt, wenn man beide Vektoren einer orthogonalen Transformation unterwirft ($\boldsymbol{k} \cdot \alpha \boldsymbol{R}_l = \alpha^{-1} \boldsymbol{k} \cdot \boldsymbol{R}_l$) findet man

$$\begin{aligned} T_{\boldsymbol{R}_l} S_{\{\alpha \mid t\}} \psi_n(\boldsymbol{k}, \boldsymbol{r}) &= S_{\{\alpha \mid t\}} T_{\alpha \boldsymbol{R}_l} \psi_n(\boldsymbol{k}, \boldsymbol{r}) \\ &= S_{\{\alpha \mid t\}} e^{i\boldsymbol{k} \cdot \alpha \boldsymbol{R}_l} \psi_n(\boldsymbol{k}, \boldsymbol{r}) = S_{\{\alpha \mid t\}} e^{i\alpha^{-1} \boldsymbol{k} \cdot \boldsymbol{R}_l} \psi_n(\boldsymbol{k}, \boldsymbol{r}) \\ &= e^{i\alpha^{-1} \boldsymbol{k} \cdot \boldsymbol{R}_l} S_{\{\alpha \mid t\}} \psi_n(\boldsymbol{k}, \boldsymbol{r}) \end{aligned} \tag{13.3}$$

und
$$T_{R_i} \psi_n(\alpha^{-1} k, r) = e^{i\alpha^{-1} k \cdot R_i} \psi_n(\alpha^{-1} k, r). \tag{13.4}$$

Ein Vergleich von (13.3) und (13.4) zeigt, daß die Funktionen $\psi_n(\alpha^{-1} k, r)$ und $S_{\{\alpha|t\}} \psi_n(k, r)$ Eigenfunktionen von T_{R_i} zum selben Eigenwert sind. Es ist also

$$\psi_n(\alpha^{-1} k, r) = \lambda^{\{\alpha|t\}} S_{\{\alpha|t\}} \psi_n(k, r); \quad |\lambda^{\{\alpha|t\}}|^2 = 1. \tag{13.5}$$

Schließlich wird

$$\begin{aligned} E_n(\alpha^{-1} k) &= \langle \psi_n(\alpha^{-1} k, r) | H | \psi_n(\alpha^{-1} k, r) \rangle \\ &= \langle S_{\{\alpha|t\}} \psi_n(k, r) | H | S_{\{\alpha|t\}} \psi_n(k, r) \rangle \\ &= \langle S^{-1}_{\{\alpha|t\}} S_{\{\alpha|t\}} \psi_n(k, r) | H | \psi_n(k, r) \rangle \\ &= \langle \psi_n(k, r) | H | \psi_n(k, r) \rangle = E_n(k) \end{aligned} \tag{13.6}$$

also allgemein

$$E_n(k) = E_n(\alpha k). \tag{13.7}$$

Dieses wichtige Ergebnis sagt aus, daß die Funktion $E_n(k)$ in der Brillouin-Zone die volle Symmetrie der *Punktgruppe* $\{\alpha|0\}$ des Kristalls besitzt, auch wenn das Gitter gegenüber einigen der $\{\alpha|0\}$ nicht invariant ist. Auch die Brillouin-Zone selbst ist also invariant gegenüber den Operationen der Punktgruppe.

Nach (13.7) führen alle Vektoren $k' = \alpha k$ zur gleichen Energie. Man bezeichnet die Gesamtheit aller k' als den *Stern von* k. Sind alle $k' = \alpha k$ verschieden, so bezeichnet man k als einen *allgemeinen Punkt* in der Brillouin-Zone. In diesem Fall hat der Stern von k so viele *Zacken*, wie die Punktgruppe Elemente besitzt.

Wichtig für unsere späteren Betrachtungen sind Symmetriepunkte und -linien in der Brillouin-Zone, die gegenüber einigen $\{\alpha|0\}$ invariant sind. Ist etwa ein Vektor k gegenüber n der g Punktgruppenelemente invariant, so hat sein Stern nur g/n Zacken.

In Abb. 11a und 11b sind die wichtigsten Symmetriepunkte und -linien für die Brillouin-Zonen des kubisch-flächenzentrierten und des hexagonalen Gitters angegeben. Sie tragen große Buchstaben als Bezeichnung (Punkt Γ, Δ-Achse ...), die später zur Klassifizierung der Eigenwerte $E_n(k)$ an diesen Punkten und Linien benutzt werden.

Abb. 12 zeigt den Stern für den Symmetriepunkt K der Abb. 11a. Er hat 12 Zacken, da von den 48 Operationen von O_h je vier zu einem der 12 Zacken führen.

Für $E_n(k)$ haben wir damit folgende Symmetrien gefunden:

$$E_n(k) = E_n(k + K_m) \tag{13.8}$$
$$E_n(k) = E_n(-k) \tag{13.9}$$
$$E_n(k) = E_n(\alpha k). \tag{13.10}$$

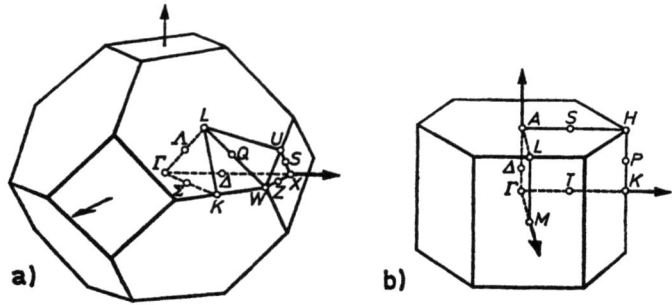

Abb. 11. Brillouin-Zonen für das kubisch-flächenzentrierte Gitter (a) und das hexagonale Gitter (b) mit Angabe der wichtigsten Symmetriepunkte an der Oberfläche sowie der wichtigsten Symmetrielinien längs der Oberfläche und zum Mittelpunkt Γ. Für das trigonale Selen besitzt die Brillouin-Zone ebenfalls die Gestalt (b), einzelne der Symmetriesymbole sind jedoch in der Literatur anders bezeichnet

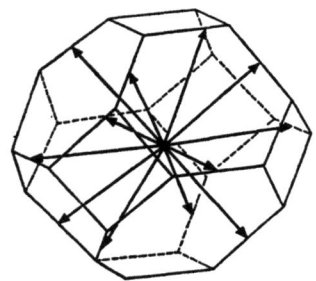

Abb. 12. Stern eines k-Vektors, der zum Symmetriepunkt K der Brillouin-Zone des kubisch-flächenzentrierten Gitters zeigt

Aus (13.8) bis (13.10) lassen sich weitere Schlüsse über das Verhalten von E_n im Mittelpunkt und an den Oberflächen der Brillouin-Zone ziehen:

a) Ist $E_n(0)$ nicht entartet, so folgt aus (13.9) und der Stetigkeit und Differenzierbarkeit von $E_n(k)$, daß $E_n(0)$ ein Extremum ist (grad $_k E|_{k=0} = 0$).

b) Ist $E_n(0)$ entartet und bleibt die Entartung auch in der Umgebung von $k = 0$ erhalten, so ist $E_n(0)$ weiterhin Extremum. Spaltet dagegen die Energie für $k \neq 0$ auf, so ist die Summe der Gradienten Null, d.h. die einzelnen Zweige *(Teilbänder)* von E_n sind auch in $k = 0$ stetig und differenzierbar (Abb. 13a).

c) Normal zu einer Oberfläche der Brillouin-Zone ist für nichtentartete E_n $\boldsymbol{n} \cdot \text{grad}_k E_n(k) = 0$. Für entartete E_n gilt b) entsprechend. Denn sei B ein Punkt nahe der Oberfläche einer Brillouin-

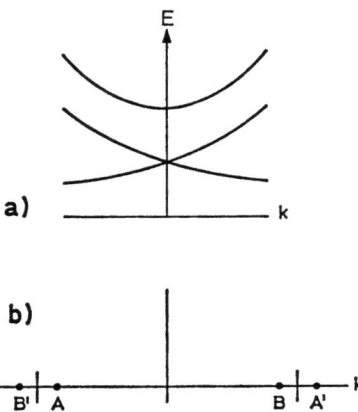

Abb. 13. a Nicht-entarteter Eigenwert und Aufspaltung eines entarteten Eigenwertes in der Nähe von $k = 0$; b Punkte gleicher Energie in der Nähe der Oberfläche einer Brillouin-Zone

Zone und sei A sein Spiegelpunkt (Abb. 13b), so ist wegen (13.8) $E_n(A) = E_n(A')$ und wegen (13.9) $E_n(A) = E_n(B)$, also auch $E_n(B) = E_n(A')$.

14. Irreduzible Darstellungen

Wir wenden uns nun der Frage zu, welche Bedeutung die Kenntnis der Bandstruktur $E_n(k)$ für unser Halbleitermodell hat. Im Halbleiter interessieren vornehmlich zwei Bänder, das *Leitungsband* und das *Valenzband*, die durch eine *verbotene Zone* voneinander getrennt sind. Auch in diesen Bändern sind primär nur die energetischen Bereiche am oberen Rande des Valenzbandes und am unteren Rande des Leitungsbandes von Bedeutung, die mit Löchern bzw. Elektronen besetzt sein können.

Aus der Kenntnis der Funktion $E_n(k)$ für diese Bereiche können wir die *Zustandsdichte* berechnen (Abschnitt 18), also die Zahl der besetzbaren Zustände in einem Energieintervall dE um eine gegebene Energie E. Dem statistischen Problem, wie diese Zustände besetzt sind, welche *Energieverteilung* also die Ladungsträger eines Halbleiters haben, wenden wir uns in Kapitel 5 zu.

Dies ist aber nur eine der möglichen Fragestellungen. Neben der Verteilung der Elektronen und Löcher auf die möglichen Bloch-Zustände interessieren *Übergänge* zwischen diesen Zuständen. Solche Übergänge werden durch Matrixelemente des Typs $\langle n\,k|L|m\,k'\rangle$ beschrieben. Dabei sei L der den Übergang induzierende Operator. Die $|n\,k\rangle$ sind die Bloch-Funktionen (12.13). Für die Berechnung solcher Matrixelemente sind die Symmetrieeigenschaften der Wellenfunktionen $|n\,k\rangle$ wesentlich.

Wir erinnern uns an das Symmetrieverhalten der Eigenfunktionen des freien Wasserstoffatoms. Dort wird die Lösung der Schrödinger-Gleichung nach Kugelfunktionen entwickelt und die einzelnen Entwicklungsglieder nach ihrer Symmetrie klassifiziert. Klassifikationsindex ist dabei die Drehimpulsquantenzahl. Es werden s-, p-, d-, f- ... Zustände unterschieden. Diese Klassifikation bestimmt unter anderem den Entartungsgrad eines Zustandes und die Auswahlregeln für Übergänge zwischen diesen Zuständen.

Die Fragen, denen wir uns in diesem Abschnitt zuwenden, sind: *Welche Symmetrieeigenschaften haben die Bloch-Funktionen, wie lassen sie sich klassifizieren?* und: *Welche für Halbleiter relevanten Aussagen lassen sich aus dieser Klassifikation gewinnen?*

Zur Beantwortung dieser Fragen benötigen wir umfangreiche Hilfsmittel der Gruppentheorie, die über den Rahmen dieses Buches hinausgehen (vgl. z.B. Callaway [4], Heine [9], Jones [13], Streitwolf [25]).

Wir beschränken uns deshalb auf einige qualitative Aussagen und die Diskussion eines Beispiels.

In den Gl. (12.5) bis (12.7) hatten wir gesehen, daß durch einen Satz entarteter Eigenfunktionen eine *Darstellung* einer Gruppe von Operatoren erzeugt wird, d.h. ein Satz von Matrizen, die den gleichen Gruppenaxiomen genügen. Durch Linearkombination der entarteten Eigenfunktionen läßt sich eine neue *Basis* für eine *äquivalente Darstellung* gewinnen.

Die Entartung eines Zustandes kann *zufällig* sein, d.h. verschiedene Eigenwerte der Schrödinger-Gleichung können energetisch zusammenfallen. Oder aber die Entartung ist durch die *innere Symmetrie* des Problems bedingt. Im ersten Fall läßt sich eine Basis so finden, daß die Matrizen der Darstellung in Teilmatrizen geringerer Dimension zerfallen. Zu jedem Satz von Teilmatrizen gehören diejenigen Eigenfunktionen, die sich unabhängig von einer zufälligen Entartung aus Symmetriegründen unter den Operationen der Gruppe ineinander transformieren. Die von solchen Eigenfunktionen erzeugte Darstellung heißt *irreduzibel*. Es läßt sich nun zeigen, daß die Zahl der irreduziblen Darstellung einer endlichen Gruppe endlich ist. Da jede irreduzible Darstellung das Transformationsverhalten ihrer erzeugenden Eigenfunktionen eindeutig bestimmt, folgt aus den Eigenschaften einer irreduziblen Darstellung das Symmetrieverhalten der Wellenfunktion. Auf unser Problem angewandt heißt das:

Jedem Zustand $E_n(k)$ ist eine irreduzible Darstellung zugeordnet. Die Dimensionen der möglichen irreduziblen Darstellungen zu einem k (d.h. zu der Gruppe, gegenüber der k invariant ist) geben die möglichen Entartungen eines E_n bei diesem k an.

Wir betrachten als Beispiel einen Halbleiter mit kubischflächenzentriertem Punktgitter, also einer durch Abb. 11a gegebenen

Brillouin-Zone. Innerhalb der Brillouin-Zone betrachten wir speziell Zustände mit dem k-Vektor $k = 0$ (Punkt Γ) und $k = (k_x, 0, 0)$ (Δ-Achsen). Die Punktgruppe sei O_h (Tabelle 10.1, S. 22). Dann ist der Vektor $k = 0$ offensichtlich invariant gegenüber allen Operationen der Punktgruppe O_h, der Vektor $k = (k_x, 0, 0)$ nur gegenüber den Operationen, die die k_x-Richtung erhalten. Dies sind aus O_h die Operation E, eine der Operationen C_2 und je zwei der Operationen C_4, σ_h und σ_d. Diese bilden eine Gruppe, die mit C_{4v} bezeichnet wird.

Für die weitere Diskussion benötigen wir nicht die Matrizen aller irreduziblen Darstellungen von O_h und C_{4v}, sondern nur die *Charaktere*, d.h. die Summen der Diagonalelemente dieser Matrizen. Sie werden in *Charaktertafeln* zusammengefaßt. Während es kein allgemeines Verfahren gibt, die Matrizen irreduzibler Darstellungen zu finden, lassen sich die Charaktertafeln für alle Gruppen eindeutig aufstellen. O_h besitzt zehn, C_{4v} fünf irreduzible Darstellungen. In Tabelle 14.1 sind die Charaktertafeln aufgeführt. Für die Charaktertafeln anderer Punktgruppen und Raumgruppen vgl. Koster [14] [36.5].

Tabelle 14.1. *Charaktertafeln der Punktgruppen O_h und C_{4v}*

O_h	E	$8C_3$	$3C_2$	$6C_4$	$6C_3'$	I	$8S_6$	$3\sigma_h$	$6S_4$	$6\sigma_d$
Γ_1	1	1	1	1	1	1	1	1	1	1
Γ_2	1	1	1	-1	-1	1	1	1	-1	-1
Γ_{12}	2	-1	2	0	0	2	-1	2	0	0
$\Gamma_{15'}$	3	0	-1	1	-1	3	0	-1	1	-1
$\Gamma_{25'}$	3	0	-1	-1	1	3	0	-1	-1	1
$\Gamma_{1'}$	1	1	1	1	1	-1	-1	-1	-1	-1
$\Gamma_{2'}$	1	1	1	-1	-1	-1	-1	-1	1	1
$\Gamma_{12'}$	2	-1	2	0	0	-2	1	-2	0	0
Γ_{15}	3	0	-1	1	-1	-3	0	1	-1	1
Γ_{25}	3	0	-1	-1	1	-3	0	1	1	-1

C_{4v}	E		C_2	$2C_4$				$2\sigma_h$		$2\sigma_d$
Δ_1	1		1	1				1		1
$\Delta_{1'}$	1		1	1				-1		-1
Δ_2	1		1	-1				1		-1
$\Delta_{2'}$	1		1	-1				-1		1
Δ_5	2		-2	0				0		0

Aus Tabelle 14.1 kann man zunächst ablesen, daß es für O_h vier ein-dimensionale, zwei zwei-dimensionale und vier drei-dimensionale irreduzible Darstellungen gibt. Man erkennt dies aus der ersten Spalte, in der die Charaktere der dem Einheitsoperator E zugeordneten Darstellungsmatrizen stehen. Die Summe der Diagonalelemente dieser Einheitsmatrizen ist gleich der Dimension der Darstellungsmatrizen.

Die Energieterme im Punkt Γ, die wir nach zehn verschiedenen Symmetrietypen klassifizieren können, sind also höchstens dreifach entartet.

Für Zustände auf den Δ-Achsen können wir aus der Charaktertafel für C_{4v} schließen, daß von den fünf möglichen Symmetrietypen vier nicht-entartet und einer zweifach entartet sind.

Wir betrachten nun den Übergang von Γ zur Δ-Achse. Die Tatsache, daß die Symmetrieelemente von C_{4v} in O_h enthalten sind, kann uns bei der Beantwortung der Frage helfen, welche in Γ entarteten Terme beim Übergang auf die Δ-Achse aufspalten. Da der Punkt Γ gleichzeitig ein Punkt der Δ-Achsen ist, in dem wegen der höheren Symmetrie in Γ Bänder entartet sein können, die längs der Δ-Achsen aufgespalten sind, müssen die Charaktere einer irreduziblen Darstellung von O_h entweder gleich den entsprechenden Charakteren einer irreduziblen Darstellung von C_{4v} oder die Summe solcher Charaktere sein. Für den Vergleich haben wir in Tabelle 14.1 bereits die Charaktere zu gleichen Symmetrieoperationen beider Punktgruppen untereinandergeschrieben. Man erkennt aus der Tabelle, daß nur die eindimensionalen Darstellungen von O_h mit den eindimensionalen Darstellungen von C_{4v} *kompatibel* sind. Die niedrigere Symmetrie längs der Δ-Achsen führt dagegen zu einer teilweisen Aufhebung der Entartung in Γ. So spaltet etwa der Term Γ_{25} in Δ_2 und Δ_5 auf. Die vollständigen *Kompatibilitätsrelationen* (Verträglichkeitsrelationen) für den Übergang $\Gamma \to \Delta$ sind in Tabelle 14.2 aufgeführt.

Tabelle 14.2. *Verträglichkeitsrelationen der irreduziblen Darstellungen in Γ und auf den Δ-Achsen für die Punktgruppen O_h und C_{4v}*

$\Gamma_1 \to \Delta_1$	$\Gamma_{1'} \to \Delta_{1'}$
$\Gamma_2 \to \Delta_2$	$\Gamma_{2'} \to \Delta_{2'}$
$\Gamma_{12} \to \Delta_1 + \Delta_2$	$\Gamma_{12'} \to \Delta_{1'} + \Delta_{2'}$
$\Gamma_{15'} \to \Delta_{1'} + \Delta_5$	$\Gamma_{15} \to \Delta_1 + \Delta_5$
$\Gamma_{25'} \to \Delta_{2'} + \Delta_5$	$\Gamma_{25} \to \Delta_2 + \Delta_5$

Durch Diskussion solcher Verträglichkeitsrelationen kommt man für Punkte und Linien hoher Symmetrie in der Brillouin-Zone zu qualitativen Aussagen über die möglichen Bänder, ihre Entartungen und Aufspaltungen in *Teilbänder*. Ein Beispiel zeigt Abb. 14.

Hat man auf diese Weise qualitative Aussagen über die Energie $E_n(\mathbf{k})$ gewonnen, so lassen sich diese durch Betrachtung der Symmetrieeigenschaften der Wellenfunktionen erweitern. Da sich die Wellenfunktionen *gemäß den irreduziblen Darstellungen einer Gruppe transformieren*, lassen sie sich nach Polynomen entwickeln, die die

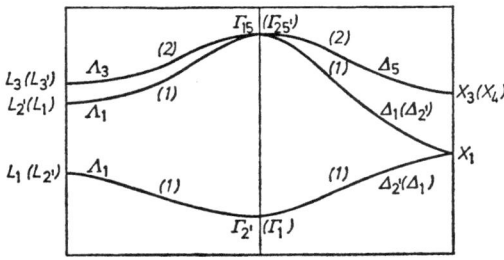

Abb. 14. Qualitatives Bild der Verknüpfung verschiedener Teilbänder in einem Halbleiter mit Diamantstruktur längs der Δ- und Λ-Achsen der Brillouin-Zone, im Mittelpunkt Γ und in den Endpunkten L und X der Achsen. Die in Klammern stehenden Zahlen geben den Entartungsgrad der Teilbänder an

geforderten Transformationseigenschaften haben. Für das betrachtete Beispiel sind dies die „kubischen Polynome", die sich als Linearkombinationen von Potenzen der Form $x^l y^m z^n$ darstellen lassen. In Tabelle 14.3 sind solche Polynome angegeben, die als Prototypen

Tabelle 14.3. *Prototypen für Basisfunktionen der irreduziblen Darstellungen von O_h*

Γ_1:	1	s-Zustand
$\Gamma_{15'}$:	x, y, z	p-Zustände
Γ_{12}:	$z^2 - (1/2)(x^2 + y^2); \quad x^2 - y^2$	d-Zustände
$\Gamma_{25'}$:	$xy; \quad yz; \quad zx$	d-Zustände
$\Gamma_{2'}$:	xyz	f-Zustand
. . . .		

für Basisfunktionen der irreduziblen Darstellungen angesehen werden können. Die Symmetrien der aufgeführten Polynome werden beim freien Atom durch die Bezeichnung s-, p- ... Funktion charakterisiert. Die zu den entsprechenden Darstellungen gehörenden Wellenfunktionen haben also *angenähert* s-, p- ... Symmetrie; angenähert deshalb, weil die aufgeführten Polynome nur die ersten Glieder der Entwicklung einer Funktion nach Polynomen entsprechender Symmetrie sind. Trotzdem genügt das Symmetrieverhalten dieser Polynome, um etwa die Frage zu entscheiden, ob ein Übergang zwischen zwei Zuständen gegebener Symmetrie erlaubt oder verboten ist.

Über die genannten Symmetriebetrachtungen hinaus kann die Kenntnis der Symmetriegruppen und ihrer irreduziblen Darstellungen noch mehr leisten. Wir beschränken uns auf zwei Bemerkungen:

Viele Halbleiter haben eine gegenüber anderen Halbleitern eingeschränkte Gittersymmetrie. Ein Beispiel ist die Zinkblendestruktur gegenüber der Diamantstruktur. Es lassen sich dann Verträglichkeitsrelationen zwischen den Punktgruppen O_h und T_d aufstellen, die darüber Auskunft geben, wie die Bandstruktur der Halbleiter mit Zinkblendestruktur gegenüber den diamantartigen Halbleitern geändert sein muß. Ähnlichkeiten und Verschiedenheiten der Bandstruktur verwandter Halbleiter können damit untersucht werden.

Die Schrödinger-Gleichung (11.1), von der wir bisher ausgegangen sind, enthält nicht den *Spin*. Legt man eine erweiterte Gleichung (Pauli-Gleichung oder Dirac-Gleichung) dem Problem zugrunde, so ändert sich auch die gruppentheoretische Behandlung. Zu untersuchen sind jetzt die irreduziblen Darstellungen der sog. *Doppelgruppen*. Verträglichkeitsrelationen zwischen den irreduziblen Darstellungen der einfachen Gruppen und den ihnen zugeordneten Doppelgruppen geben dann Auskunft darüber, welche Entartungen der Bandstruktur durch die *Spin-Bahn-Kopplung* aufgehoben werden. Abb. 15 zeigt ein Beispiel.

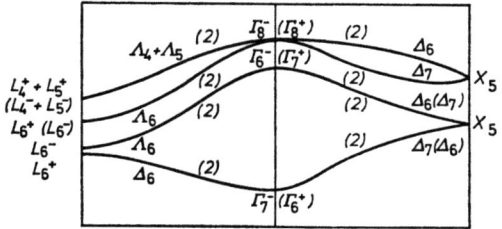

Abb. 15. Qualitative Bandstruktur der Abb. 14 bei Berücksichtigung des Spins. Gegenüber dem spinlosen Fall verdoppelt sich zunächst der Entartungsgrad jedes Terms. Einzelne dieser Terme spalten dann aber durch Spin-Bahn-Wechselwirkung auf

In Gl. (13.9) haben wir gesehen, daß neben der Symmetrie der Punktgruppe noch weitere Symmetrieeinflüsse auf $E_n(\mathbf{k})$ einwirken. (13.9) ist ein spezielles Beispiel der sog. *Zeitumkehrsymmetrie*. Hierdurch können noch weitere Entartungen in einer Bandstruktur auftreten, die nicht durch die irreduziblen Darstellungen gegeben sind.

So wertvoll alle diese Symmetriebetrachtungen sind, so ersetzen sie doch nicht eine *quantitative Berechnung*. Hierfür liegen zahlreiche Näherungsverfahren vor (vgl. hierzu z. B. Adler et al. [1], Blount [36.13], Callaway [4] [36.7], Loucks [15], Streitwolf [55.2], Treusch [39.7]). Sie zu diskutieren, würde aber den Rahmen dieses Buches überschreiten. Wir werden uns deshalb im folgenden Abschnitt auf eine Erläuterung der aus solchen quantitativen Rechnungen folgenden typischen Eigenschaften der Bandstruktur von Halbleitern beschränken.

15. Typische Eigenschaften der Bandstruktur von Halbleitern

Die Diskussion des letzten Abschnittes beschränkte sich zwangsläufig auf Punkte und Linien hoher Symmetrie in der Brillouin-Zone. Gerade diese sind bei Halbleitern aber von besonderem Interesse, da Bandextrema an solchen Symmetriepunkten und -linien zu erwarten sind. Abb. 16 gibt als Beispiel die Bandstruktur des Germaniums ohne Berücksichtigung des Spins, also in der Näherung der Abb. 14. Von links nach rechts gehend ist $E_n(\boldsymbol{k})$ aufgetragen (vgl. hierzu Abb. 11a): Oberflächenpunkt L der Brillouin-Zone, Λ-Achse, Mittelpunkt Γ, Δ-Achse, Oberflächenpunkt X, Achse S bis zum Punkt U längs der Oberfläche. Verlängert man nun die S-Achse über U hinaus, so gelangt man in der benachbarten Brillouin-Zone längs einer Σ-Achse zum Mittelpunkt Γ. Der Oberflächenpunkt U ist in dieser zweiten B.-Z. ein K-Punkt, da er auf einer Kante der zweiten B.-Z. liegt, die zwei Sechsecke verbindet. Wegen der Äquivalenz beider B.-Z. bedeutet also die Folge U, K, Σ, Γ in Abb. 16 einen Sprung um einen Translationsvektor des reziproken Gitters von U nach K und Fortschreiten längs einer Σ-Achse zum Punt Γ zurück.

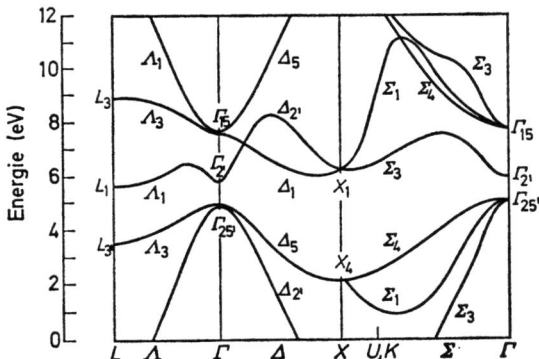

Abb. 16. Bandstruktur des Germaniums (nach Rechnungen von Herman, Kortum, Kuglin und Short [34] ohne Berücksichtigung des Spins) längs der wichtigsten Achsen der Brillouin-Zone. Die Oberkante des Valenzbandes liegt im Punkt $\Gamma_{25'}$, die Unterkante des Leitungsbandes im Punkt L_1.

Die Bandstruktur der Abb. 16 zeigt eine Fülle von Teilbändern, die an einzelnen Punkten zusammenlaufen und wieder aufspalten. Zwischen der unteren und der oberen Bandgruppe ist eine verbotene Zone erkennbar. In Abb. 17 ist Abb. 16 nochmals schematisch wiedergegeben und einige Details in größerem Maßstab herausgehoben. Diese Detailfiguren zeigen alle Besonderheiten, die eine Bandstruktur in der Nähe der Bandextrema haben kann und durch die sie die

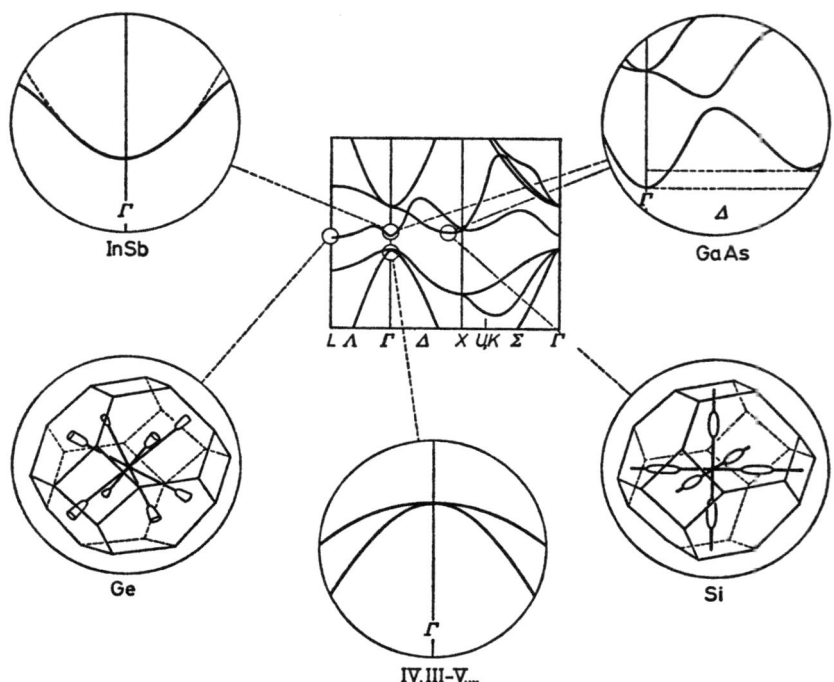

Abb. 17. Typische Details der Bandstruktur eines Halbleiters

Eigenschaften eines speziellen Halbleiters beeinflußt. Die Bandstruktur des Germaniums enthält alle diese Details (wie wohl jede Bandstruktur). *Der Unterschied zwischen den verschiedenen Halbleitern liegt wesentlich daran, welche dieser Details sich in den Extrema wiederfinden, die die Unterkante des Leitungsbandes bzw. die Oberkante des Valenzbandes bilden.*

Wir beginnen mit dem einfachsten Extremum, wie es in der oberen linken Teilfigur der Abb. 17 gezeigt ist. Ein solches Leitungsband-Minimum ist z. B. in *Indiumantimonid* realisiert. Der Extremalwert liegt in Γ. In der Nähe des Extremums kann die Energie durch das erste quadratische Glied einer Taylor-Entwicklung beschrieben werden:

$$E(k) = E_L + \frac{1}{2} \frac{d^2E}{dk^2} k^2 + \cdots = E_L + \frac{\hbar^2 k^2}{2m^*} + \cdots . \quad (15.1)$$

Hier haben wir eine der reziproken Krümmung E'' proportionale *effektive Masse* m^* eingeführt.

Ein Band heißt *isotrop*, wenn sich in dem relevanten Bereich E als Funktion des Betrages von k darstellen läßt, es heißt *parabolisch*, wenn E gemäß (15.1) quadratisch von k abhängt. Die linke obere Teilfigur zeigt, daß für größere E Abweichungen von (15.1) auftreten. Das Band wird *nicht-parabolisch*, die effektive Masse muß — will man (15.1) beibehalten — als energieabhängig angenommen werden.

Ein üblicher Ansatz ist eine Entwicklung der reziproken effektiven Masse nach steigenden Potenzen von k^2. Dann wird (15.1):

$$E(k) = E_L + \frac{\hbar^2 k^2}{2m_n}(1 - ak^2 + \cdots). \tag{15.2}$$

Dabei ist m_n die effektive Masse am Bandrand ($k \to 0$).

Wird schließlich auch die Isotropie aufgehoben, hängt E also auch von der Richtung im k-Raum ab, so wird $1/m^*$ bei Beibehaltung der Form (15.1) ein Tensor *(anisotropes Band)*.

Liegt der Extremalwert nicht in $\varGamma$, sondern bei einem gegebenen Wert k_0, so muß es so viele äquivalente Minima geben, wie der Stern von k_0 Zacken hat. Dieser Fall wird in der angelsächsischen Literatur als *„many-valley-semiconductor"* im Gegensatz zum *„single-valley-semiconductor"* bezeichnet.

Ein Beispiel zeigen die beiden Teilfiguren rechts und links unten. Sie zeigen Flächen konstanter Energie nahe den Leitungsband-Minima von *Silizium* und *Germanium*. Die Energieflächen sind Ellipsoide, die Bänder sind also anisotrop. An Stelle von (15.1) wird im Koordinatensystem der Hauptachsen der Ellipsoide

$$E(k) = E_L + \frac{\hbar^2}{2}\left(\frac{(k_x - k_{x0})^2}{m_l} + \frac{(k_y - k_{y0})^2}{m_t} + \frac{(k_z - k_{z0})^2}{m_t}\right), \tag{15.3}$$

wo m_l und m_t die *longitudinale und transversale effektive Masse* bedeuten und k_0 die Position des Extremums im k-Raum angibt.

Die Teilfigur rechts oben zeigt den Sonderfall, daß auf ein isotropes parabolisches Minimum ein zweites anisotropes so dicht folgt, daß bei hoher Temperatur beide Minima besetzt werden können. Man hat dann im Halbleitermodell mit zwei verschiedenen Sorten von Elektronen zu rechnen. Dieser Fall ist beim *Galliumarsenid* realisiert und z.B. für den Gunn-Effekt von Bedeutung (Abschnitt 43).

Im Valenzband vieler kubischer Halbleiter ist die Struktur der Teilfigur unten Mitte realisiert. Dort sind zwei Bänder in $\varGamma$ entartet, die außerhalb $\varGamma$ aufspalten. Wir haben also mit zwei Sorten von Löchern verschiedener effektiver Masse zu rechnen. In kubischen Kristallen haben diese beiden Bänder die allgemeine Form

$$E(k) = E_V - \frac{\hbar^2}{2m}(A \pm (B^2 + C^2 s)^{1/2})k^2,$$
$$s = \frac{1}{k^4}(k_x^2 k_y^2 + k_x^2 k_z^2 + k_y^2 k_z^2) \tag{15.4}$$

für kleine k. Die Bänder sind also parabolisch aber anisotrop (warped surfaces). Die Anisotropie ist meist gering. Ein Vergleich von Abb. 14 und 15 zeigt, daß dieser Fall auch bei Berücksichtigung des Spins realisiert ist. Dann liegt unterhalb der Valenzband-Oberkante ein weiteres durch Spin-Bahn-Aufspaltung abgetrenntes Teilband.

16. Die Effektiv-Massen-Näherung

In Kapitel 1 hatten wir im phänomenologischen Modell des Halbleiters als Parameter die effektive Masse m^* eingeführt und behauptet, der Einfluß der Kräfte des ruhenden Gitters auf die Elektronen ließe sich hierdurch pauschal erfassen. In diesem Abschnitt beweisen wir die Gültigkeit dieser Näherung und zeigen ihre Grenzen.

Wir nehmen an, die Bandstruktur $E_n(k)$ eines Halbleiters sei bekannt. $E_n(k)$ ist eine in k periodische Funktion. Sie kann also nach Fourier entwickelt werden gemäß

$$E_n(k) = \sum_m E_{nm} e^{i R_m \cdot k}. \tag{16.1}$$

Bilden wir formal einen Operator $E_n(-i\,\mathrm{grad})$ durch Ersetzen aller k in $E_n(k)$ durch $-i\,\mathrm{grad}$, so finden wir für ihn die folgenden Eigenschaften:

$$\begin{aligned}E_n(-i\,\mathrm{grad})\,\psi_n(k,r) &= \sum_m E_{nm} e^{R_m \cdot \mathrm{grad}}\,\psi_n(k,r) \\ &= \sum_m E_{nm}(1 + R_m \cdot \mathrm{grad} + \tfrac{1}{2}(R_m \cdot \mathrm{grad})^2 + \cdots)\,\psi_n(k,r) \\ &= \sum_m E_{nm}\,\psi_n(k, r + R_m) = \sum_m E_{nm} e^{i R_m \cdot k}\,\psi_n(k,r) \\ &= E_n(k)\,\psi_n(k,r).\end{aligned} \tag{16.2}$$

Die Bloch-Funktionen $\psi_n(k,r)$ sind also Eigenfunktionen zum Operator $E_n(-i\,\mathrm{grad})$ und zum Eigenwert $E_n(k)$.

Sei jetzt als äußeres Feld ein elektrisches Feld $E = -\mathrm{grad}\,\phi$ betrachtet. Der Hamilton-Operator (11.1) ist dann durch das Glied $-e\phi$ zu ergänzen:

$$\left(-\frac{\hbar^2}{2m}\Delta + V(r) - e\phi\right)\psi = -\frac{\hbar}{i}\frac{\partial \psi}{\partial t}. \tag{16.3}$$

Das durch diese (zeitabhängige) Schrödinger-Gleichung beschriebene Elektron stellen wir durch ein Wellenpaket dar, das aus allen Bloch-Zuständen des Bändermodells aufgebaut ist:

$$\psi = \sum_{n,k} a_n(k,t)\,\psi_n(k,r). \tag{16.4}$$

Dann wird (16.3)

$$\begin{aligned}\sum_{n,k} a_n(k,t)\left(-\frac{\hbar^2}{2m}\Delta + V(r) - e\phi\right)\psi_n(k,r) &= -\frac{\hbar}{i}\frac{\partial \psi}{\partial t} \\ &= \sum_{n,k} a_n(k,t)(E_n(k) - e\phi)\,\psi_n(k,r) \\ &= \sum_{n,k} a_n(k,t)(E_n(-i\,\mathrm{grad}) - e\phi)\,\psi_n(k,r).\end{aligned} \tag{16.5}$$

Diese Gleichung läßt sich weiter umformen, wenn man die *einschränkende* Annahme macht, daß das elektrische Feld zu schwach ist, um Übergänge von einem Band in ein anderes zu induzieren. Das Elektron soll also stets in seinem Band bleiben. Dieses Band soll auch nicht mit einem anderen entartet sein. Dann genügt es, die Summation in (16.5) über alle k *eines* Bandes zu erstrecken. In der letzten Gl. (16.5) enthält die Klammer aber k nicht mehr, so daß sie vor die Summe gezogen werden kann. Es folgt dann

$$(E_n(-i \,\text{grad}) - e\phi) \sum_{k} a_n(k, t)\, \psi_n(k, r)$$
$$= (E_n(-i \,\text{grad}) - e\phi)\, \psi = \frac{\hbar}{i} \frac{\partial \psi}{\partial t}. \qquad (16.6)$$

Hiermit haben wir eine neue Schrödinger-Gleichung erhalten, die sich von (16.3) dadurch unterscheidet, daß das periodische Potential $V(r)$ explizit nicht mehr auftritt! Dafür ist ein neuer *äquivalenter Hamilton-Operator* an die Stelle des für freie Elektronen gültigen Operators der kinetischen Energie getreten. Diese Gleichung hat also genau die geforderten Eigenschaften. Das periodische Potential wird in die Eigenschaften des Wellenpaketes inkorporiert. Das Wellenpaket verhält sich im elektrischen Feld wie ein sonst freies Teilchen der Ladung $-e$ und der durch $E_n(k)$ gegebenen Dispersionsbeziehung zwischen Energie und k-Vektor.

Zur Lösung von (16.6) muß $E_n(k)$ für das ganze Band bekannt sein. Meist ist $E_n(k)$ aber nur in der Nähe der Bandränder in einer der Näherungen (15.1) bis (15.4) gegeben.

Eine Näherung der Form (15.1) kann aber nicht in (16.6) eingesetzt werden, da in $E_n(-i\,\text{grad})\,\psi$ die Bloch-Funktion ψ schnell veränderlich ist, die Entwicklung des Operators also nicht wie die der Funktion $E_n(k)$ nach dem quadratischen Glied abgebrochen werden darf.

Sei $E_n(k)$ in der Umgebung von $k = 0$ durch (15.1) approximiert. Unter der Annahme, daß $u_n(k, r)$ in der Bloch-Funktion langsam veränderlich ist, setzen wir für die Umgebung von $k = 0$ an:

$$\psi_n(k, r) = e^{i k \cdot r}\, u_n(0, r) = e^{i k \cdot r}\, \psi_n(0, r). \qquad (16.7)$$

(16.4) wird dann

$$\psi = \sum_{k} a_n(k, t)\, e^{i k \cdot r}\, \psi_n(0, r) = F(r, t)\, \psi_n(0, r), \qquad (16.8)$$

wo die Summation auf Zustände *eines* Bandes mit kleinem k beschränkt ist. $F(r, t)$ enthält also nur ebene Wellen großer Wellenlänge und ist somit eine langsam veränderliche Funktion von r.

Damit wird durch eine ähnliche Umformung wie bei (16.2)

$$E_n(-i\,\mathrm{grad})\,F(r,t)\,\psi_n(0,r)$$
$$= \sum_m E_{nm}\,F(r+R_m,t)\,\psi_n(0,r+R_m) \qquad (16.9)$$
$$= \psi_n(0,r) \sum_m E_{nm}\,e^{R_m\cdot\mathrm{grad}}\,F(r,t)$$
$$= \psi_n(0,r)\,E_n(-i\,\mathrm{grad})\,F(r,t),$$

und (16.6) wird

$$(E_n(-i\,\mathrm{grad}) - e\,\phi)\,F(r,t) = -\frac{\hbar}{i}\frac{\partial}{\partial t}F(r,t). \qquad (16.10)$$

Jetzt kann in (16.10) entwickelt werden und es folgt

$$\left(-\frac{\hbar^2}{2m^*}\Delta - e\,\phi\right)F(r,t) = -\frac{\hbar}{i}\frac{\partial}{\partial t}F(r,t), \qquad (16.11)$$

d.h. genau eine Gleichung für ein „freies" Elektron der Masse m^* und Ladung $-e$ in einem elektrischen Feld E. Für diese Näherung ist also das Konzept der effektiven Masse gerechtfertigt. Wir sehen jetzt aber auch seine Grenzen. Zunächst läßt der Ansatz (16.6) alle durch das Feld induzierten Band-Band-Übergänge unberücksichtigt. Die Funktionen (16.4) bilden kein vollständiges Orthogonalsystem mehr, das Wellenpaket wird also nur unvollkommen beschrieben. Wenige Entwicklungsfunktionen sind nur dann hinreichend, wenn das Wellenpaket über einen größeren Bereich (Größenordnung einige Gitterkonstanten) erstreckt angenommen werden darf. Nur wenn sich das elektrische Feld über diesen Bereich wenig ändert, ist (16.6) gerechtfertigt. Eine noch stärkere Einschränkung bedeutet (16.7), da dann das Wellenpaket allein aus Zuständen aufgebaut sein darf, für die die Näherung (15.1) gilt. Nur *Elektronen in unmittelbarer Nähe der Bandränder in schwachen langsam veränderlichen Feldern* werden durch (16.11) richtig beschrieben. Man bezeichnet die Näherung, die zu (16.11) führt als die *Effektiv-Massen-Näherung* und (16.11) als die *Effektiv-Massen-Gleichung*.

Diese Näherung läßt sich erweitern auf anisotrope Bandstrukturen des Typus (15.2), ferner auf ortsabhängige elektrische Felder, etwa das Feld einer geladenen Störstelle (Abschnitt 19). Auch ein Magnetfeld kann in den Ansatz (16.3) einbezogen werden. Die Beweisführung ist dann aber wesentlich aufwendiger und die Gültigkeitsgrenzen schwerer zu übersehen. Wir verweisen nur auf die Literatur, z.B. Callaway [4], McLean [46].

17. Dynamik der Kristallelektronen

Die Gl. (16.6) des vorhergehenden Abschnittes läßt einen weiteren wichtigen Schluß zu. Nach dem Korrespondenzprinzip kann man die Bewegung des Schwerpunktes des durch (16.6) beschriebenen

Wellenpaketes dadurch gewinnen, daß man im Hamilton-Operator den Operator $-(i/\hbar)$ grad durch den kanonischen Impuls p ersetzt und dann auf die so erhaltene Hamilton-Funktion die Hamiltonschen Gleichungen $\dot{r} = \mathrm{grad}_p H$ und $\dot{p} = -\mathrm{grad}_r H$ anwendet. Nun haben wir gesehen, daß der Hamilton-Operator gerade aus $E_n(k)$ durch Ersetzen von k durch $-i$ grad entsteht. $\hbar k$ ist also der kanonische Impuls des Wellenpaketes. Damit hat der k-Vektor, der bisher nur abstrakt durch die Bloch-Bedingung eingeführt worden war, eine wichtige physikalische Bedeutung gewonnen. Er repräsentiert (bis auf den Faktor $\hbar$) den Impuls des Elektrons in der Effektiv-Massen-Näherung. $\hbar k$ wird zur Unterscheidung von dem Impuls des Elektrons in der Beschreibungsform der Gl. (16.3) als *Kristallimpuls* bezeichnet.

Die gesuchte Hamilton-Funktion wird für den Operator (16.6)

$$H(p, r) = E_n\left(\frac{p}{\hbar}\right) - e\phi. \tag{17.1}$$

Die Hamiltonschen Gleichungen werden dann

$$\dot{r} = \mathrm{grad}_p H = \frac{1}{\hbar} \mathrm{grad}_k E_n \tag{17.2}$$

und

$$\dot{p} = -\mathrm{grad}_r H = -eE. \tag{17.3}$$

(17.2) sagt aus, daß einem Elektron in einem Bloch-Zustand $E_n(k)$ die Geschwindigkeit (17.2) zugeordnet ist. (17.2) ist nichts anderes als die Gruppengeschwindigkeit eines Wellenpaketes $v = d\omega/dk$.

(17.3) ist ein aus (16.3) folgendes spezielles Ergebnis, das wir sogleich (ohne Beweis) auf die allgemeine Form

$$\dot{p} = \hbar \dot{k} = -e(E + v \times B) \tag{17.4}$$

erweitern. Diese Gleichung gibt die zeitliche Änderung des k-Vektors und damit des Zustandes des Elektrons unter der Wirkung einer äußeren Lorentz-Kraft.

Der Übergang von (17.3) auf (17.4) stößt auf prinzipielle Bedenken. Man kann zwar zeigen, daß unter der Wirkung eines elektrischen Feldes ein Elektron eine Folge von Bloch-Zuständen durchläuft. Bei Gegenwart eines Magnetfeldes ist dies nicht mehr der Fall. (17.4) ist also nur angenähert gültig, hat sich aber als Ansatz in der Halbleitertheorie gut bewährt.

Die obigen Ergebnisse gestatten für die Bewegung eines Bloch-Elektrons im elektrischen Feld eine Beschreibungsform, die in späteren Kapiteln wesentlich zur Veranschaulichung wichtiger Vorgänge in Halbleitern beitragen kann. Eine Bedingung, die wir dem elektrischen Feld auferlegten, war, daß es sich nur langsam ändert. Das Feld muß über Strecken, die der Ausdehnung eines Wellenpaketes entsprechen, „im wesentlichen" konstant sein. Diese Be-

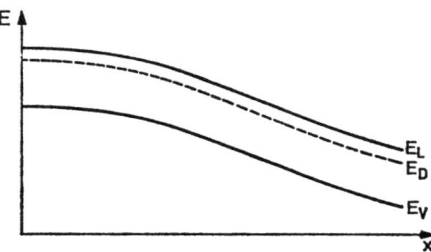

Abb. 18. Das Bändermodell bei ortsabhängigem elektrostatischem Potential

dingung ist offensichtlich auch zur Begründung von (17.1) heranzuziehen: Die klassische Hamilton-Funktion ist die Energie des (als klassisches Teilchen betrachteten) Elektrons. Sie besteht aus zwei Teilen, der „Energie $E_n(k)$ im Bändermodell" und der „elektrostatischen Energie $-e\phi$". Beide Beiträge können nur dann addiert werden, wenn die *ohne* elektrisches Feld berechnete Bandstruktur auch im elektrischen Feld erhalten bleibt, wenn das elektrische Feld über viele Gitterkonstanten hinweg praktisch konstant ist.

Dann — und das ist gerade der Gültigkeitsbereich der Effektiv-Massen-Näherung — kann im Bändermodell des Halbleiters zur Energie eines Ladungsträgers seine elektrostatische Energie einfach hinzuaddiert werden. In der schematischen Darstellung der Bandstruktur mit einer Ortskoordinate (Abb. 5) bedeutet dies, daß alle Bandkanten und Störstellenterme gemäß der Ortsabhängigkeit des elektrostatischen Potentials *ortsabhängig* werden. Dies ist in Abb. 18 gezeigt.

In Abb. 18 liegen Zustände des Valenzbandes und des Leitungsbandes bei der gleichen Gesamtenergie. Ein Elektron dieser Energie kann dann durch *Tunneleffekt* aus dem Valenzband in das Leitungsband gelangen. Dies ist der Prozeß der *inneren Feldemission*, also der durch ein elektrisches Feld induzierten Band-Band-Übergänge. Diese hatten wir bei unseren bisherigen Betrachtungen explizit ausgeschlossen. Wir werden in Abschnitt 48 auf diese innere Feldemission zurückkommen.

Wir kehren noch einmal zum Begriff der effektiven Masse zurück und beschränken uns für die folgende Beweisführung auf ein einfaches isotropes parabolisches Band der Form (15.1). Gl. (15.1) ist zunächst nur für die Unterkante des Leitungsbandes hingeschrieben. Sie gilt aber als erstes Glied einer Entwicklung genau so für eine Valenzband-Oberkante. Da dort die Energie quadratisch vom Extremalwert E_V aus *abnimmt*, muß die effektive Masse der Elektronen am oberen Bandrand als *negativ* angesetzt werden:

$$E(k) = E_V + \frac{\hbar^2}{2m^*} k^2 + \cdots = E_V - \frac{\hbar^2}{2|m^*|} k^2 + \cdots. \quad (17.5)$$

Dieses negative Vorzeichen rührt daher, daß durch die Beschleunigung der Elektronen seitens des elektrischen Feldes in der Nähe des oberen Bandrandes die bremsenden Kräfte des Gitters (Bragg-Reflexionen) die beschleunigenden Kräfte überkompensieren.

Betrachten wir nun noch einmal Gl. (17.2) für die Geschwindigkeit eines Wellenpaketes aus Bloch-Funktionen. Seine Beschleunigung ist mit (17.3) und (17.4)

$$\dot{\boldsymbol{v}} = \frac{d}{dt}\left(\frac{1}{\hbar}\,\mathrm{grad}_{\boldsymbol{k}}\, E\right) = \frac{\hbar}{m^*}\,\dot{\boldsymbol{k}} = -\frac{e}{m^*}\,(\boldsymbol{E}+\boldsymbol{v}\times\boldsymbol{B}). \qquad (17.6)$$

Für ein Elektron am *unteren* Rande eines Bandes findet man dann für seinen Beitrag zum elektrischen Strom und zur zeitlichen Änderung des Stromes

$$\boldsymbol{i}=-e\,\boldsymbol{v},\quad \frac{d\boldsymbol{i}}{dt}=-e\,\dot{\boldsymbol{v}}=\frac{e^2}{m^*}\,(\boldsymbol{E}+\boldsymbol{v}\times\boldsymbol{B}). \qquad (17.7)$$

Für ein Elektron am *oberen* Bandrand gilt dies ebenfalls, nur muß die effektive Masse dann negativ gerechnet werden. Betrachten wir dagegen ein Band, in dem nur ein Zustand am oberen Rand unbesetzt ist, so gilt folgendes:

Der Beitrag eines völlig mit Elektronen besetzten Bandes zum elektrischen Strom ist Null. Dies folgt daraus, daß zu jedem Zustand mit einem gegebenen $\boldsymbol{k}$ ein weiterer Zustand mit gleicher Energie und $-\boldsymbol{k}$ im Band vorhanden ist [Gl. (12.24)]. Alle Elektronenimpulse und -geschwindigkeiten kompensieren sich also. Ist ein Zustand unbesetzt, so haben wir von diesem Ergebnis den Beitrag eines Elektrons nach (17.7) abzuziehen. Das ergibt:

$$\boldsymbol{i}=0-(-e\,\boldsymbol{v}),\quad \frac{d\boldsymbol{i}}{dt}=+e\,\dot{\boldsymbol{v}}=-\frac{e^2}{m^*}\,(\boldsymbol{E}+\boldsymbol{v}\times\boldsymbol{B})$$
$$=\frac{e^2}{|m^*|}\,(\boldsymbol{E}+\boldsymbol{v}\times\boldsymbol{B}). \qquad (17.8)$$

Ein Vergleich von (17.7) und (17.8) zeigt:

Der Beitrag eines mit einem Elektron besetzten Bandes und eines bis auf einen Platz vollbesetzten Bandes unterscheiden sich nur im Vorzeichen von e. Man kann also formal den letzteren Beitrag als Beitrag eines Ladungsträgers mit *positivem* Ladungsvorzeichen betrachten. Die zeitliche Änderung dieses Strombeitrages ist in beiden Fällen positiv, wenn man beachtet, daß Elektronen am oberen Bandrand eine negative effektive Masse haben. Das fiktive „Ersatzteilchen" muß also neben einer positiven Ladung auch eine positive Masse zugeordnet erhalten.

Damit haben wir die Berechtigung nachgewiesen, im korpuskularen Bild des Halbleiters die Löcher in gleicher Weise als klassische Teilchen zu betrachten wie die Leitungselektronen. Alle Betrachtungen dieses Abschnittes gelten also genau so für die Löcher wie für die immer als Beispiel genannten Elektronen.

18. Die Zustandsdichte

Bei zyklischen Randbedingungen (9.2) ist die Anzahl der k-Vektoren in der Brillouin-Zone nach (12.21) gleich der Anzahl der Gitterpunkte N (Wigner-Seitz-Zellen) im Grundgebiet. Nach (8.3) ist das Volumen der Brillouin-Zone V_{BZ} mit dem Volumen einer Wigner-Seitz-Zelle V_{WSZ} und dem Volumen des Grundgebietes V_G verknüpft durch

$$V_{BZ} = (2\pi)^3/V_{WSZ} = (2\pi)^3 N/V_G = NV_k\,. \tag{18.1}$$

Dabei ist V_k das Volumen innerhalb der Brillouin-Zone, in dem jeweils ein k-Vektor liegt. Da schließlich jeder mit einem Elektron besetzbare Zustand eines Bandes durch den Wert des k-Vektors und die Angabe einer der zwei möglichen Werte der Spinquantenzahl gegeben ist, liegen in einem Volumenelement dk der Brillouin-Zone $(2\,dk/V_k)$ Zustände. Dividiert man diese „Zustandszahl" durch das Volumen des Grundgebietes V_G, so folgt die *Zustandsdichte*

$$z(k)\,dk = \frac{2}{(2\pi)^3}\,dk\,. \tag{18.2}$$

Von der „Zustandsdichte im k-Raum" (18.2) kommt man zu der weiterhin benötigten „Zustandsdichte auf der Energieskala" $z(E)\,dE$ durch Integration von (18.2) unter der Nebenbedingung $E(k) = E_0(k) = \text{const}$

$$z(E_0) = \int z(k)\,\delta(E(k) - E_0(k))\,dk = \int\limits_{E=E_0} z(k)\,\frac{df_E}{|\text{grad}_k E|}\,. \tag{18.3}$$

In (18.3) wurde eine Umformung des eine δ-Funktion enthaltenden Integrals benutzt, die wir auch später häufig benutzen werden. Sie läßt sich beweisen, indem man Integrale über die von den Energieflächen $E_0 + dE = \text{const.}$ und $E_0 = \text{const.}$ eingeschlossenen Volumina bildet und beide voneinander abzieht.

Mit (18.2) folgt aus (18.3) das Ergebnis

$$z(E)\,dE = \left\{ \frac{2}{(2\pi)^3} \int\limits_{E'=E} \frac{df'}{|\text{grad}_k E'|} \right\} dE\,. \tag{18.4}$$

Bei Kenntnis der Bandstruktur $E_n(k)$ ist damit die Zustandsdichte gegeben. Das Integral (18.4) ist jedoch nur in Ausnahmefällen auswertbar.

Für ein isotropes parabolisches Band (15.1) wird

$$z(E)\,dE = \frac{4\pi}{h^3}(2m^*)^{3/2}(E - E_L)^{1/2}\,dE\,. \tag{18.5}$$

Im Falle des anisotropen parabolischen Bandes (15.3) tritt in (18.5) an die Stelle der effektiven Masse m^* der Ausdruck

$$m_{ds} = \nu^{2/3}(m_l\,m_t^2)^{1/3}\,,$$

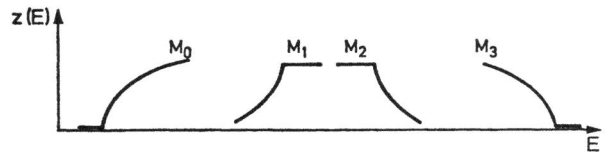

Abb. 19. Zustandsdichte in der Umgebung kritischer Punkte. M_0: Bandminimum; M_1, M_2: Sattelpunkte; M_3: Bandmaximum

wo ν die Anzahl der äquivalenten Extrema ist. Diese allein aus der Zustandsdichte bestimmbare Kombination wird als ,,*density of states*`` *Masse* bezeichnet. In der Literatur findet man diese Bezeichnung auch für $(m_l m_t^2)^{1/3}$ allein.

Sind zwei Bänder miteinander im Extremum entartet, so ist ihre ,,density of states`` Masse $m_{ds} = (m_{ds1}^{3/2} + m_{ds2}^{3/2})^{2/3}$.

Die Bandform (15.3) ist ein Sonderfall der Beziehung

$$E(\boldsymbol{k}) = E(\boldsymbol{k}_0) + \sum_i a_i (k_i - k_{0i})^2. \tag{18.6}$$

(18.6) umfaßt neben Extrema (alle a_i gleiches Vorzeichen) auch *Sattelpunkte*, wie sie aus topologischen Gründen in jedem Band auftreten müssen. An allen diesen Punkten ist $\mathrm{grad}_{\boldsymbol{k}} E = 0$. Der Integrand in (18.4) wird dort singulär. In der Zustandsdichte (18.4) treten an diesen *kritischen Punkten* Knicke auf, die in Abschnitt 28 von Bedeutung sein werden. Man unterscheidet die kritischen Punkte

M_0 für a_1, a_2, a_3 positiv (Minimum)
M_1 für a_1, a_2 negativ, a_3 positiv (Sattelpunkt)
M_2 für a_1 negativ, a_2, a_3 positiv (Sattelpunkt)
M_3 für a_1, a_2, a_3 negativ (Maximum).

Abb. 19 zeigt das Verhalten der Zustandsdichte in der Umgebung von kritischen Punkten.

19. Störstellenterme im Bändermodell

Wir wollen nicht auf die Versuche eingehen, die Schrödinger-Gleichung (11.1) für ein periodisches Gitter mit einzelnen Störungen der Periodizität zu lösen. Die Störstellen sollen vielmehr eine so geringe Störung darstellen, daß ihre lokalisierten Terme (ähnlich wie das elektrostatische Potential in Abschnitt 17) dem Bändermodell superponiert werden können. Wir bleiben also weiterhin bei Darstellungen wie in Abb. 5 und 18.

Eine befriedigende Theorie der Termlagen in der verbotenen Zone ist bisher nur für *flache Störstellen* möglich (Kohn [36.5]). Hierunter versteht man Störstellen, deren Termabstand zum benachbarten Band klein ist gegen die Breite der verbotenen Zone. Man kann dann das abspaltbare Elektron, das sich auf einer relativ ausgedehnten Bahn bewegt, beschreiben als ein negativ geladenes Teilchen im Feld einer positiven Ladung in einem homogenen Medium der Dielektrizitätskonstanten ε des Gitters. In der Effektiv-Massen-Näherung wird seine Bewegung durch die Schrödinger-Gleichung

$$\left(-\frac{\hbar^2}{2m^*}\Delta - \frac{1}{4\pi\varepsilon_0}\frac{e^2}{\varepsilon r}\right)F(r) = EF(r) \tag{19.1}$$

beschrieben. Dies ist aber die (durch die effektive Masse m^* und die D.-K. ε modifizierte) Schrödinger-Gleichung des H-Atoms. Ihre Eigenwerte lauten:

$$E_n - E_L = -\frac{1}{\varepsilon^2}\left(\frac{m^*}{m}\right)\frac{1}{n^2}\cdot 13{,}58\,\text{eV}, \quad n = 1, 2, 3, \ldots . \tag{19.2}$$

(19.2) gibt die Termlagen vieler Störstellen, deren Grundzustand und angeregte Zustände gut wieder. Die Näherung wird umso schlechter, je fester das Elektron (Loch) an die Störstelle gebunden, je weiter also der Grundzustand vom Kontinuum des Bandes entfernt ist.

Ferner ist diese Näherung nur möglich, wenn zwischen benachbarten Störstellen keine direkte Wechselwirkung besteht. Dies ist eine einschneidende Forderung, da die „Ausdehnung" einer flachen Störstelle nach (19.2) bis zu 100 Å betragen kann. Bei direkter Wechselwirkung der Störstellen untereinander müssen wir die Bildung eines *Störbandes* annehmen. Wir werden in Abschnitt 43 kurz hierauf zurückkommen.

20. Das Bändermodell im Magnetfeld

Wir betrachten ein Elektron in einem durch (15.1) gegebenen isotropen parabolischen Band. Liegt an dem Halbleiter ein Magnetfeld, so wird das Elektron, das sich mit der (ungeordneten) thermischen Geschwindigkeit v_{th} durch den Kristall bewegt, senkrecht zu seiner Bewegungsrichtung und senkrecht zum Magnetfeld abgelenkt. Sofern seine Wechselwirkung mit dem Gitter hinreichend schwach ist, wird es im Magnetfeld volle Kreisbahnen um die Magnetfeld-Richtung beschreiben. Die Bedingung für das Durchlaufen einer Kreisbahn ist, daß die freie Flugzeit des Elektrons zwischen Gitterstößen größer ist als die Umlaufzeit. Für die freie Flugzeit können wir größenordnungsmäßig die Relaxationszeit τ_r ansetzen. Die Umlaufzeit ist umgekehrt proportional zur Kreisfrequenz eB/m^*. Dann lautet die Bedingung mit (4.4) $\frac{e\tau_r}{m^*}B = \mu B \gg 1$ oder, wenn die Beweglichkeit des Elektrons in cm^2/Vsec und die magnetische Induktion in Gauss gemessen werden: $\mu B \gg 10^8$. Selbst bei Beweglichkeiten von 10^4 cm^2/Vsec benötigt man also mehr als 10^4 Gauss, um die im folgenden zu besprechenden Quanteneffekte zu beobachten.

Die periodische Bewegung des Elektrons auf Kreisbahnen um die Achse des Magnetfeldes führt zu einer Quantisierung seiner kinetischen Energie. Die Einbeziehung des Magnetfeldes in die Effektiv-Massen-Gleichung ((16.11) mit $\phi = 0$) führt zu dem leicht verständlichen Resultat, daß nur der Anteil der Bewegungsenergie in Richtung des Magnetfeldes ungeändert bleibt, die Bewegungsenergie in der Ebene senkrecht zum Magnetfeld aber die Form der Energie eines harmonischen Oszillators hat:

$$E = E_L + \frac{\hbar^2 k_B^2}{2m^*} + \left(l + \frac{1}{2}\right)\hbar\omega_c \quad l = 0, 1, 2, \ldots. \quad (20.1)$$

Die Quantenenergie ist hier $\frac{\hbar e B}{m^*} = \hbar\omega_c$. ω_c wird als *Cyclotron-Resonanz-Frequenz* bezeichnet.

Da die freie Bewegung des Elektrons nur noch in einer Richtung möglich ist, bleibt auch vom k-Raum nur eine Richtung übrig. Wir erhalten also anstelle der dreidimensionalen Bandstruktur im k-Raum eine Folge von *eindimensionalen Teilbändern* (Abb. 20).

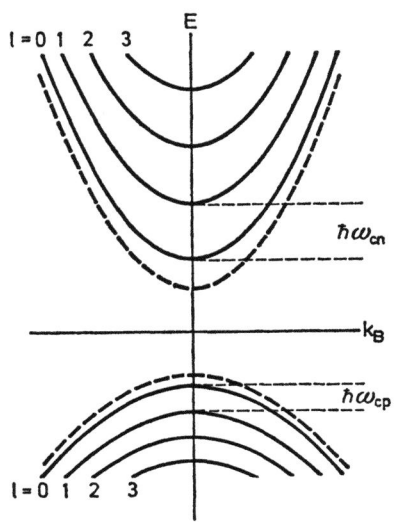

Abb. 20. Struktur zweier isotroper parabolischer Bänder im Magnetfeld

Gl. (20.1) ist das Ergebnis der einfachsten Näherung. Von den möglichen Erweiterungen erwähnen wir nur, daß durch die Spin-Bahn-Wechselwirkung eine paramagnetische Aufspaltung $\pm g\mu_B B$ jedes Teilbandes erfolgt, wo g ein g-Faktor und μ_B das Bohrsche

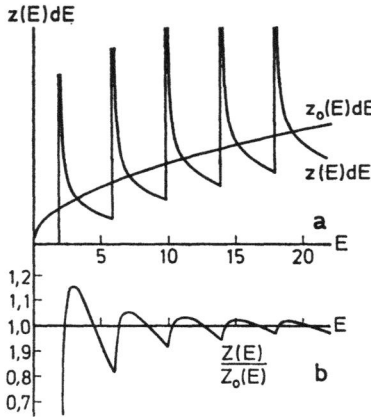

Abb. 21. a Energieabhängigkeit der Zustandsdichte für $B = 0$ und $B \neq 0$ für ein isotropes parabolisches Band; b Verhältnis der Zahl der Zustände unterhalb einer gegebenen Energie E im Magnetfeld zu der entsprechenden Zahl ohne Magnetfeld

Magneton ist. Dieser g-Faktor eines Bloch-Elektrons ist ebenso wie dessen effektive Masse ein Effektivwert, der um Größenordnungen und im Vorzeichen von dem für freie Elektronen gültigen Wert 2 abweichen kann (vgl. z. B. Yafet [36.14]).

(20.1) bedeutet lediglich ein *Umordnen* der Zustände durch das Magnetfeld. Die Zahl der Zustände bleibt erhalten. Für die Zustandsdichte findet man

$$z(E)\, dE = \sum_{l=0}^{l'} z(l, E)\, dE \tag{20.2}$$

mit

$$z(l, E) = \frac{2}{(2\pi)^2} \left(\frac{2m^*}{\hbar}\right) \frac{\hbar \omega_c}{2} (E - (l + \tfrac{1}{2}) \hbar \omega_c)^{-1/2}. \tag{20.3}$$

$z(l, E)$ ist der Beitrag eines Teilbandes zur Zustandsdichte. In (20.2) ist zu summieren bis zur höchsten Quantenzahl l', für die die Wurzel in (20.3) reell bleibt, also über sämtliche Teilbänder ($l = 0$ bis $l = l'$), deren Bandkanten unterhalb E liegen. Die Funktion $z(E)\,dE$ ist in Abb. 21 für den magnetfeldfreien Fall und für $\hbar \omega_c = 4$ aufgetragen. Wir werden von diesen Ergebnissen in Abschnitt 33 und 43 Gebrauch machen.

Kapitel 4

Gitterschwingungen

Die Theorie des Bändermodells berücksichtigt nur das *ruhende* Gitter. Tatsächlich schwingen aber die Atome jedes Gitters um ihre

Gleichgewichtslagen. Inkorporiert man die Wirkung des ruhenden Gitters in die Eigenschaften der Bloch-Elektronen, so bleibt eine *Wechselwirkung der Ladungsträger mit den Gitterschwingungen* zu berücksichtigen. Diese Wechselwirkung wird in den folgenden Kapiteln oft eine wichtige Rolle spielen. In diesem Kapitel stellen wir deshalb die wichtigsten Elemente der Theorie der Gitterschwingungen zusammen. Da es sich dabei um keine für Halbleiter spezifischen Fragen handelt, beschränken wir uns auf eine Aufzählung der Ergebnisse und verweisen für die Beweisführungen auf die Literatur; z.B. Cochran [46], Cochran und Cowley [42,25/2a], Ludwig [43.43], Maradudin, Montroll und Weiss [36. Suppl. 5] und die im Literaturverzeichnis genannten allgemeinen Lehrbücher der Festkörpertheorie.

21. Normalschwingungen, Phononen

Wir betrachten ein Gitter mit Wigner-Seitz-Zellen (gegeben durch die primitiven Translationen R_n) und je r Basisatomen in jeder Zelle (an den Orten R_α relativ zu R_n). Die Basisatome schwingen um ihre Gleichgewichtslagen $R_n + R_\alpha$. Ihre momentane Auslenkung sei $s_{n\alpha}(t)$. Entwickelt man die potentielle Energie Φ des Gitters nach den $s_{n\alpha i}$, bricht nach dem quadratischen Glied ab *(harmonische Näherung)* und setzt diesen Ausdruck in die Bewegungsgleichung der Gitteratome

$$M_\alpha \ddot{s}_{n\alpha i} = -\frac{\partial \Phi}{\partial s_{n\alpha i}} = -\sum_{n',\alpha',i'} \Phi_{n\alpha i}^{n'\alpha' i'} s_{n'\alpha' i'} \qquad (21.1)$$

ein, so erhält man für die $s_{n\alpha}(t)$ spezielle Lösungen

$$s_{n\alpha}^{(j)}(q,t) = \frac{1}{\sqrt{M_\alpha}} e_\alpha^{(j)}(q) e^{i(q \cdot R_n - \omega_j(q)t)} \qquad (21.2)$$

aus denen die allgemeinen Lösungen durch Integration über q und Summation über j zusammengesetzt werden können.

Die $s_{n\alpha}^{(j)}(q,t)$ repräsentieren laufende Wellen mit dem Wellenzahlvektor q und der Energie $\hbar \omega_j(q)$. Auf die Dispersionsbeziehung zwischen Energie und Wellenzahlvektor gehen wir im folgenden Abschnitt ein.

Der Index j in (21.2) geht von 1 bis $3r$.

Die Hamilton-Funktion der Gitterschwingungen ist in den $s_{n\alpha}$ ausgedrückt:

$$H = \sum_{n,\alpha,i} \frac{M_\alpha}{2} \dot{s}_{n\alpha i}^2 + \frac{1}{2} \sum_{\substack{n,\alpha,i \\ n',\alpha',i'}} \Phi_{n\alpha i}^{n'\alpha' i'} s_{n\alpha i} s_{n'\alpha' i'} . \qquad (21.3)$$

Durch Einführung neuer Koordinaten *(Normalkoordinaten)* kann (21.3) formal so geschrieben werden, daß H eine Summe von $2rN$ Einzelbeiträgen ist. Jeder Einzelbeitrag hat die Form der Hamilton-

Funktion eines harmonischen Oszillators der Frequenz $\omega_j(q)$. Er wird als eine *Normalschwingung* des Kristalls bezeichnet.

Das System von $2rN$ ungekoppelten Oszillationen ist nun leicht zu quanteln. Für jeden Oszillator ergibt sich ein Energieinhalt

$$E_{nj}(q) = (l + \tfrac{1}{2})\,\hbar\,\omega_j(q)\,, \tag{21.4}$$

wo die l ganze Zahlen 0, 1, 2, ... sind.

Jede Normalschwingung ist also gequantelt, die Quantenenergie ist $\hbar\omega_j(q)$. Das zugeordnete Schwingungsquant wird als *Phonon* oder *Schallquant* bezeichnet.

Damit läßt sich jeder Schwingungszustand des Gitters formal in Normalschwingungen zerlegen. Jede Normalschwingung trägt mit ihrem Energieinhalt zur gesamten Schwingungsenergie bei. Eine Änderung des Schwingungszustandes des Gitters durch Energiezufuhr oder Energieentzug kann dann beschrieben werden als die *Emission* oder *Absorption von Phononen*.

Durch das Bild der Phononen als Quanten ungekoppelter Oszillatoren wird nur der Schwingungszustand des Gitters in der harmonischen Näherung erfaßt. Höhere Glieder in der Entwicklung der potentiellen Energie können in diesem Modell als Wechselwirkung der Phononen untereinander beschrieben werden.

22. Die Dispersionsbeziehung für Phononen

Die Energie $\hbar\omega_j(q)$ spielt als Dispersionsbeziehung zwischen Energie und Impuls der Phononen in der Theorie der Gitterschwingungen eine ähnliche Rolle wie die Elektronenenergie $E_n(k)$ in der Theorie des Bändermodells. Wir können alle wesentlichen Symmetrieaussagen des Kapitels 3 übernehmen:

a) $\hbar\omega_j(q)$ ist periodisch im q-Raum; man betrachtet also nur eine *Brillouin-Zone*, die durch die Punktgruppe des Kristalls gegeben ist.

b) Durch zyklische Randbedingungen, die man dem Kristall auferlegen kann, wird der Wertevorrat der q endlich. Enthält das Grundgebiet N Elementarzellen, so liegen N Werte von q in der Brillouin-Zone.

c) $\hbar\omega_j(q)$ ist eine analytische Funktion in der Brillouin-Zone im gleichen Sinne, in dem $E_n(k)$ eine analytische Funktion von k ist. Während aber der Index n in $E_n(k)$ alle ganzzahligen positiven Werte durchläuft, also beliebig viele Bänder energetisch aufeinanderfolgen, hat j nur $3r$ Werte, $\hbar\omega_j(q)$ also $3r$ *Zweige*.

d) $\hbar\omega_j(q)$ hat in der Brillouin-Zone die gleichen Symmetrien wie die Bandstruktur $E_n(k)$. Insbesondere gilt über die durch die Punktgruppe bedingten Symmetrien hinaus wegen der Zeitumkehrsymmetrie $\hbar\omega_j(q) = \hbar\omega_j(-q)$.

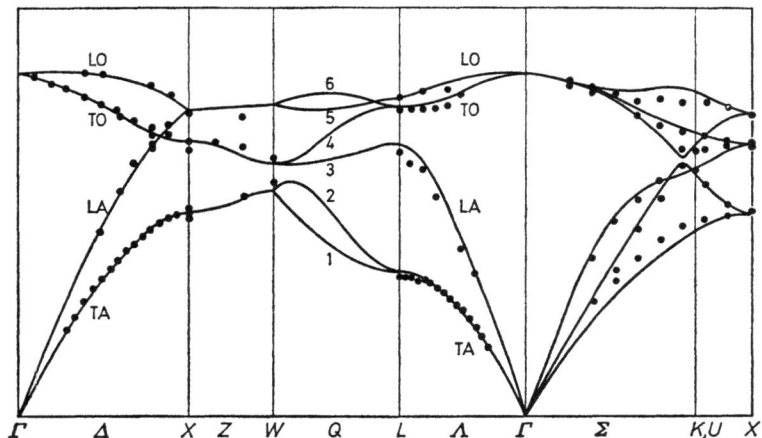

Abb. 22. Dispersionskurven für Diamant. Die ausgezogenen Linien sind theoretische Kurven, die Meßpunkte sind experimentelle durch Neutronenbeugung gewonnene Werte. (Aus: Bilz [39.6])

Wichtig ist das Verhalten von $\hbar\omega_j(q)$ für $q \to 0$, also für große Wellenlängen. Der Grenzfall $q = 0$ beschreibt den Zustand, in dem die Schwerpunkte aller Wigner-Seitz-Zellen in Ruhe sind. Ordnet man gemäß (21.2) r Zweigen *longitudinale* und $2r$ Zweigen *transversale* Normalschwingungen zu, so gibt es für $q = 0$ gerade drei Zweige (ein longitudinaler und zwei transversale), für die auch die Basisatome einzeln in Ruhe sind. Diese Zweige werden als *akustische Zweige* bezeichnet. Sie repräsentieren für kleine q die elastischen Wellen im Kristall. Die anderen $3(r-1)$ Zweige repräsentieren Schwingungsformen, bei denen in jeder Wigner-Seitz-Zelle die Basisatome so gegeneinanderschwingen, daß der Schwerpunkt in Ruhe bleibt. Da bei ungleichen Gitterionen in einer Basis damit eine optisch aktive Polarisation verbunden ist, werden diese Zweige als *optische Zweige* bezeichnet.

Abb. 22 zeigt als Beispiel $\hbar\omega_j(q)$ für Germanium. Man erkennt ähnliche Aufspaltungen und Entartungen wie im $E_n(k)$-Spektrum der Abb. 16. Die gleichen Symmetriesymbole sind auch hier anwendbar. So sind die akustischen Zweige bei $q = 0$ (Punkt Γ) vom Typ Γ_{15}, die optischen Zweige vom Typ $\Gamma_{25'}$.

Gemäß den verschiedenen Zweigen im Energiespektrum der Gitterschwingungen unterscheidet man *transversale* und *longitudinale*, *akustische* und *optische Phononen*. In der üblichen Abkürzung werden diese als TA-, LA-, TO- und LO-Phononen bezeichnet. Ihre Wellenzahl wird häufig durch Angaben des entsprechenden Symmetriepunktes der Brillouin-Zone zugefügt (Beispiel: TO(Γ)-Phonon, LA(X)-Phonon).

Kapitel 5
Statistik

Die Theorie des Bändermodells liefert die von Elektronen in einem ungestörten Halbleiter besetzbaren Zustände. Dieses Energiespektrum wird ergänzt durch die diskreten lokalisierten Energieterme der Störstellen. Wir wenden uns jetzt den beiden Fragen zu:
1. Wie sind die vorgegebenen Zustände im thermodynamischen Gleichgewicht mit Ladungsträgern besetzt?
2. Welche Mechanismen bewirken die Einstellung des thermodynamischen Gleichgewichtes in einem Halbleiter?

Die erste Frage beantworten wir in den Abschnitten 23 und 24, die zweite dann in den Abschnitten 26 und 27. In Abschnitt 25 befassen wir uns mit dem schon im sechsten Abschnitt berührten Problem des Zusammenhanges zwischen der elektronentheoretischen und der reaktionskinetischen Beschreibungsweise bei Halbleitern.

Mit der Fragestellung dieses Kapitels befaßt sich neben den im Literaturverzeichnis genannten allgemeinen Lehrbüchern ein Buch von Blakemore [2] und die im Verlauf des Kapitels genannte Literatur.

23. Das thermodynamische Gleichgewicht

Wir betrachten eine zunächst beliebige Verteilung der Elektronen eines Halbleiters auf die ihnen zur Verfügung stehenden energetisch möglichen Zustände. Elektronen (fast) gleicher Energie, d.h. mit einer Energie im Intervall $(E_i, \Delta E_i)$, fassen wir zu Gruppen zusammen. Die Elektronenkonzentration der i-ten Gruppe sei $n_i(E_i)$. Die Einstellung des Gleichgewichtes erfolgt durch Übergänge von Elektronen aus einer Gruppe in eine andere, also durch „Reaktionen", bei denen sich ein n_i um $\delta n_i = -1$ und ein n_k um $\delta n_k = +1$ ändert.

Das Differential der freien Energie des Systems ist gegeben durch

$$dF = -S\, dT - P\, dV + \sum_i \zeta_i\, dn_i, \qquad (23.1)$$

wo S die Entropie, P der Druck und die ζ_i die *chemischen Potentiale* der Elektronen der i-ten Gruppe sind. Bei einem Übergang eines Elektrons aus der i-ten Gruppe in die k-te Gruppe bei festgehaltener Temperatur und konstantem Volumen ändert sich also die freie Energie um $\delta F = \zeta_k - \zeta_i$.

Das thermodynamische Gleichgewicht ist dadurch definiert, daß die freie Energie (bei $T = $ const und $V = $ const) einen Extremalwert einnimmt, daß also eine virtuelle Änderung δF im Gleichgewicht verschwindet. Für jeden möglichen Elektronenübergang zwischen zwei Gruppen muß also $\delta F = 0$ gelten und somit $\zeta_i = \zeta_k$ für beliebige i und k. Daraus folgt:

Das thermodynamische Gleichgewicht ist gekennzeichnet durch die Existenz eines allen Elektronen gemeinsamen chemischen Potentials ζ.
Für dieses chemische Potential können wir schreiben

$$\zeta = \zeta_k = \frac{\partial F}{\partial n_k} = \frac{\partial U}{\partial n_k} - T\frac{\partial S}{\partial n_k} = E_k - kT\frac{\partial}{\partial n_k}\ln P. \quad (23.2)$$

Dabei haben wir die Beziehung $F = U - TS$ benutzt und davon Gebrauch gemacht, daß die innere Energie U der Elektronengesamtheit gleich $\sum_i n_i E_i$ ist. P ist die Anzahl der Möglichkeiten, die Elektronen des Systems auf die Gruppe so zu verteilen, daß eine bestimmte Verteilung (gegeben durch Angabe aller n_i) realisiert ist. Mit der Entropie hängt P durch die Boltzmann-Beziehung $S = k \ln P$ zusammen.

Bei Teilchen, die dem Pauli-Prinzip genügen, kann jeder Zustand mit nur einem Teilchen besetzt werden. Sind in jeder Gruppe z_i Zustände (pro Volumeneinheit), so ist

$$P = \prod_k \frac{z_k!}{(z_k - n_k)!\, n_k!}, \quad (23.3)$$

und aus (23.2) folgt für große n_k, z_k (Anwendung der Stirlingschen Formel $\ln n! \approx n \ln n - n$)

$$\zeta = E_k - kT\ln\frac{z_k - n_k}{n_k} \;\to\; n_k = z_k\left(1 + e^{\frac{E_k - \zeta}{kT}}\right)^{-1}. \quad (23.4)$$

Wir können jetzt die künstliche Einteilung des Energiespektrums in „Gruppen" aufgeben und statt n_k $n(E)dE$ = Konzentration der Elektronen im Energieintervall (E, dE) schreiben. z_k wird dann entsprechend die in Abschnitt 18 definierte Zustandsdichte $z(E)dE$. Damit erhalten wir

$$n(E)\,dE = z(E)f(E)\,dE \quad \text{mit} \quad f(E) = \left(1 + e^{\frac{E-\zeta}{kT}}\right)^{-1}. \quad (23.5)$$

$f(E)$ ist die *Besetzungswahrscheinlichkeit* eines Zustandes der Energie E. Nach der hier benutzten *Fermi-Statistik* wird f häufig als *Fermi-Verteilung* bezeichnet. Das chemische Potential ζ heißt entsprechend auch *Fermi-Energie* oder *Fermi-Niveau*. Aus (23.5) erkennt man, daß für $E = \zeta$ $f(E)$ gerade den Wert $1/2$ annimmt.

(23.3) ist zu modifizieren, wenn z.B. in einer Störstelle ein Elektron auf verschiedene Weise (Spin!) eingebaut werden kann. Der besetzte Zustand ist dann entartet, der unbesetzte nicht. Wir gehen auf die hieraus resultierende geringfügige Änderung der Fermi-Verteilung nicht ein.

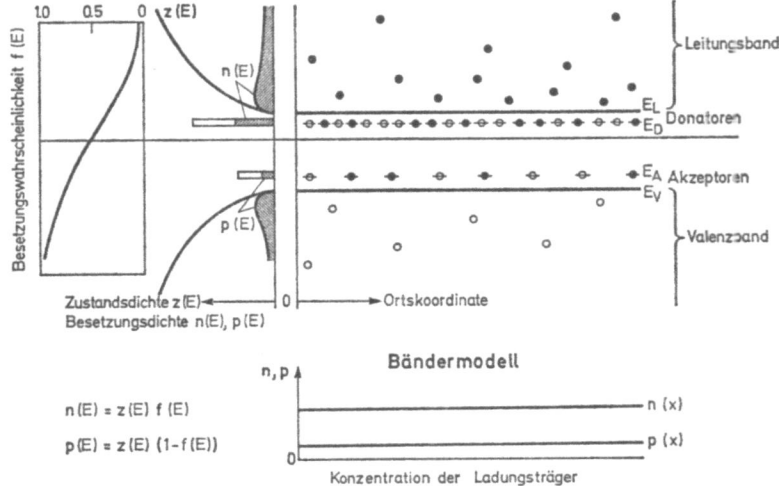

Abb. 23. Verteilung der Elektronen und Löcher in einem gemischten Halbleiter auf die Terme des Bändermodells und der Störstellen nach Gl. (23.5). Die Zahl der Elektronen (●) und der negativ geladenen Akzeptoren (–●–) ist gleich der Zahl der Löcher (○) und der positiv geladenen Donatoren (–⊖–)

Abb. 23 zeigt ein Beispiel für die durch (23.5) gegebene Verteilung der Ladungsträger eines Halbleiters auf die möglichen Energiezustände.

Bisher hatten wir den ganzen Halbleiter als eine homogene Phase (unendlich ausgedehnt oder auf ein Grundgebiet begrenzt) betrachtet. Ausgeschlossen waren alle Halbleiter, deren Eigenschaften sich räumlich ändern, für die also die Zustandsdichte $z(E)$ eine Funktion des Ortes wird. Ist dies der Fall, so müssen wir den Halbleiter in Gebiete einteilen, die hinreichend klein sind, um in ihnen die Ortsabhängigkeit der Zustandsdichte vernachlässigen zu können, die aber andererseits so groß sind, daß in ihnen noch genug Elektronen vorhanden sind, um thermodynamische Gesetze formulieren und die statistischen Gesetze großer Zahlen anwenden zu können. Diese Gebiete sind dann als einzelne Phasen aufzufassen, in denen sich das Gleichgewicht gemäß der Bedingung „einheitliches chemisches Potential für alle Elektronen" einstellt. Das Gleichgewicht *zwischen* den einzelnen Phasen läßt sich dann durch ähnliche Überlegungen wie oben bestimmen. Als Bedingung folgt, daß T und ζ nicht nur in jeder Phase definiert, sondern auch für alle Phasen gleich sein müssen.

Das Gleichgewicht in einem inhomogenen System ist also durch eine einheitliche Temperatur und ein ortsunabhängiges chemisches Potential bestimmt.

Wenn wir $z(E)$ als ortsveränderlich ansetzen, so können wir damit auch den Fall eines homogenen Halbleiters im *elektrischen Feld* erfassen. In Abschnitt 17 hatten wir das Bändermodell eines Halbleiters im elektrischen Feld dadurch modifiziert, daß wir die elektrostatische Energie zu der Energie $E_n(k)$ des Bändermodells addierten. Dies können wir auch in $z(E)$ tun. Wir müssen dann nur berücksichtigen, daß auch ζ von dem gleichen Energienullpunkt aus zu rechnen ist. In diesem Fall spricht man von dem *elektrochemischen Potential* η, das mit dem chemischen Potential ζ und dem elektrostatischen Potential $-e\phi$ verbunden ist durch $\eta = \zeta - e\phi$. Maßgebend für das Gleichgewicht im elektrischen Feld ist dann die Konstanz des elektrochemischen Potentials!

Für die Gültigkeit der thermodynamischen Betrachtungsweise bei inhomogenen Systemen oder bei Gegenwart eines elektrischen Feldes ist hiernach die Voraussetzung, daß sich die Zustandsdichte räumlich „hinreichend langsam" ändert. Das ist im wesentlichen die gleiche Bedingung, die wir im vierten Kapitel für die Effektiv-Massen-Näherung gefunden hatten. Die schnell veränderlichen elektrischen Felder zwischen den Gitteratomen würden die Gültigkeit aller dieser Betrachtungen verbieten, hätten wir nicht durch das Bändermodell die atomaren Felder aus der expliziten Beschreibung herausgenommen. $-e\phi$ ist auch hier nur die elektrostatische Energie der *makroskopischen Felder*, denen ein Bloch-Elektron des Bändermodells allein noch unterworfen ist.

Das thermodynamische Gleichgewicht erfordert also
1. Existenz eines einheitlichen elektrochemischen Potentials für alle Elektronen,
2. Ortsunabhängigkeit des elektrochemischen Potentials und der Temperatur.

Ist 1. noch erfüllt, aber nicht mehr 2., so spricht man von *lokalem Gleichgewicht*; ist auch 2. erfüllt, so herrscht räumliches Gleichgewicht. Abweichungen vom räumlichen Gleichgewicht geben Anlaß zu Transportphänomenen, denen wir uns in Kapitel 7 zuwenden. Abweichungen vom lokalen Gleichgewicht sind dagegen die Grundlage aller photoelektrischen Phänomene und der Transistorphysik (Kapitel 8).

24. Elektronen- und Löcherkonzentrationen in den Bändern und den Störstellen für den homogenen feldfreien Halbleiter

In der Halbleiterphysik interessiert weniger die durch (23.5) gegebene Verteilung der Elektronen auf die Energieintervalle (E, dE) als vielmehr die Konzentrationen der Elektronen im Leitungsband, der Löcher im Valenzband und der Ladungsträger in den verschiedenen Störstellen. Die *Elektronenkonzentration im Leitungsband* folgt aus (23.5) durch Integration über alle Energieterme des Bandes, also von E_L bis zum oberen Rande des Bandes. Da nur Zustände in der Nähe von E_L überhaupt mit hinreichender Wahrscheinlichkeit besetzt sind, kann die obere Integrationsgrenze bis ∞ ausgedehnt werden:

$$n = \int_{E_L}^{\infty} z(E) f(E) \, dE. \tag{24.1}$$

Die *Löcherkonzentration im Valenzband* erhält man durch Integration von $-\infty$ bis E_V über das Produkt von Zustandsdichte im Valenzband und der Wahrscheinlichkeit, das ein Zustand des Bandes *nicht* mit einem Elektron besetzt ist. Diese Wahrscheinlichkeit ist offensichtlich $1 - f(E)$:

$$p = \int_{-\infty}^{E_V} z(E)(1 - f(E)) \, dE. \tag{24.2}$$

Die *Konzentration der Ladungsträger in den Störstellen* erhält man durch Produktbildung der Gesamtkonzentration der Störstellensorte und der Besetzungswahrscheinlichkeit. Für die Elektronenkonzentration in Donatoren mit einem Energieterm E_D folgt z. B.

$$n_{D\times} = n_D \left(1 + e^{\frac{E_D - \zeta}{kT}}\right)^{-1}. \tag{24.3}$$

Alle diese Ausdrücke enthalten als unbekannten Parameter noch das chemische Potential. Da wir in diesem Abschnitt uns auf homogene feldfreie Halbleiter beschränken, muß jedes Volumenelement des Halbleiters quasineutral sein, d.h. bis auf kleine statistische Schwankungen muß in jedem herausgegriffenen Volumenelement die Summe der Elektronen und der negativ geladenen Störstellen gleich der Summe der Löcher und der positiv geladenen Störstellen sein. Es gilt also die *Neutralitätsbedingung:*

$$n + n_{A^-} = p + n_{D^+}. \tag{24.4}$$

Alle in (24.4) auftretenden Konzentrationen enthalten als einzigen freien Parameter das chemische Potential, das also durch diese Bedingung festgelegt ist.

Die Integrale (24.1) und (24.2) können unter speziellen Annahmen vereinfacht bzw. gelöst werden.

Hat die Zustandsdichte die einfache Form (18.5) *(Parabolisches Band)*, so wird

$$n = n_0 \frac{2}{\sqrt{\pi}} F\left(\frac{\zeta - E_L}{kT}\right), \qquad p = p_0 \frac{2}{\sqrt{\pi}} F\left(\frac{E_V - \zeta}{kT}\right) \tag{24.5}$$

mit

$$n_0 = \frac{2}{h^3}(2\pi m_n kT)^{3/2}, \qquad p_0 = \frac{2}{h^3}(2\pi m_p kT)^{3/2} \tag{24.6}$$

und

$$F(x) = \int_0^{\infty} \frac{y^{1/2}}{1 + e^{y-x}} \, dy. \tag{24.7}$$

In (24.6) sind m_n und m_p die (density of states) effektiven Massen der Elektronen und Löcher. $F(x)$ heißt *Fermi-Integral*. Es liegt in tabulierter Form vor.

Eine weitere Vereinfachung ist in dem wichtigen Fall des *nichtentarteten Halbleiters* möglich. Darunter wird folgendes verstanden: Bei nur schwacher Besetzung der Bänder mit Elektronen bzw. Löchern ist auch an den Bandkanten die Besetzungswahrscheinlichkeit $f(E)$ bzw. $1 - f(E)$ sehr klein. In diesem Fall kann im Nenner der Fermi-Verteilung (23.5) die 1 neben dem Exponentialfaktor im Integrationsbereich der Integrale (24.1) und (24.2) weggelassen werden:

$$f(E) = e^{\frac{\zeta - E}{kT}} \qquad 1 - f(E) = e^{\frac{E - \zeta}{kT}}. \tag{24.8}$$

$f(E)$ hat dann die Form der klassischen *Boltzmann-Verteilung*. Die von der Quantenstatistik herrührende „*Entartung*" des Elektronengases spielt keine Rolle.

Als Bedingung für die Näherung (24.8), also für die Nicht-Entartung eines Halbleiters muß nach (23.5) ζ einige kT unterhalb E_L bzw. oberhalb E_V liegen. Das bedeutet nach (24.5), daß n klein gegen n_0 sein muß. n_0 (und entsprechend p_0) heißen deshalb *Entartungskonzentrationen* der Elektronen und der Löcher.

Mit (24.8) ergibt sich in der Näherung (24.5)

$$n = n_0 e^{\frac{\zeta - E_L}{kT}}, \qquad p = p_0 e^{\frac{E_V - \zeta}{kT}}. \tag{24.9}$$

Wir betrachten nun zwei Beispiele:

Im *Eigenhalbleiter* ist die Neutralitätsbedingung einfach $n = p$. Für den nicht-entarteten Eigenhalbleiter folgt also aus (24.9)

$$m_n^{3/2} e^{\frac{\zeta - E_L}{kT}} = m_p^{3/2} e^{\frac{E_V - \zeta}{kT}} \tag{24.10}$$

und somit

$$\zeta = \zeta_i = \frac{E_L + E_V}{2} + \frac{3kT}{4} \ln \frac{m_p}{m_n}. \tag{24.11}$$

Dabei soll der Index i darauf hinweisen, daß sich der Wert des chemischen Potentials auf die Eigenleitung (intrinsic conduction) bezieht.

Für $T = 0$ liegt ζ_i genau in der Mitte des verbotenen Bandes. Für höhere Temperaturen steigt bzw. fällt ζ_i, falls $m_p >$ bzw. $< m_n$ ist, d. h. falls die Zustandsdichte im Valenzband größer (bzw. kleiner) als im Leitungsband ist.

Setzt man (24.11) in (24.9) ein, so folgt für die *Eigenleitungskonzentration* im nicht-entarteten Halbleiter

$$n = p \equiv n_i = \sqrt{n_0 p_0} \, e^{-\frac{E_G}{2kT}} = 4{,}9 \cdot 10^{15} \left(\frac{m_n m_p}{m^2}\right)^{3/4} T^{3/2} e^{-\frac{E_G}{2kT}}. \tag{24.12}$$

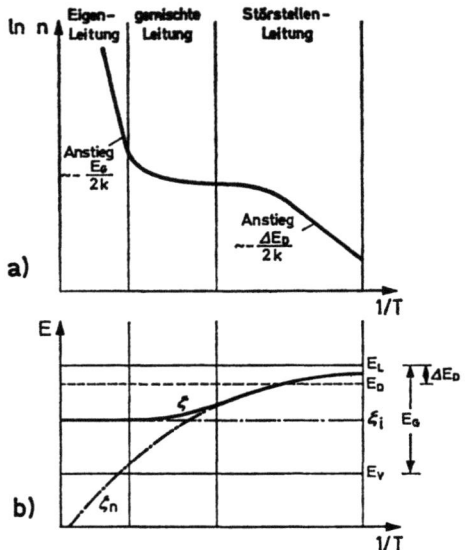

Abb. 24. Elektronenkonzentration (a) und chemisches Potential (Fermi-Niveau) (b) für einen n-Halbleiter in Abhängigkeit von der Temperatur. ζ_i und ζ_n sind die chemischen Potentiale für den Fall der Eigenleitung ($n=p$, $n_L=0$) und der Störleitung ($n=n_{D^+}$, $p=0$)

Als Beispiel für einen *Störstellenhalbleiter* behandeln wir einen reinen n-Leiter ($p = 0$) mit Donatoren der Konzentration n_D. Dann wird die Neutralitätsbedingung $n = n_{D^+}$ und aus (24.3) und (24.9) folgt

$$\zeta = E_D + kT \ln\left(-\frac{1}{2} + \sqrt{\frac{1}{4} + \frac{n_D}{n_0} e^{\frac{E_L-E_D}{kT}}}\right) \qquad (24.13)$$

und

$$\frac{n^2}{n_D - n} = n_0\, e^{-\frac{E_L-E_D}{kT}}. \qquad (24.14)$$

Aus (24.14) und (24.12) ergibt sich das folgende Temperaturverhalten für die Elektronenkonzentration eines n-Leiters (Abb. 24a).

Bei $T = 0$ ist auch $n = 0$. Mit wachsender Temperatur steigt n im Bereich $n \ll n_D$ gemäß $\exp(-\varDelta E_D/2kT)$, wo $\varDelta E_D$ die für die Loslösung eines Elektrons aus einem Donator notwendige Energie ($E_L - E_D$) ist. Bei höheren Temperaturen wird der Anstieg schwächer. Sind alle Störstellen dissoziiert, so ist $n = n_D$, falls sich in diesem Temperaturbereich nicht bereits der Einfluß der Eigenleitung bemerkbar macht. Der Halbleiter kommt in den Bereich der *gemischten Leitung* ($p \neq 0$), um für $n \gg n_D$ Eigenleitungscharakter zu zeigen. Die Elektronenkonzentration steigt dann gemäß

$\exp(-E_G/2kT)$. Abb. 24b zeigt den zugehörigen Verlauf des chemischen Potentials ζ relativ zu den Bandkanten und Donatorentermen.

Es ist häufig zweckmäßig, die durch (24.9) gegebenen Ausdrücke für n und p noch etwas umzuformen:

Für den Eigenleiter gilt nach (24.9)
$$n_i = n_0 \, e^{\frac{\zeta_i - E_L}{kT}} = p_0 \, e^{\frac{E_V - \zeta_i}{kT}} \tag{24.15}$$

mit ζ_i aus (24.11). Dividiert man (24.9) durch (24.15), so folgt:
$$n = n_i \, e^{\frac{\zeta - \zeta_i}{kT}}, \qquad p = n_i \, e^{\frac{\zeta_i - \zeta}{kT}}. \tag{24.16}$$

Die Abweichung der Elektronen- bzw. Löcherkonzentration in einem Halbleiter von der Eigenleitungskonzentration ist dann durch den Abstand des chemischen Potentials ζ von seinem Eigenleitungswert ζ_i gegeben. Wir werden diese Form später benötigen.

Wir haben uns in diesem Abschnitt auf den homogenen feldfreien Halbleiter beschränkt. Deshalb konnten wir in allen Gleichungen das chemische Potential benutzen. Die Gleichungen lassen sich natürlich auch mit dem elektrochemischen Potential η formulieren, wenn man alle anderen Größen der Dimension einer Energie durch Addition von $-e\phi$ umnormiert, also $\eta_i = \zeta_i - e\phi$, $E_L = E_L^0 - e\phi \ldots$ setzt.

25. Reaktionskinetik

Von der Verteilung der Elektronen eines Halbleiters auf das ihnen zur Verfügung stehende Termspektrum sind wir im letzten Abschnitt übergegangen zur Verteilung der Elektronen auf verschiedene Termgesamtheiten, auf das Leitungsband, das Valenzband und die verschiedenen Störstellensorten. Wir haben also Gruppen von Elektronen zu *Kollektiven* zusammengefaßt, die Leitungselektronen, die Valenzelektronen, Elektronen in Donatoren usw. Darüber hinaus erwies es sich als zweckmäßig, anstelle des Kollektivs der Valenzelektronen oder der Elektronen in den Akzeptoren die Kollektive der Löcher im Valenzband oder der Löcher in den Akzeptoren einzuführen.

Der tiefere Grund für diese Aufteilung in Kollektive ist, daß wir Übergänge von Elektronen zwischen verschiedenen Zuständen in zwei Klassen aufteilen können. Die Übergänge *innerhalb* eines Bandes verlaufen sehr schnell. Eine Störung des Gleichgewichtes der Elektronen innerhalb eines Bandes wird also sehr schnell abgebaut. Die Übergänge *zwischen* verschiedenen Bändern oder zwischen Bändern und Störstellen erfolgen um Größenordnungen langsamer. Bei der Einteilung in Kollektive fassen wir also immer Elektronengruppen zusammen, die sich untereinander schnell ins Gleichgewicht setzen.

Wir können künftig (mit wenigen Ausnahmen, auf die wir gesondert hinweisen werden) annehmen, daß innerhalb eines Kollektivs Gleichgewicht herrscht, ein Kollektiv also durch ein allen Elektronen gemeinsames chemisches (oder elektrochemisches) Potential gekennzeichnet ist.

Gleichgewicht zwischen den verschiedenen Elektronenkollektiven ist *dann* hergestellt, wenn die elektrochemischen Potentiale der Elektronen-Kollektive übereinstimmen.

Die Einführung eines „Löcher-Kollektivs" bedeutet einen Schritt zu einer geänderten Modellvorstellung. Elektronen gehen jetzt nicht mehr von einem in das andere Kollektiv über, sondern die Teilchen des Elektronen- und Löcherkollektivs *reagieren* jetzt miteinander. Noch deutlicher wird dieses Bild, wenn wir konsequent neben dem Elektronen- und dem Löcherkollektiv die Kollektive der geladenen und der ungeladenen Störstellen einführen. Dann bedeutet etwa das Zurückfallen eines Elektrons in einen Donator die Reaktion zwischen einem Elektron und einem positiv geladenen Donator unter Bildung eines neutralen Donators.

Ähnlich den Überlegungen in Abschnitt 23 können wir den neuen Kollektiven wieder chemische Potentiale ζ_P (oder elektrochemische Potentiale $\eta_P = \zeta_P + e_P \phi$) zuordnen. Die Gleichgewichtsbedingung $\delta F = 0$ führt dann auf die Aussage, daß für eine spezielle Reaktion zwischen den Kollektiven P, Q und R, bei der ν_i Teilchen „umgesetzt" werden:

$$\nu_1 P + \nu_2 Q \rightleftharpoons (-\nu_3) R \qquad (\nu_1 P + \nu_2 Q + \nu_3 R \rightleftharpoons 0), \qquad (25.1)$$

die Gleichgewichtsbedingung die Form

$$\nu_1 \zeta_P + \nu_2 \zeta_Q + \nu_3 \zeta_R = 0 \qquad (25.2)$$

erhält. Hiervon kommt man zum *Massenwirkungsgesetz* der Reaktionskinetik, das wir für „verdünnte Lösungen", hier also für *nichtentartete* Halbleiter, in der allgemeinen Form

$$\prod_p n_p^{\nu_p} = \left(\prod_p n_p^{o\,\nu_p}\right) e^{-\frac{1}{kT}\sum_p \nu_p E_p} \qquad (25.3)$$

schreiben können. In (25.3) sind n_p^o Bezugskonzentrationen, auf die wir hier nicht eingehen wollen. Die E_p sind die Energien, die notwendig sind, um ein Kollektivteilchen aus dem tiefsten Kollektivzustand in das Unendliche zu bringen. Wir erläutern dies an einem Beispiel:

Die Reaktion „Dissoziation eines Donators" $D^+ + \ominus \rightleftharpoons D^\times$ wird durch das Massenwirkungsgesetz

$$\frac{n_{D^+}n}{n_{D^\times}} = C\,e^{-\frac{1}{kT}(E_- + E_{D^+} - E_{D^\times})} \qquad (25.4)$$

beschrieben. E_- ist die Energie, die notwendig ist, um ein Elektron von der Kante des Leitungsbandes ins Unendliche zu bringen. Das ist gerade die Energie E_L des Bändermodells. $E_{D^+} - E_{D^\times}$ ist die Energie, die notwendig ist, um einen geladenen Donator in einen ungeladenen zu verwandeln, also gleich der Energie, die beim Hereinbringen eines Elektrons aus dem Unendlichen in den Donator aufgewandt wird. Das ist aber gerade $-E_D$. Damit wird der Exponent in (25.4) gleich $-(E_L - E_D)/kT$. Ersetzt man noch links im Nenner $n_{D^\times}$ durch $n_D - n_{D^+}$ und setzt $n = n_{D^+}$, so findet man durch Vergleich mit (24.14) eine Identität der Aussagen der Reaktionskinetik und der Elektronenstatistik.

Es ist also lediglich eine Frage der Zweckmäßigkeit, ob man die Gleichgewichtsaussagen in der einen oder der anderen Ausdrucksweise formuliert. Die Elektronenstatistik liefert mehr, einmal, da sie nicht auf den Fall der Nicht-Entartung beschränkt ist, ferner, da sie neben den Reaktionsenergien, die dem Bändermodell entnommen werden, auch die Bezugskonzentrationen n_p^0 angibt. Die Reaktionskinetik hat dagegen den großen Vorteil, daß sie *nicht* beschränkt ist auf das Problem, eine Elektronengesamtheit auf fest vorgegebene Zustände zu verteilen. Die Einbeziehung der Störstellen selbst als Kollektivteilchen erlaubt die Beschreibung von Reaktionen, bei denen Störstellen verschwinden oder entstehen. Wir machen uns auch dies wieder an einem Beispiel klar:

Als Beispiele für Störstellen haben wir bisher immer nur die für Germanium und viele andere verwandte Halbleiter wichtigsten *Fremdstörstellen* betrachtet. Es handelt sich dabei meist um fest eingebaute Fremdatome. Der Verunreinigungsgrad ist aber selbst oft Gleichgewichtsbedingungen unterworfen, wenn z. B. der Halbleiter mit einer Dampfphase in Wechselwirkung steht, aus der die Fremdatome eindiffundieren können. Die Konzentration der Störstellen und damit ihrer mit Elektronen besetzbaren Terme ist dann auch Gleichgewichtsbedingungen unterworfen. In noch größerem Ausmaß gilt dies für die *Eigenfehlordnung* des Gitters, die besonders bei Ionenkristallen die Eigenschaften der Kristalle bestimmt. Wie schon im Abschnitt 3 betont, treten in jedem Kristall *Leerstellen* und *Zwischengitterplatzatome* auf, die durch Rekombination verschwinden oder paarweise erzeugt werden können. Besteht ein Kristall aus mehreren Teilgittern (also etwa ein binärer Kristall aus Kationen und Anionen), so kann diese Fehlordnung in jedem der Teilgitter getrennt auftreten *(Frenkel-Fehlordnung)* oder es können Fehlstellen gleichen Typs in beiden Teilgittern paarweise auftreten *(Schottky-Fehlordnung)*. Zwischen den verschiedenen Kollektiven der Eigenfehlordnung sind Reaktionen möglich; Massenwirkungsgesetze bestimmen dann die Konzentrationen der Kollektivteilchen. Es ist offensichtlich, daß solche Verhältnisse nicht im Rahmen der Elektronenstatistik beschrieben werden können.

Wir können auf diesen Aspekt des Halbleitermodells hier nicht näher eingehen. Der Zusammenhang zwischen der elektronentheoretischen und der reaktionskinetischen Beschreibungsweise des Gleichgewichtes zeigt aber deutlich die schon in Abschnitt 6 unterstrichene Zwischenstellung des Halbleiters zwischen den Metallen und den Ionenkristallen.

26. Das lokale Gleichgewicht: Rekombination und Erzeugung

Bei der Einführung des Begriffes der Lebensdauer in Abschnitt 4 sind wir schon kurz auf die Frage der Einstellung des lokalen Gleichgewichtes eingegangen. Wir wollen die dort gebrachten Argumente jetzt verschärfen.

Dazu betrachten wir zunächst das lokale Gleichgewicht innerhalb eines Bandes, also im Kollektiv der Elektronen bzw. der Löcher. Die Wechselwirkung der Ladungsträger mit dem Gitter, die wir jetzt nach Abschnitt 21 als Energie- und Impulsaustausch durch die Absorption oder Emission von Phononen beschreiben, stellt den für die Einstellung des lokalen Gleichgewichtes verantwortlichen Mechanismus dar. Nach (4.5) ist die Relaxationszeit τ_r die maßgebende Zeitkonstante für die Einstellung des Gleichgewichtes nach Abschalten einer Störung. Berechnet man sie nach (4.4) für das Beispiel eines Halbleiters mit der Elektronenbeweglichkeit $\mu_n = 1000 \text{ cm}^2/\text{Vsec}$ und einer effektiven Masse $m^* = m$, so kommt man auf $\tau_r \approx 5 \cdot 10^{-13}$ sec. In einem Band können wir also immer Gleichgewicht annehmen, wenn eine Störung nicht durch äußeren Eingriff ständig aufrechterhalten wird.

Nehmen wir Gleichgewicht *innerhalb* der Kollektive an, so ist die Reaktionskinetik das einfachste Modell, um das Gleichgewicht *zwischen* den Kollektiven zu erfassen. Ein einfaches Beispiel, das zur Definition der *Lebensdauer eines Elektron-Loch-Paares* führte, hatten wir schon in Abschnitt 4 diskutiert. Bevor wir hieran anschließend den Gültigkeitsbereich dieses Begriffes „Lebensdauer" abgrenzen, müssen wir auf die möglichen *Rekombinationsprozesse* eingehen. Sie unterscheiden sich durch den Mechanismus, der die bei dem Übergang frei werdende Energie und den Impuls aufnimmt. Bei Band-Band-Übergängen, also bei der Rekombination eines Elektron-Loch-Paares kann die große Energiedifferenz zwischen Anfangs- und Endzustand nicht durch sukzessive Phononenemission überwunden werden, da dazu eine Folge dicht benachbarter Zustände durchlaufen werden müßte, die zwischen Leitungsband und Valenzband nicht vorhanden sind. Die möglichen Mechanismen, die wir nach den Teilchen klassifizieren können, die Energie und Impuls aufnehmen, sind vielmehr die folgenden:

a) Photonen: strahlende Übergänge

Rekombinationsprozesse unter Ausstrahlung eines Photons sind *direkte* Band-Band-Übergänge ohne Beteiligung der Elektron-

Gitter-Wechselwirkung. Da der Impuls eines Photons klein gemessen am Wellenzahlbereich eines Bandes ist, erfolgt ein strahlender Übergang praktisch unter Erhaltung des k-Vektors des Elektrons. Ein strahlender Übergang ist also der inverse Prozeß zum *inneren Photoeffekt*, bei dem ein Elektron unter Erhaltung seines k-Vektors aus dem Valenzband in das Leitungsband übergeht (Abschnitt 45).

Die k-Erhaltung bedeutet eine Auswahlregel, die die Übergangswahrscheinlichkeit stark herabsetzt. Strahlende Übergänge sind der Rekombinationsmechanismus, der zu den längsten Lebensdauern führt. Werte bis zu einer Sekunde sind theoretisch möglich. Gemessene Lebensdauern können noch länger sein, da sich ein Nicht-Gleichgewichtszustand durch Reabsorption der emittierten Photonen länger halten kann.

b) Störstellen: Rekombinationszentren

Erfolgt eine Band-Band-Rekombination als *Zwei-Stufen-Prozeß* über eine Störstelle, die Energie und Impuls aufnimmt, so braucht die k-Auswahlregel der direkten Übergänge nicht erfüllt zu sein. Der Rekombinationsprozeß erfolgt dann schneller. Das Vorhandensein geringer Spuren von Verunreinigungen kann also die Einstellung des Gleichgewichtes sehr beschleunigen. Die Rekombination über Rekombinationszentren ist darum der in Halbleitern häufigste Prozeß.

c) Elektronen: Auger-Rekombination

In Übertragung des entsprechenden Effektes beim freien Atom wird mit Auger-Rekombination der Fall bezeichnet, daß die Rekombinationsenergie und der Impuls an ein zweites Elektron oder Loch abgegeben werden. Die Rekombination erfolgt also durch einen Dreier-Stoß. Der inverse Prozeß ist die Befreiung eines Elektrons aus dem Valenzband oder aus einer Störstelle durch den Stoß eines anderen Ladungsträgers (*Stoßionisation*, Abschnitt 43).

Dies sind die drei wichtigsten Rekombinationsmechanismen. Von ihnen läßt sich nur der erste, die direkte Band-Band-Kombination, durch den bimolekularen Ansatz (4.6) beschreiben. Nur in diesem Fall ist eine Lebensdauer überhaupt streng definierbar. Auch dann muß noch die einschränkende Annahme kleiner Abweichungen vom Gleichgewicht gemacht werden, damit ein exponentielles Abklinggesetz resultiert.

Die Rekombination über Störstellen oder durch Dreier-Stöße kann mittels des Formalismus des Massenwirkungsgesetzes leicht erfaßt werden. Für jede Stufe des Zwei-Stufen-Prozesses ist eine Reaktion und ein zugehöriges bimolekulares Rekombinationsgesetz anzusetzen. Ist die Konzentration der Rekombinationszentren sehr groß, so sind beide Stufen entkoppelt und wir haben zwei Lebensdauern zu unterscheiden, die beide in das (dann nicht mehr exponentielle) Abklinggesetz eingehen. Bei kleinen Konzentrationen sind beide Stufen eng gekoppelt und der gesamte Rekombinationsvorgang verläuft angenähert exponentiell mit einer den Gesamtprozeß charakterisierenden Lebensdauer. Für die Durchführung der Theorie vgl. u. a. Blakemore [2], Landsberg [39.6], Schultz [39.5].

Solange das lokale Gleichgewicht zwischen den Kollektiven nicht hergestellt ist, ist jedem Kollektiv ein elektrochemisches Potential zuzuordnen. Man kann dabei zwei Wege gehen. Wir betrachten dies am Beispiel der beiden Kollektive der Elektronen und der Löcher. *Entweder* man ordnet im Sinne der Reaktionskinetik den Elektronen das Potential η_- und den Löchern das Potential η_+ zu. Dann gilt nach (25.2) die Gleichgewichtsbedingung $\eta_- + \eta_+ = 0$. *Oder* man stellt sich auf den Standpunkt der Elektronenstatistik und ordnet allen Kollektiven die auf die Elektronen bezogenen Potentiale zu. Nennt man das Potential des Elektronenkollektivs η_n und das des Löcherkollektivs η_p, so gilt die Gleichgewichtsbedingung $\eta_n = \eta_p$. Diese letztere Betrachtungsweise ist die in der Transistorphysik übliche. Sie hat den Vorteil, daß man die Gleichungen der Elektronenstatistik auf lokales Nicht-Gleichgewicht übernehmen kann, wenn man nur für das Elektronenkollektiv η durch η_n und für das Löcherkollektiv η durch η_p ersetzt. Die η_n, η_p heißen *Quasi-Fermi-Niveaus* der Elektronen bzw. der Löcher.

Man geht häufig noch einen Schritt weiter und definiert *Fermi-Potentiale* φ bzw. *Quasi-Fermi-Potentiale* φ_n und φ_p durch

$$\eta_{(n,p)} = \zeta_{(n,p)} - e\phi \equiv -e\varphi_{(n,p)}.$$

Mit ihnen lassen sich die Gln. (24.16) für einen wichtigen Spezialfall in eine besonders bequeme Form bringen. Betrachten wir einen Halbleiter bei konstanter Temperatur, dessen Homogenität nur durch eine variable Störstellenkonzentration gestört ist. Dann sind in ihm alle Parameter des Bändermodells ortsunabhängig, insbesondere ist nach (25.21) $\zeta_i = $ const. Da nur Energiedifferenzen in den relevanten Gleichungen auftreten, können wir für diesen Spezialfall $\zeta_i = 0$, also $\eta_i = -e\phi$ setzen. (24.16) wird dann in der Erweiterung auf lokales Nicht-Gleichgewicht zwischen den Kollektiven der Elektronen und der Löcher

$$n = n_i e^{\frac{e}{kT}(\Phi - \varphi_n)}, \qquad p = n_i e^{\frac{e}{kT}(\varphi_p - \Phi)}. \qquad (26.1)$$

Im Gleichgewicht ist $\varphi_n = \varphi_p = \varphi$.

Diese Beschreibungsweise ist in der Transistor-Physik (Kapitel 8) üblich.

27. Das räumliche Gleichgewicht: Diffusions- und Feldströme

Nach Abschnitt 23 ist das räumliche Gleichgewicht gestört, wenn das elektrochemische Potential oder die Temperatur ortsabhängig

ist. Für die grundsätzlichen Betrachtungen dieses Abschnittes genügt es, wenn wir uns auf einen isothermen Halbleiter beschränken. Wir können dann an die Ausführungen am Ende des letzten Abschnittes anknüpfen und brauchen die Frage nicht zu entscheiden, ob lokales Gleichgewicht herrscht oder nicht. An Stelle eines Gradienten des elektrochemischen Potentials betrachten wir den dazu proportionalen Gradienten des Quasi-Fermi-Potentials der Elektronen
Aus (26.1) folgt

$$-\operatorname{grad} \varphi_n = -\operatorname{grad} \phi + \frac{kT}{e} \frac{1}{n} \operatorname{grad} n. \qquad (27.1)$$

Multipliziert man noch die Gleichung mit $\sigma_n = e n \mu_n$ und setzt $(kT/e)\mu_n = D_n$, so folgt

$$-e n \mu_n \operatorname{grad} \varphi_n = \sigma \boldsymbol{E} + e D_n \operatorname{grad} n. \qquad (27.2)$$

Die rechte Seite dieser Gleichung ist die Summe zweier Ströme, eines *Feldstromes* und eines *Diffusionsstromes*. Diese Ströme bewirken also den Ausgleich bei einer Störung des räumlichen Gleichgewichtes.

Im räumlichen Gleichgewicht ist grad $\varphi_n = 0$. Damit ist nicht unbedingt ein Verschwinden der beiden Ströme verbunden. Ein Diffusionsstrom ist immer dann vorhanden, wenn durch eine räumlich variable Störstellenkonzentration die Konzentration der Elektronen eine Funktion des Ortes wird. Diese Diffusion wird aber zur Folge haben, daß Elektronen von Gebieten hoher Konzentration in Gebiete niedriger Konzentration verschoben werden. Da die Störstellen fest eingebaut sind, ist dann die Neutralitätsbedingung nicht mehr erfüllt. Es treten im Halbleiter *Raumladungen* auf und damit *innere Felder*, die die Ursache für den Feldstrom in (27.2) bilden. An die Stelle der Neutralitätsbedingung tritt die Poissonsche Gleichung

$$\Delta \phi = -\operatorname{div} \boldsymbol{E} = -\frac{\varrho}{\varepsilon \varepsilon_0}. \qquad (27.3)$$

Das räumliche Gleichgewicht erscheint in dieser Formulierung als ein stationärer Zustand, in dem sich der Feldstrom der inneren Felder und der Diffusionsstrom der Konzentrationsgradienten die Waage halten. Er wird häufig als *Boltzmann-Gleichgewicht* bezeichnet. Wir werden später Beispiele dafür betrachten.

Das Auftreten von Raumladungen im Halbleiterinneren ist ein äußerst wichtiges Phänomen. Wir wollen deshalb prüfen, über welche Zeiten bzw. Strecken sich Raumladungen in einem Halbleiter halten können. Dazu betrachten wir die beiden idealisierten Fälle:

a) In einem Halbleiter werde zur Zeit $t = 0$ die Elektronenkonzentration n_0 überall um den Betrag δn erhöht. Damit entsteht die (ortsunabhängige) Raumladung $\varrho = -e \delta n$. Das zeitliche Abklingen dieser Raumladung erfolgt nach der Kontinuitätsgleichung, die für $\delta n \ll n$ folgende Umformung zuläßt

$$\frac{\partial \varrho}{\partial t} = - \operatorname{div} i = - \operatorname{div} \sigma E \approx - \sigma_0 \operatorname{div} E = - \frac{\sigma_0}{\varepsilon \varepsilon_0} \varrho. \quad (27.4)$$

Dabei wurde die Poissonsche Gleichung (27.3) benutzt. Aus (27.4) folgt aber sofort

$$\varrho \sim e^{-\frac{t}{\tau_{\text{rel}}}} \quad \text{mit} \quad \tau_{\text{rel}} = \frac{\varepsilon \varepsilon_0}{\sigma_0}. \quad (27.5)$$

Die hier auftretende *dielektrische Relaxationszeit* τ_{rel} ist die Zeit, über die sich eine homogene Raumladung halten kann. Für Ge ($\varepsilon = 16$) mit einer Elektronenkonzentration von 10^{16} cm^{-3} folgt z.B. $\tau_{\text{rel}} = 2{,}5 \cdot 10^{-13}$ sec. Raumladungen gleichen sich also sehr schnell wieder aus. In Halbleitern geringer Leitfähigkeit (Photoleiter) kann τ_{rel} um Größenordnungen wachsen und mit der Lebensdauer τ vergleichbar werden (Abschnitt 45).

b) Wird die Elektronenkonzentration bei $x = 0$ stationär auf dem Wert $n_0 + \delta n$ gehalten, so folgt wegen $\partial \varrho / \partial t = 0$

$$0 = \operatorname{div} i \approx \sigma_0 \operatorname{div} E + e D_n \operatorname{div} \operatorname{grad} \delta n = + \frac{\varrho}{\tau_{\text{rel}}} + D_n \Delta \varrho, \quad (27.6)$$

wobei wir gemäß (27.2) den elektrischen Strom in einen Feldstrom und einen Diffusionsstrom aufgeteilt haben. Hier folgt für den eindimensionalen Fall

$$\varrho \sim e^{-\frac{x}{L_D}} \quad \text{mit} \quad L_D = \sqrt{D \tau_{\text{rel}}} = \sqrt{\frac{\varepsilon \varepsilon_0 k T}{e^2 n_0}}. \quad (27.7)$$

Im stationären Fall ist also eine örtliche aufrechterhaltene Dichteabweichung nach der Strecke L_D *(Debye-Länge)* auf ein e-tel abgeklungen. Im oben genannten Beispiel wird $L_D \approx 5 \cdot 10^{-6}$ cm. Raumladungen können sich also in Halbleitern zeitlich und örtlich nur sehr begrenzt halten. Ihr Auftreten ist meist auf sehr schmale Bereiche an Kontakten, Oberflächen oder inneren Grenzflächen beschränkt. Über makroskopische Dimensionen dagegen ist die Neutralitätsbedingung nach wie vor gültig.

Kapitel 6
Optische Eigenschaften

In diesem Kapitel werden wir uns mit der Frage der optisch induzierten Übergänge von Elektronen zwischen verschiedenen energetischen Zuständen befassen. Bei diesen Übergängen wird die Energie der absorbierten Photonen auf einen Ladungsträger übertragen. Die Grundlage der Theorie der optischen Übergänge ist also die *Elektron-Photon-Wechselwirkung*. Da bei diesen Prozessen teilweise auch das Kristallgitter mit in die Wechselwirkung einbezogen wird, müssen wir uns auch mit der Photon-Phonon-Wechselwirkung befassen.

Übergänge von Elektronen können zwischen zwei verschiedenen Bändern erfolgen *(Interband-Übergänge)* oder zwischen verschiedenen Teilbändern eines Bandes *(Intraband-Übergänge)*. Dabei geht das Elektron von einem Kollektiv in ein anderes über. Wird das Elektron durch die Absorption eines Photons in einen energetisch höheren Zustand seines (Teil-)Bandes gehoben, so bleibt es in seinem Kollektiv. Man spricht dann von einer *„Absorption freier Ladungsträger"*. Gemäß dieser Unterscheidung ist dieses Kapitel gegliedert. Der jeweiligen Theorie folgen Beispiele, die die wichtigsten Folgerungen zeigen und die Gültigkeitsgrenzen abstecken sollen.

Ziel optischer Messungen (Reflexions- und Absorptionsspektrum, Dispersion) ist die Bestimmung der *optischen Konstanten* eines Halbleiters. Dies sind vor allem der *komplexe Brechungsindex* $N = n + ik$ (n = reeller Brechungsindex, k = Extinktionskoeffizient) oder die durch $\varepsilon = N^2$ definierte *komplexe Dielektrizitätskonstante* ($\varepsilon = \varepsilon_1 + i\varepsilon_2$, $\varepsilon_1 = n^2 - k^2$, $\varepsilon_2 = 2nk$). ε_2 ist mit dem *Absorptionskoeffizienten* $K = \dfrac{2\omega k}{c} = \dfrac{\omega}{nc}\varepsilon_2$ eng verwandt. Realteil und Imaginärteil der komplexen DK sind nicht unabhängig voneinander. Mittels der sog. *Kramers-Kronig-Relationen* kann man $\varepsilon_1(\omega)$ berechnen, wenn man $\varepsilon_2(\omega)$ im ganzen Spektralbereich kennt, und umgekehrt. Wir werden uns deshalb bei der Formulierung der theoretischen Grundlagen auf die Angabe von ε_2 meist beschränken können.

Näheres über die hier nur angedeuteten Grundlagen der optischen Konstanten finden sich in jedem Lehrbuch der Optik (vgl. speziell z.B. Greenaway und Harbeke [8], Moss [18]).

28. Direkte Interband-Übergänge

Im Energiebereich oberhalb $\hbar\omega = E_G$ wird das Absorptionsspektrum eines Halbleiters vorwiegend durch Übergänge aus den besetzten Zuständen des Valenzbandes in die freie Zustände des Leitungsbandes oder höherer Bänder bestimmt (Abb. 25). Die Übergänge erfolgen durch Absorption eines Photons. Da der Photonenimpuls klein gemessen am Wellenzahlbereich einer Brillouin-Zone ist, bleibt beim Übergang der k-Vektor des Elektrons (angenähert) erhalten. Man bezeichnet solche Übergänge als *direkte Übergänge*. Größere Änderungen des k-Vektors des Elektrons beim Übergang sind nur möglich, wenn ein Phonon zusätzlich absorbiert oder emittiert wird, dessen q-Vektor die Impulsänderung des Elektrons aufnimmt *(indirekte Übergänge)*. Auf diese Möglichkeit gehen wir im folgenden Abschnitt ein.

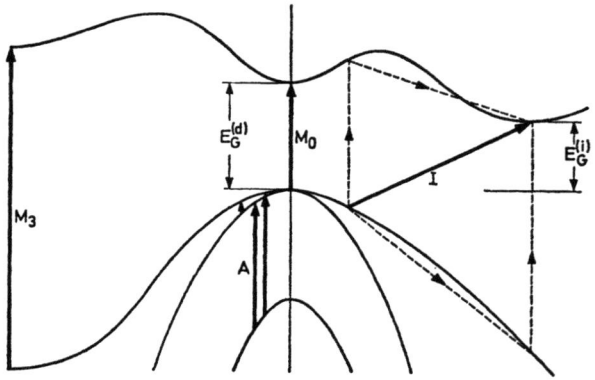

Abb. 25. Direkte Interband-Übergänge (M_0, M_3), indirekte Interband-Übergänge (I) und direkte Intraband-Übergänge (A)

Die Theorie der direkten Übergänge ist in einer Reihe von Lehrbüchern und Monographien vollständig entwickelt. Da wir für unsere Zwecke mit einer drastischen Vereinfachung am Endergebnis auskommen werden, beschränken wir uns auf eine qualitative Diskussion.

Der Absorptionskoeffizient und damit auch ε_2 sind proportional zur Zahl der pro Volumeneinheit und Zeiteinheit absorbierten Photonen, also zur Zahl der erfolgten Übergänge. Die Übergangswahrscheinlichkeit berechnet man aus der zeitabhängigen Schrödinger-Gleichung für ein Elektron im periodischen Potential, in der zum Impulsoperator $p = i\hbar$ grad das Vektorpotential A der Lichtwelle additiv hinzugefügt wird. Man erhält dann (bei Vernachlässigung von Gliedern mit A^2) die Schrödinger-Gleichung (11.1) in der zeitabhängigen Form mit dem zusätzlichen Glied $H' = \frac{e}{m} p \cdot A$.

Die Diracsche Störungstheorie liefert dann bei Vernachlässigung des Photonenimpulses für die Übergangswahrscheinlichkeit aus einem durch die Blochfunktion $|j\,k\rangle$ beschriebenen Zustand in einen Zustand $|j'\,k\rangle$ (Übergang aus dem Band j in das Band j' unter Erhaltung des Vektors k)

$$W(j, k, j'\,k, \omega, t) \sim |M|^2 t\,\delta(E_{j'}(k) - E_j(k) - \hbar\omega). \quad (28.1)$$

Dabei gewährleistet die δ-Funktion die *Energieerhaltung*. M ist das Übergangs-Matrixelement

$$M = \int \psi_{j'}^*(k, r)\,H'\,\psi_j(k, r)\,dr = \langle j'\,k|H'|j\,k\rangle. \quad (28.2)$$

Die Gesamtzahl der Übergänge pro Volumen- und Zeiteinheit findet man dann durch Division durch t, Summation über alle j (besetzte Bänder) und j' (unbesetzte Bänder) und Integration über alle möglichen k-Werte in der Brillouin-Zone. Für ε_2 folgt so

$$\varepsilon_2 = \frac{\hbar^2}{\varepsilon_0 \omega^2} \frac{2\pi e^2}{m^2} \sum_{jj'} \int |\langle j' \, k | \, e \cdot \text{grad} \, | j \, k\rangle|^2 \, \delta(E_{j'}(k) - E_j(k) - \hbar \omega) \, dk \quad (28.3)$$

(e = Polarisationsvektor der Lichtwelle).

Eine wesentliche Vereinfachung bedeutet die häufig mögliche Annahme, daß das in (28.3) auftretende Matrixelement (28.2) *nicht von k abhängt*. Zieht man diesen Faktor vor das Integral, so erhält das verbleibende Integral gerade die Form (18.3) und kann als eine *kombinierte Zustandsdichte* $z(E_{j'}(k) - E_j(k))$ angesehen werden, die die Zahl der Zustände im Valenz- bzw. Leitungsband angibt, die um die gegebene Energie $\hbar\omega = E_{j'}(k) - E_j(k)$ voneinander entfernt sind.

Die Beiträge der einzelnen Übergänge zu ε_2 erscheinen also als Produkt aus einer „Oszillatorstärke", die durch das Übergangsmatrixelement bestimmt ist, und der Zahl der Zustände, aus denen bei gegebener Photonenenergie ein Übergang möglich ist.

Die kombinierte Zustandsdichte zeigt die gleichen Besonderheiten wie die Zustandsdichte des Abschnittes 18. Insbesondere treten im Absorptions- bzw. ε_2-Spektrum die in Abb. 19 gezeigten *kritischen Punkte* der Bandstruktur auf. Wir kommen weiter unten darauf zurück.

Zunächst betrachten wir (28.3) für die einfache parabolische Bandstruktur (15.1) genauer. Dann wird

$$\hbar\omega = E_{j'}(k) - E_j(k) = E_G + \frac{\hbar^2 k^2}{2m_{j'}} + \frac{\hbar^2 k^2}{2m_j} = E_G + \frac{\hbar^2 k^2}{2m^*_{\text{komb}}}, \quad (28.4)$$

und nach (18.5)

$$z(E_{j'}(k) - E_j(k)) = \frac{4\pi}{\hbar^3} (2m^*_{\text{komb}})^{3/2} (\hbar\omega - E_G)^{1/2}. \quad (28.5)$$

Das Matrixelement (28.2) schreiben wir

$$\langle j' \, k | \, e \cdot \text{grad} \, | j \, k\rangle$$
$$= \int u^*_{j'}(k, r) e^{-i k \cdot r} \, e \cdot \text{grad} \, (u_j(k, r) e^{i k \cdot r}) \, dr \quad (28.6)$$
$$= \int u^*_{j'} \, e \cdot \text{grad} \, u_j \, dr + i \, e \cdot k \int u^*_{j'} \, u_j \, dr$$
$$= M_{j'j} + i \, e \cdot k \, \bar{M}_{j'j}.$$

Das zweite Glied rechts wäre wegen der Orthogonalität der Bloch-Funktionen gleich Null, wenn der k-Vektor des Elektrons *exakt* erhalten bliebe. Da dies nur angenähert der Fall ist, bleibt das zweite Glied vernachlässigbar klein, solange der durch das erste Glied beschriebene (Dipol-)Übergang nicht verboten ist, d.h. solange das erste Glied nicht auf Grund der Symmetriebetrachtungen des Abschnittes 14 verschwindet. Der durch das erste Glied beschriebene Übergang wird als *erlaubter*, der durch das zweite Glied beschriebene als *verbotener* Übergang bezeichnet.

Für die Frequenzabhängigkeit von ε_2 findet man nach diesen Bemerkungen aus (28.3)

$$\begin{aligned}\varepsilon_2 &\sim \omega^{-2}(\hbar\omega - E_G)^{1/2} \quad \text{für erlaubte direkte Übergänge,}\\ &\sim \omega^{-2}(\hbar\omega - E_G)^{3/2} \quad \text{für verbotene direkte Übergänge.}\end{aligned} \quad (28.7)$$

Der geänderte Exponent für verbotene Übergänge rührt von dem gemäß (28.6) hinzukommenden Faktor k^2 her, der nach (28.4) proportional $(\hbar\omega - E_G)$ ist.

Für das Absorptionsspektrum im Bereich direkter Interband-Übergänge geben wir zwei Beispiele. Abb. 26 zeigt den Verlauf des Absorptionskoeffizienten von InSb in der Nähe der *Absorptionskante*, also der Schwellenenergie E_G für direkte Interband-Übergänge. Neben den Meßpunkten sind Kurven eingezeichnet für direkte erlaubte und verbotene Übergänge bei parabolischer Bandstruktur (Gl. (28.7)) und für Korrekturen der Bandstruktur gemäß Abb. 17 links oben (Nicht-Parabolizität) und für Korrekturen zu (28.7) auf Grund der k-Abhängigkeit des Matrixelementes (28.6).

Der kritische Punkt der Absorptionskante E_G ist nach Abb. 19 ein M_0-Punkt. Kritische Punkte der anderen Typen findet man im Absorptionsspektrum bei höheren Energien, wenn Übergänge auch in höhere Teilbänder des Leitungsbandes oder aus tieferen Teilbändern des Valenzbandes möglich werden. Das Absorptionsspektrum in diesem Energiebereich kann daher detaillierte Auskunft über die Bandstruktur eines Halbleiters geben. Für die Analyse optischer Spektren in der Nähe der Absorptionskante vgl. z.B. Dimmock [50], Johnson [40.3], McLean [37.5], Tauc [47], für höhere Übergänge vgl. Cardona [33], Greenaway und Harbeke [8], Harbeke [39.3], [47], Phillips [36.18], Pollak [50]. Insbesondere können Zuordnungen der kritischen Punkte des Spektrums zu Übergängen an bestimmten Symmetriepunkten in der Brillouin-Zone Energieparameter liefern, die die Grundlage für quantitative Berechnungen der Bandstruktur mittels der sog. empirischen Methoden (z.B. der „Pseudopotentialmethode") geben. Abb. 27 zeigt als Beispiel das gemessene und das berechnete ε_2-Spektrum für Germanium mit der Zuordnung kritischer Punkte zu einzelnen Übergängen in der in Abb. 16 gezeigten Bandstruktur.

Die Parameter des Bändermodells sind über die Gitterkonstante des Kristalls *druck-* und *temperaturabhängig*. Davon werden neben der Absorptionskante auch die anderen kritischen Punkte im optischen Spektrum besonders berührt. Übergangsenergien an verschiedenen Punkten in der Brillouin-Zone haben verschiedene Druck-Koeffizienten, so daß Untersuchungen der Druckabhängigkeit der optischen Konstanten an Klassen verwandter Halbleiter viel zur Klärung der Bandstruktur beigetragen haben (Paul und Brooks [37.7], Paul [47]).

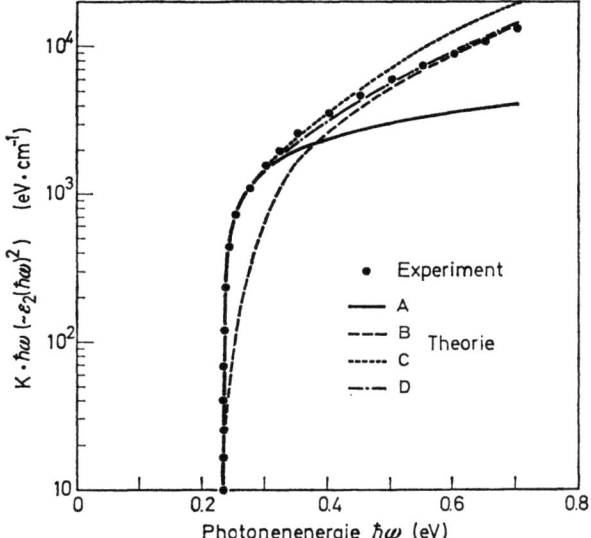

Abb. 26. Absorptionskoeffizient von Indiumantimonid im Bereich der Absorptionskante. A: theoretischer Verlauf für direkte erlaubte Übergänge nach Gl. (28.7), B: theoretischer Verlauf für direkte verbotene Übergänge nach Gl. (28.7), C: Korrektur an A für Nicht-Parabolizität des Leitungsbandes, D: Korrektur an C für k-Abhängigkeit des Übergangsmatrixelements. (Nach Johnson [40.3])

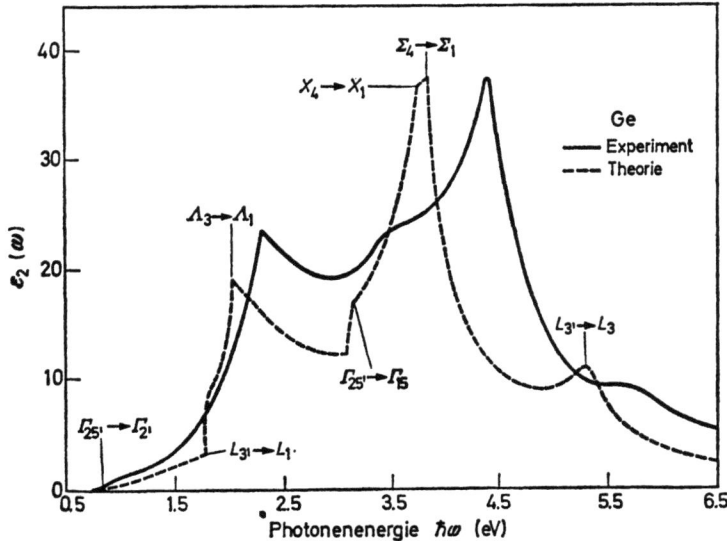

Abb. 27. Experimentelles und theoretisches ε_2-Spektrum für Germanium nach Phillips [36.18]. Für die Zuordnung der kritischen Punkte zu den Übergängen an Symmetriepunkten der Brillouin-Zone vgl. Abb. 16

Auch die Messung der *Dotierungsabhängigkeit* der Absorption in der Nähe der Absorptionskante ist wichtig. Bei sehr starker Dotierung mit Störstellen werden die Bereiche in der Nähe der Unterkante des Leitungsbandes mit Elektronen oder in der Nähe der Oberkante des Valenzbandes mit Löchern so stark besetzt werden, daß die Interband-Übergänge erst bei einer Schwellenenergie $> E_G$ erfolgen. Die Absorptionskante wird dann zu höheren Frequenzen verschoben *(Burstein-Effekt)*. Ist ein Band im Extremum entartet, so zeigen Messungen der Dotierungsabhängigkeit Einzelheiten der Gestalt der Teilbänder.

Weitere Einzelheiten der Struktur von Teilbändern liefern Untersuchungen von *Intraband-Übergängen*, also direkten Übergängen zwischen diesen Teilbändern.

Eine wertvolle Ergänzung der Analyse optischer Absorptionsspektren bildet die Untersuchung des thermischen Emissionsspektrums (vgl. hierzu Stierwalt und Potter [40.3]).

29. Indirekte Interband-Übergänge

Den Mechanismus indirekter Interband-Übergänge zeigt Abb. 25. Der Übergang besteht aus zwei Stufen. Die eine Stufe ist ein direkter Übergang des Elektrons aus dem Valenzband in das Leitungsband unter Absorption eines Photons, die zweite Stufe führt innerhalb des Bandes unter Absorption oder Emission eines Phonons vom Punkt k zum Punkt k' in der Brillouin-Zone. Der Zwischenzustand zwischen beiden Teilprozessen ist virtuell. Er wird in so kurzer Zeit durchlaufen, daß für die beiden Stufen einzeln kein Energieerhaltungssatz gelten muß, sondern nur für den Gesamtprozeß. Impulserhaltung wird dagegen für jede Stufe einzeln gefordert.

Die Theorie der indirekten Übergänge schließt direkt an die im letzten Abschnitt skizzierte Theorie der direkten Übergänge an. Der Störoperator H' enthält jetzt neben dem Vektorpotential des Lichtes das des Phononenfeldes. Die Störungsrechnung zweiter Ordnung liefert Übergangs-Matrixelemente der Form

$$\langle j, k, N_q | H'_{\text{photon}} | j', k, N_q \rangle \langle j', k, N_q | H'_{\text{phonon}} | j', k', N_q \pm 1 \rangle \quad (29.1)$$
$$\langle j, k, N_q | H'_{\text{phonon}} | j, k', N_q \pm 1 \rangle \langle j, k', N_q \pm 1 | H'_{\text{photon}} | j', k', N_q \pm 1 \rangle,$$

die analog zu (28.2) sind. In ihnen ist hier noch angezeigt, daß sich die Zahl N_q der Phononen der Wellenzahl q bei dem einen Teilprozeß um ± 1 ändert.

Ohne auf die Details der etwas langwierigen Rechnung eingehen zu müssen, können wir das Wesentliche der Ergebnisse aus einer Analogie zu den direkten Übergängen erkennen. Da jetzt der k-Vektor des Elektrons nicht erhalten bleibt, ist in der (28.3) entsprechenden Gleichung über das k des Ausgangszustandes und k' des Endzustandes zu integrieren. In der Näherung k-unabhängiger Matrix-

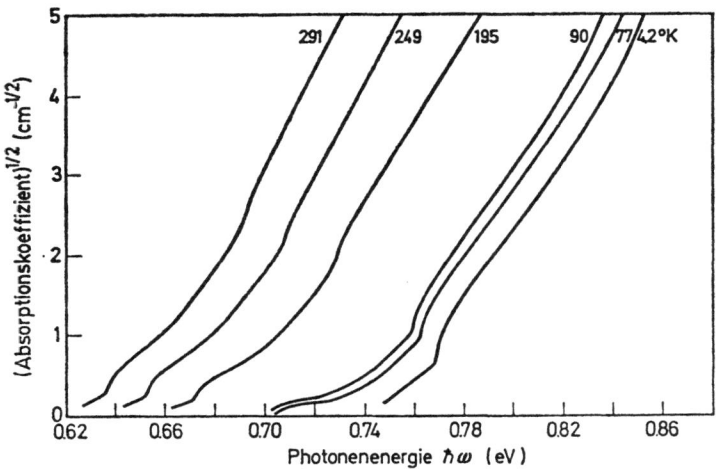

Abb. 28. Die Absorptionskante von Germanium im Bereich der indirekten Übergänge für verschiedene Temperaturen. [Macfarlane et al.: Phys. Rev. 108, 1377 (1957)]

elemente wird dann

$$\varepsilon_2 = C_{jj'} \omega^{-2} \int dk \int dk' \, \delta(E_{j'}(k') - E_j(k) - \hbar\omega \pm \hbar\omega_q), \quad (29.2)$$

wo ω_q die Frequenz des beteiligten Phonons ist. Für parabolische Bänder läßt sich das Integral in (29.2) ausführen und man erhält für erlaubte indirekte Interband-Übergänge

$$\varepsilon_2 = C_{jj'}^{(\text{abs})} \omega^{-2} (\hbar\omega + \hbar\omega_q - E_G)^2 + C_{jj'}^{(\text{em})} \omega^{-2} (\hbar\omega - \hbar\omega_q - E_G)^2, \quad (29.3)$$

wo die $C_{jj'}$ die Matrixelemente für Absorption bzw. Emission eines Phonons enthalten.

Die Absorption mittels indirekter Übergänge ist wesentlich schwächer als die direkte Absorption. Indirekte Übergänge spielen also nur dann eine Rolle im Absorptionsspektrum, wenn in dem betreffenden Energiebereich keine direkten Übergänge erlaubt sind. Dies trifft insbesondere dann zu, wenn die Extrema des Leitungsbandes und des Valenzbandes eines Halbleiters nicht an der gleichen Stelle in der Brillouin-Zone liegen, also beispielsweise bei Ge und Si. Indirekte Übergänge treten dann schon bei Energien $> E_G^{(i)}$ auf (Abb. 25), direkte erst bei Energien $> E_G^{(d)}$.

Abb. 28 zeigt das Absorptionsspektrum von Germanium im Bereich der (indirekten) Absorptionskante. An den Übergängen, die vom Γ-Extremum des Valenzbandes zum L-Minimum des Leitungsbandes führen ($\Gamma_{25'}$-L_1-Übergänge) sind TA(L)-, TO(L)-, LA(L)- und LO(L)-Phononen beteiligt. Da alle absorbiert oder emittiert werden können, treten eine größere Anzahl von Schwellenenergien für die verschiedenen Möglichkeiten auf. Die hierauf zurückzuführende Struktur im Absorptionsverlauf tritt in der Abbildung deutlich in Erscheinung. Mit abnehmender Temperatur verschwinden einige dieser Teilprozesse, da dann keine entsprechenden Phononen im Schwingungsspektrum des Gitters angeregt sind, die absorbiert werden könnten.

30. Übergänge in Exzitonen-Zustände

Eine Feinstruktur unterhalb der Schwellenenergie für die bisher besprochenen optischen Übergänge und eine Beeinflussung des Spektrums oberhalb der Schwellenenergien liefern die *Exzitonen-Übergänge*. Wir sind bisher auf den Begriff des Exzitons noch nicht eingegangen, da seine Bedeutung bei Halbleitern fast ausschließlich auf die optischen Phänomene beschränkt ist.

Unter einem Exziton wird ein Elektron-Loch-Paar verstanden, dessen beide Partner durch elektrostatische Anziehung noch aneinander gebunden sind. In unserem bisherigen Bild waren Elektronen und Löcher quasifreie Ladungsträger ohne explizite Wechselwirkung. Ein Exziton stellt also ein noch nicht völlig aus seiner Bindung befreites Elektron dar. Zwei Grenzfälle sind zu unterscheiden:

a) Das Elektron-Loch-Paar ist an einem Gitteratom lokalisiert, d.h. der räumliche Abstand beider Teilchen ist vergleichbar mit einer Gitterkonstanten. Dieses *„Frenkel-Exziton"* ist bei Molekül- und Ionenkristallen realisiert, wenn die Wechselwirkung zwischen den Gitterbausteinen relativ schwach ist.

b) Elektron und Loch sind viele Gitterkonstanten voneinander entfernt *(Mott- oder Wannier-Exziton)*. Die Verhältnisse liegen hier ähnlich wie bei flachen Störstellen (Abschnitt 19). In beiden Fällen können die Ladungsträger als Teilchen der effektiven Masse m^* in einem Medium der Dielektrizitätskonstanten ε angesehen werden. Bei der flachen Störstelle liegt das Attraktionszentrum fest, beim Exziton bewegen sich Elektron und Loch um ihren gemeinsamen Schwerpunkt.

Für dieses Exziton geht man deshalb häufig von einer Effektiv-Massen-Gleichung der Form

$$\left(-\frac{\hbar^2}{2m_n}\Delta_n - \frac{\hbar^2}{2m_p}\Delta_p - \frac{e^2}{4\pi\varepsilon_0\varepsilon}\frac{1}{|r_n - r_p|}\right)\psi(r_n, r_p) = E\,\psi(r_n, r_p)$$

(30.1)

aus. Dabei bezeichnen die Indizes n und p die jeweiligen Parameter des Elektrons und des Loches. Die Wellenfunktion in (30.1) hängt von den Koordinaten beider Teilchen ab. Sie kann als geeignete Kombination der beiden Bloch-Funktionen des Elektrons und des Loches angesetzt werden. Mit diesem Ansatz überschreitet man bereits die Ein-Teilchen-Näherung des Bändermodells. Wir werden später sehen, daß es deshalb auch nicht möglich sein wird, etwa „Exzitonen-Bänder oder -Terme" in das Bändermodell aufzunehmen.

Man führt nun die Gesamtmasse des Exzitons $M = m_n + m_p$ und seinen Wellenzahlvektor $\boldsymbol{K} = \boldsymbol{k}_n + \boldsymbol{k}_p$ ein. Dabei muß man beachten, daß der Wellenzahlvektor des Loches das umgekehrte Vorzeichen hat wie der eines Elektrons im gleichen Zustand. Ein Elektron und ein Loch, deren Zustände in der Brillouin-Zone den gleichen $\boldsymbol{k}$-Vektor haben, besitzen also als Exziton die Wellenzahl $\boldsymbol{K} = 0$.

Führt man nun Schwerpunktskoordinaten und Relativkoordinaten ein, so kann man (30.1) auftrennen in eine Gleichung für die Schwerpunktsbewegung und eine Gleichung für die Relativbewegung. Die Gesamtenergie des Exzitons wird dann offensichtlich

$$E = E_G + \frac{\hbar^2 K^2}{2M} - \frac{\mu e^4}{2\varepsilon^2 \hbar^2 n^2}, \ n = 1, 2, 3, \ldots, \ \frac{1}{\mu} = \frac{1}{m_n} + \frac{1}{m_p}, \tag{30.2}$$

d. h. zur kinetischen Energie der Schwerpunktbewegung kommt ein diskretes Linienspektrum der gebundenen Zustände des Exzitons.

Für *direkte Exzitonen-Übergänge* ist $\boldsymbol{K} = 0$. Dem Kontinuum der direkten Übergänge ist also ein Linienspektrum vorgeschaltet. Die Theorie der Exzitonen-Übergänge — die wir hier in ihrer vollen Breite nicht wiedergeben können (vgl. dazu z. B. Dimmock [40.3], Knox [36. Suppl. 5], Nikitine [37.6], Phillips [47], ferner [44]) — zeigt, daß auch oberhalb E_G der Absorptionskoeffizient noch von den Exzitonen beeinflußt wird. Auch wenn dem Elektron-Loch-Paar beim Übergang so viel Energie mitgegeben wird, daß Elektron und Loch sich nach ihrer Erzeugung unabhängig voneinander bewegen, sind beide Teilchen beim Übergang *räumlich* korreliert. Das spielt weit oberhalb E_G keine Rolle. Die Theorie liefert für erlaubte direkte Übergänge

$$\varepsilon_2 = \varepsilon_2^0 \, \gamma \, \frac{e^\gamma}{\sinh \gamma}, \ \gamma = \pi \left(\frac{\mu e^4}{2\varepsilon^2 \hbar^2}\right)^{1/2} (\hbar\omega - E_G)^{-1/2}, \tag{30.3}$$

wo ε_2^0 der Wert von ε_2 für direkte Übergänge nach Abschnitt 28 ist. Für $\hbar\omega = E_G$ geht der Absorptionskoeffizient nach (30.3) stetig in das Quasikontinuum der diskreten Zustände (30.2) über. Die Form des Absorptionskoeffizienten ist in Abb. 29 gezeigt.

Für *indirekte Exzitonen-Übergänge* müssen wir gemäß (29.2) über Anfangs- und Endzustand integrieren. In das Argument der δ-Funktion kommt dann die Gesamtenergie (30.2). Man erhält schließlich

$$\varepsilon_2 \sim \frac{1}{\omega^2} \sum_{n=1}^{\infty} \frac{1}{n^3} \left(\hbar\omega - E_G + \frac{\mu e^4}{2\varepsilon^2 \hbar^2 n^2} \pm \hbar\omega_q\right)^{1/2}. \tag{30.4}$$

Anstelle der diskreten Linien bei direkten Exzitonen-Übergängen finden wir hier also eine Serie von Kantenenergien, oberhalb derer ein neuer Beitrag zum Exzitonen-Spektrum hinzukommt.

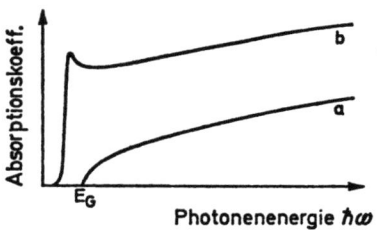

Abb. 29. Gestalt des Absorptionskoeffizienten (a) ohne und (b) mit Berücksichtigung der Elektron-Loch-Wechselwirkung bei direkten erlaubten Übergängen. (Dimmock [40.3])

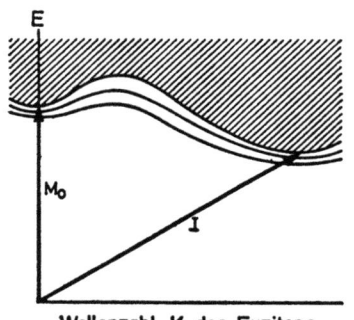

Abb. 30. Schematische Darstellung des Energiespektrums der Exzitonen. Zwei der in Abb. 27 gezeigten Übergänge sind mit eingezeichnet

Gl. (30.2) können wir jetzt verallgemeinern. In der angegebenen Form gilt sie nur, wenn Ausgangs- und Endzustand des Exzitonen-Übergangs in der Nähe von Bandextrema liegen, an denen die Effektiv-Massen-Näherung möglich ist. Allgemein wird die Funktion $E(k)$ einen komplizierteren Verlauf haben. Immer wird sie aber aus einem Kontinuum mit vorgelagertem Linienspektrum bestehen. Exzitonen-Übergänge lassen sich dann zwar nicht in ein Bandschema wie der Abb. 25 eintragen, es läßt sich aber eine Art modifizierter „Bandstruktur" für $E(k)$ angeben, wie sie in Abb. 30 gezeigt ist. Dabei liegt der Ausgangspunkt jedes Übergangs im Punkte $E = 0$, $K = 0$. Alle direkten Exzitonen-Übergänge (unabhängig davon, bei welchem k-Vektor im Bändermodell sie erfolgen) liegen hier bei $K = 0$. Oberhalb der diskreten Niveaus liegt ein echtes Kontinuum von Zuständen, in das hinein Übergänge erfolgen können.

Ein Beispiel für indirekte Exzitonen-Übergänge zeigt Abb. 31.

Exzitonen-Übergänge sind nicht nur an der Absorptionskante eines Halbleiters wichtig. Auch bei Übergängen zu energetisch höher gelegenen kritischen Punkten scheinen *metastabile* oder *Sattelpunkts-Exzitonen* eine Rolle zu spielen.

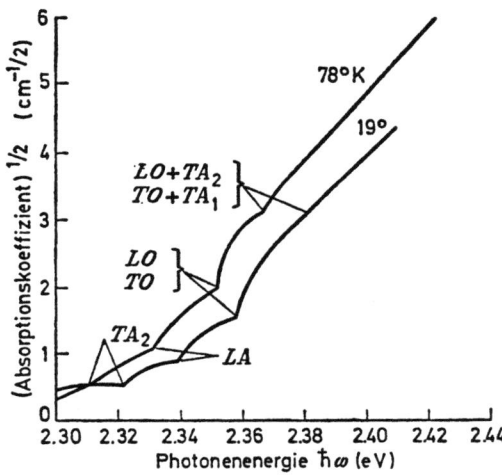

Abb. 31. Indirekte Exzitonen-Übergänge an der Kante des Absorptionsspektrums von GaP bei 19 °K und 78 °K. (Gershenzon et al. [32])

Für die Diskussion von Exzitonen-Spektren in verschiedenen Halbleitern vgl. u. a. Segall und Marple [49].
Für „*gebundene Exzitonen*" d. h. Störstellen-Exziton-Komplexe vgl. z. B. Hopfield [33].

31. Absorption und Reflexion im Magnetfeld

In Abschnitt 20 hatten wir die Änderung der Bandstruktur und damit der Zustandsdichte von Halbleitern im Magnetfeld behandelt. Wir betrachten nun den Einfluß der Umgruppierung der Bandterme im Magnetfeld auf die Interband-Übergänge.

Für *direkte* erlaubte Übergänge können wir die Form von ε_2 sofort angeben, wenn wir wieder die Näherung k-unabhängiger Matrixelemente machen. ε_2 wird dann proportional zur kombinierten Zustandsdichte, die im Magnetfeld nach (20.3) gegeben ist. Es folgt

$$\varepsilon_2(\omega, \omega_c^*) \sim \hbar \omega_c^* \sum_l (\hbar\omega - E_G - (l + \tfrac{1}{2})\hbar\omega_c^*)^{-1/2},$$
$$\omega_c^* = eB\left(\frac{1}{m_n} + \frac{1}{m_p}\right). \tag{31.1}$$

Die Summation läuft über sämtliche Indizes der magnetischen Teilbänder des Leitungs- bzw. Valenzbandes, für die die Wurzeln reell bleiben. Zur k-Auswahlregel tritt die Auswahlregel, daß nur Übergänge zwischen Teilbändern des Leitungs- und Valenzbandes möglich sind, die gleichen Index l haben.

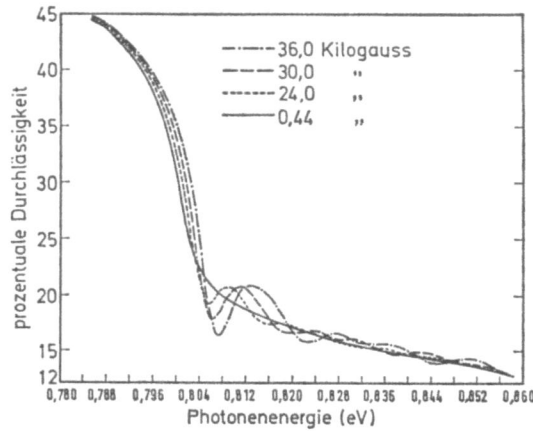

Abb. 32. Verlauf der Durchlässigkeit in der Gegend der Absorptionskante bei Zimmertemperatur für Germanium (Bereich der direkten Übergänge).
[Zwerdling et al.: Phys. Rev. 106, 51 (1958)]

Für erlaubte *indirekte* Übergänge findet man
$$\varepsilon_2(\omega, \omega_c^*) \sim (\hbar\omega_c^*)^2 \sum_{\overline{n}'} S(\hbar\omega - E_G - (l + \tfrac{1}{2})\hbar\omega_{cn} \\ - (l' + \tfrac{1}{2})\hbar\omega_{cp} \pm \hbar\omega_q), \quad (31.2)$$

wo $S(x)$ eine Stufenfunktion ist, die für $x < 0$ verschwindet und für $x > 0$ gleich Eins ist.

Für verbotene Übergänge werden die Ausdrücke komplizierter, wobei noch je nach Polarisation der einfallenden Strahlung relativ zum Magnetfeld zu unterscheiden ist.

In (31.1) und (31.2) wurde die Effektiv-Massen-Näherung ohne Spin zugrunde gelegt. Die Extrema des Leitungs- und des Valenzbandes müssen also parabolisch sein. Bei Berücksichtigung des Spins treten in den Wurzelausdrücken und in $S(x)$ noch zusätzliche Glieder der allgemeinen Form $\pm g\mu_B B$ auf, wo der g-Faktor noch von der Art des Übergangs und der Polarisation der einfallenden Strahlung abhängt.

In (31.1) stehen die Wurzeln im Nenner der Summenglieder. Wir erhalten also Absorptionsspitzen, die immer dann auftreten, wenn die Energie der einfallenden Strahlung mit der für den Übergang zwischen zwei Teilbändern mit gleichem l erforderlichen Mindestenergie übereinstimmt. Die Abstände zwischen zwei Absorptionsspitzen sind $\Delta\omega = \omega_c^*$.

Anders ist das Verhalten für indirekte Übergänge nach (31.2). Das Absorptionsspektrum wird ein Stufenspektrum; der Abstand der Stufen ist wieder ω_c^*.

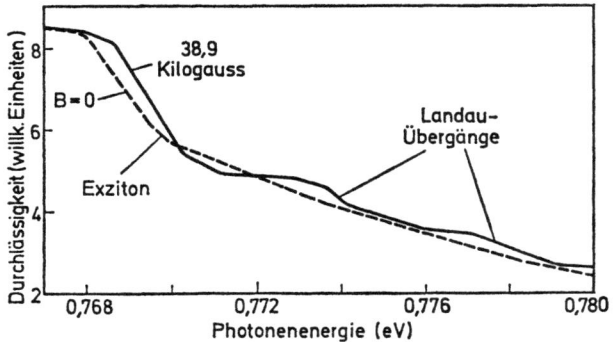

Abb. 33. Verlauf der Durchlässigkeit in der Gegend der Absorptionskante bei Zimmertemperatur für Germanium (Bereich der indirekten Übergänge). [Zwerdling et al.: Phys. Rev. **108**, 1402 (1958)]

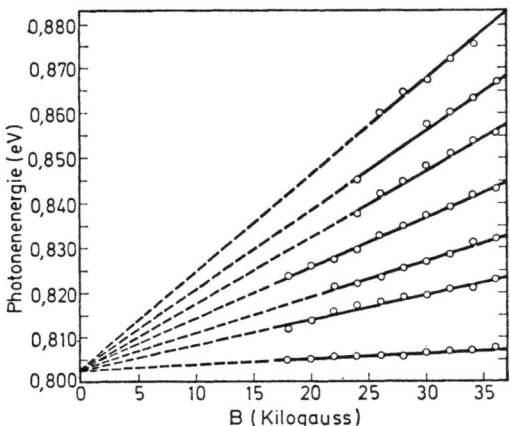

Abb. 34. Die Lage der Durchlässigkeitsminima der Abb. 32 als Funktion des Magnetfeldes

Die eben diskutierten Gleichungen gelten natürlich nur für den Idealfall $T = 0$. Die Gitterschwingungen liefern eine Stoßverbreiterung der Spektren. Die Stufen sind verschmiert und die Absorptionsspitzen führen zu einem oszillatorischen Spektrum. Ein Beispiel für beide Möglichkeiten zeigen die Abb. 32 und 33. Trägt man die Absorptionsmaxima (Durchlässigkeitsminima der Abb. 32) gegen das Magnetfeld auf, so erhält man das in Abb. 34 gezeigte Bild. Die Magnetfeldabhängigkeit ist linear in B, wie die Theorie es fordert. Da die Maxima die energetischen Lagen der Kanten der einzelnen Teilbänder angeben, müssen alle Maxima extrapoliert auf $B = 0$ im Wert E_G zusammenlaufen. Abb. 34 zeigt, daß diese Extrapolation mit größter Genauigkeit möglich ist.

Die *Magneto-Absorption* (und die genau so mögliche *Magneto-Reflexion*) bietet also ein wichtiges Hilfsmittel zur genauen Bestimmung der Breite der verbotenen Zone. Da außerdem die einzelnen Maxima um ω_c^* auseinander liegen, und da ω_c^* durch die effektiven Massen gegeben ist, können auch diese Halbleiterparameter hieraus gewonnen werden. Die Theorie läßt sich auf der Basis der Effektiv-Massen-Näherung auch auf anisotrope Extrema erweitern. Damit lassen sich z. B. die Magneto-Absorptions-Spektren von Germanium, die eine äußerst komplizierte Feinstruktur zeigen, quantitativ deuten.

Exzitonen-Übergänge (wie einer in Abb. 33 erkenntlich) zeigen im Magnetfeld einen Zeeman-Effekt. Eine ausführliche Darstellung der hier und später (Abschnitt 33) behandelten *magnetooptischen Effekte* findet sich z. B. bei Dresselhaus [47], Lax [31]—[35], [46], Lax und Mavroides [40.3], Palik und Wright [40.3], Smith [42.25/2a].

32. Elektroreflexion

Die Wirkung eines elektrischen Feldes auf die Interband-Übergänge läßt sich durch eine Erweiterung des Formalismus des Abschnittes 28 erfassen.

Nach (17.4) ändert sich der k-Vektor eines Bloch-Elektrons im elektrischen Feld zeitlich gemäß $k(t) = k_0 - (e/\hbar)Et$. Es ist dann naheliegend, die zeitabhängigen Bloch-Funktionen

$$\psi_j(k, r, t) = e^{-\frac{i}{\hbar} E_j(k) t} |j k\rangle \tag{32.1}$$

durch

$$\psi_j(k(t), r, t) = e^{-\frac{i}{\hbar} \int_0^t E_j(k(t))dt} |j k(t)\rangle \tag{32.2}$$

zu ersetzen. Approximiert man dann noch für kleine Zeiten t im zeitunabhängigen Anteil $|j k\rangle$ der Bloch-Funktion k durch k_0, so ist ε_2 in der Näherung k-unabhängiger Matrixelemente durch einen Ausdruck analog dem Ergebnis des Abschnittes 28 gegeben, in dem nur die kombinierte Zustandsdichte jetzt

$$z_{jj'} = \frac{1}{2\pi\hbar} \frac{2}{(2\pi)^3} \int dk_0 \frac{1}{t} \left| \int_0^t e^{\frac{i}{\hbar} \int_0^{t'} (E_{j'}(k) - E_j(k) - \hbar\omega)dt''} dt' \right|^2 \tag{32.3}$$

ist. Dieses Integral läßt sich unter einigen vereinfachenden Annahmen auf die tabulierten Airy-Funktionen zurückführen. Wesentliche Abweichungen vom feldfreien Fall treten nur an den kritischen Punkten der kombinierten Zustandsdichte auf. Abb. 35 zeigt die kombinierte Zustandsdichte für einen kritischen Punkt des Typus M_0. Ähnliches Verhalten findet man für die anderen Typen. Abb. 35 zeigt einmal einen Anstieg der kombinierten Zustandsdichte unterhalb der Schwellenenergie des feldfreien Falles. Das bedeutet, daß

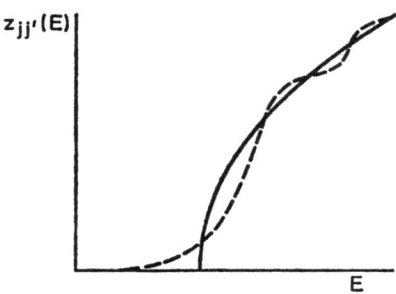

Abb. 35. Kombinierte Zustandsdichte für einen M_0-Übergang mit (----) und ohne (——) elektrischem Feld

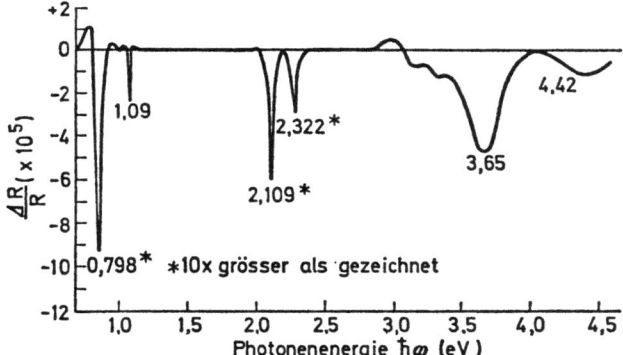

Abb. 36. Elektroreflexions-Spektrum für Germanium bei Zimmertemperatur. [Seraphin u. Hess: Phys. Rev. Lett. 14, 138 (1965)]

ein direkter Übergang zwischen Valenzband und Leitungsband schon bei Energien $< E_G$ möglich ist: Die Bandkanten werden durch das elektrische Feld modifiziert. Die Zustandsdichte beginnt mit einem exponentiellen Anstieg unterhalb E_L bzw. oberhalb E_V. Diese Änderung der Absorptionskante im elektrischen Feld wird als *Franz-Keldysh-Effekt* bezeichnet.

Wichtiger ist die Empfindlichkeit der höheren kritischen Punkte im Reflexionsspektrum gegenüber einem elektrischen Feld *(Elektroreflexion)*. Abb. 36 zeigt das Spektrum der differentiellen Elektroreflexion, also der Änderung des Reflexionskoeffizienten durch ein elektrisches Feld für Germanium. Die scharfen Signale lassen eine sehr genaue Ausmessung der energetischen Lage zahlreicher kritischer Punkte zu. Es ist jedoch noch eine offene Frage, ob die gemessenen Energien tatsächlich Energieabstände im Bändermodell an kritischen Punkten sind oder Übergangsenergien in diskrete Terme metastabiler Exzitonen, die den Schwellenenergien vorgelagert sind. Für die Bestimmung wichtiger Energieabstände im

Bändermodell ist dies irrelevant, solange die Bindungsenergie des Exzitons klein gegen die Übergangsenergie ist.

Die Erfolge dieses differentiellen Meßverfahrens hatte die Entwicklung zahlreicher anderer differentieller optischer Methoden zur Folge, auf die wir hier nicht eingehen können.

Literatur zu diesem Abschnitt: Aymerich [48], Cardona [35] [36, Suppl. 11], Phillips [47].

33. Absorption freier Ladungsträger

Indirekte Übergänge innerhalb eines Bandes unterscheiden sich von allen bisher behandelten optischen Übergängen dadurch, daß der absorbierende Ladungsträger vor und nach dem Übergang dem gleichen Kollektiv angehört. Anfangs- und Endzustand sind durch eine kontinuierliche Folge von Zwischenzuständen miteinander verbunden. Dementsprechend kann der Übergang aufgefaßt werden als Beschleunigung des Ladungsträgers durch das hochfrequente elektrische Wechselfeld der Lichtwelle.

Die Beschleunigung von Ladungsträgern durch äußere Kräfte ist ein Problem der Transporttheorie, die im folgenden Kapitel behandelt wird. Für die Diskussion der wesentlichen Phänomene genügt hier das einfache Modell des Abschnittes 4, wo die Wechselwirkung der Elektronen oder Löcher mit dem Gitter durch eine Reibungskonstante $\omega_0 = 1/\tau_r$ beschrieben wurde. Die klassische Bewegungsgleichung für einen Ladungsträger der Masse m^* und Ladung $-e$ im elektrischen Feld einer Lichtwelle lautet dann nach (4.3)

$$m^*(\dot{v} + \omega_0 v) = -eE_0 e^{i(\varkappa \cdot r - \omega t)} - e v \times B. \qquad (33.1)$$

Dabei haben wir sogleich ein zusätzliches statisches Magnetfeld einbezogen. Löst man diese Gleichung nach v und definiert die (komplexe) spezifische Leitfähigkeit durch $\sigma E = -env$, so folgt für σ (das Magnetfeld möge in z-Richtung zeigen):

$$\sigma = \begin{vmatrix} \sigma_{xx} & \sigma_{xy} & 0 \\ -\sigma_{xy} & \sigma_{xx} & 0 \\ 0 & 0 & \sigma_{zz} \end{vmatrix} \qquad (33.2)$$

mit
$$\sigma_{xx} = \varepsilon_0 \varepsilon_g \omega_p^2 \frac{\omega_0 - i\omega}{(\omega_0 - i\omega)^2 + \omega_c^2}$$

$$\sigma_{xy} = \varepsilon_0 \varepsilon_g \omega_p^2 \frac{\omega_c}{(\omega_0 - i\omega)^2 + \omega_c^2} \qquad (33.3)$$

$$\sigma_{zz} = \varepsilon_0 \varepsilon_g \omega_p^2 \frac{1}{\omega_0 - i\omega}.$$

Dabei wurden als Abkürzungen noch die *Cyclotron-Resonanz-Frequenz* ω_c und die *Plasma-Frequenz* ω_p

$$\omega_c = \frac{eB}{m^*}, \; \omega_p = \sqrt{\frac{ne^2}{m^* \varepsilon_0 \varepsilon_g}} \qquad (33.4)$$

eingeführt. ε_g ist die (reelle) Dielektrizitätskonstante des Halbleiters für $\sigma = 0$ (vgl. (33.7)).

Die durch (33.2) gegebene komplexe Leitfähigkeit können wir nun zur Bestimmung der optischen Konstanten benutzen. Aus den Maxwellschen Gleichungen folgt in der hier benutzten Näherung isotroper homogener Körper die Wellengleichung

$$\frac{\varepsilon_g}{c^2} \ddot{E} + \frac{\sigma}{\varepsilon_0 c^2} \dot{E} = - \text{rot rot } E. \tag{33.5}$$

Einsetzen des in (33.1) benutzten Feldes der Lichtwelle in (33.5) liefert

$$\varkappa^2 E - \varkappa(\varkappa \cdot E) = \left[\left(\frac{\omega}{c}\right)^2 \varepsilon_g + \frac{i \omega \sigma}{\varepsilon_0 c^2}\right] E. \tag{33.6}$$

Bevor wir diese Gleichung diskutieren, sei noch folgendes bemerkt: Das Problem der Absorption freier Ladungsträger ist bestimmt durch vier Parameter, die die Lichtwelle (ω), die Elektron-Gitter-Wechselwirkung (ω_0), die Ladungsträger (ω_p) und das Magnetfeld (ω_c) beschreiben. Zwei dieser Parameter enthalten die effektive Masse. Ihre Messung kann also zur Bestimmung dieses Halbleiter-Parameters benutzt werden. Die dazu benötigten Formeln (33.4) entstammen der einfachen hier benutzten Theorie. Eine strengere Theorie modifiziert diese Beziehungen. Die Gleichungen werden dann unübersichtlicher, ohne daß dabei Wesentliches geändert wird. Man benutzt deswegen häufig die Gln. (33.4) zur Bestimmung der effektiven Massen, kennzeichnet — um die Vernachlässigung der eigentlich notwendigen Korrekturen explizit zu betonen — diese aber dann als *optische effektive Massen* mit dem Index op: m_{op}^*.

Aus (33.6) erhält man die optischen Konstanten, wenn man beachtet, daß der Wellenvektor $\varkappa$ der Lichtwelle mit dem komplexen Brechungsindex N zusammenhängt durch

$$\varkappa = (\omega/c) N = (\omega/c)(n + i k).$$

Die allgemeinen Ausdrücke für ε_1 und ε_2 und daraus für den Absorptions- und den Reflexionskoeffizienten werden zu kompliziert, um sie hier angeben zu können. Wir beschränken uns deshalb sogleich auf diejenigen Frequenzbereiche und Größenordnungen der anderen Frequenzparameter, die die optischen Phänomene am deutlichsten hervortreten lassen:

1. Kein Magnetfeld, schwache Absorption ($\omega_c = 0$, $\omega \gg \omega_0$). Dann folgt aus (33.6)

$$\varepsilon_1 = \varepsilon_g \left(1 - \frac{\omega_p^2}{\omega^2}\right), \quad \varepsilon_2 = \varepsilon_g \frac{\omega_0 \omega_p^2}{\omega^3}. \tag{33.7}$$

ε_1 besteht hiernach aus zwei Anteilen: ε_g ist der Beitrag des Gitters, $- \varepsilon_g \omega_p^2/\omega^2$ der Anteil der Ladungsträger.

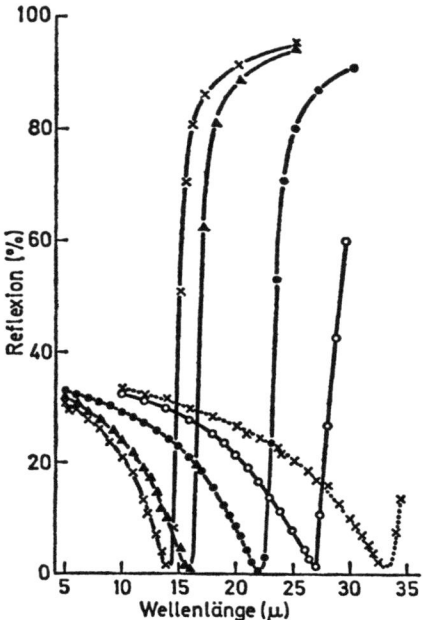

Abb. 37. Reflexionskoeffizient von fünf n-InSb-Präparaten verschiedener Dotierung, also verschiedener Plasma-Frequenz bei Zimmertemperatur im Bereich der Plasma-Reflexion. [Spitzer u. Fan: Phys. Rev. 106, 882 (1957)]

Der *Absorptionskoeffizient* wird wegen $K = (\omega/nc)\,\varepsilon_2$ umgekehrt proportional zum Quadrat der Frequenz ω, also proportional zum *Quadrat der Wellenlänge des Lichtes*. Dieser Absorptionsmechanismus tritt in vielen Halbleitern nahe an der Absorptionskante auf, also in dem Bereich, in dem die Energie der Photonen noch nicht hinreicht, um Elektron-Loch-Paare zu erzeugen.

Der *Reflexionskoeffizient* ist durch ε_1 gegeben. Für schwache Absorption ist $R = (\sqrt{\varepsilon_1} - 1)^2/(\sqrt{\varepsilon_1} + 1)^2$. Hieraus folgt in Verbindung mit (33.7), daß

$$R = 1 \quad \text{für} \quad \omega = \omega_p$$
$$R = 0 \quad \text{für} \quad \omega = \omega_p \sqrt{\frac{\varepsilon_g}{\varepsilon_g - 1}}. \tag{33.8}$$

Da ε_g in Halbleitern häufig den Wert 10 oder höher annimmt, folgt aus (33.8) ein steiler Anstieg des Reflexionskoeffizienten in der Nähe der Plasma-Frequenz *(Plasma-Reflexion)*. Abb. 37 zeigt ein Beispiel.

2. *Magneto-optische Phänomene* (schwache Absorption $\omega \gg \omega_0$) (Dresselhaus [47], Lax [31]—[35], [46], Lax und Mavroides [40.3], [36.11], Palik, Wright [40.3], Smith [42.25/2a]).

Im **Magnetfeld** wird die komplexe Leitfähigkeit ein Tensor, durch das Magnetfeld ist eine Richtung im Raum ausgezeichnet. Dementsprechend müssen wir unterscheiden zwischen den beiden Grenzfällen, in denen der Ausbreitungsvektor des Lichtes parallel oder senkrecht zum Magnetfeld orientiert ist (longitudinaler bzw. transversaler Fall). Im transversalen Fall müssen wir ferner unterscheiden zwischen den beiden Möglichkeiten, daß der elektrische Lichtvektor parallel oder senkrecht zum Magnetfeld liegt.

In der *Absorption* interessiert besonders der Bereich $\omega \approx \omega_c \gg \omega_0$, ω_p. Im longitudinalen Fall wird der Absorptionskoeffizient

$$K \sim \frac{\omega_0^2 + \omega_c^2 + \omega^2}{(\omega_0^2 + \omega_c^2 - \omega^2)^2 + 4\omega_0^2 \omega^2} . \tag{33.9}$$

Bei $\omega = \omega_c$ tritt also ein Absorptionsmaximum auf *(Cyclotron-Resonanz)*.

Das Phänomen der Cyclotron-Resonanz ist leicht zu verstehen. Im klassischen Bild beschreiben die Ladungsträger Kreisbahnen um die Achse des Magnetfeldes. Ihre Kreisfrequenz ist gerade ω_c. Ein hochfrequentes elektrisches Wechselfeld, wie das der Lichtwelle, dessen Feldvektor in der Ebene der Kreisbahnen schwingt, wird am stärksten absorbiert, wenn seine Frequenz gerade mit der Frequenz der Kreisbewegung übereinstimmt. Quantenmechanisch bedeutet die Resonanz nach Abschnitt 20 Übergänge von Elektronen aus magnetischen Teilbändern in jeweils um die Energie ω_c höher gelegene Teilbänder.

Die „Cyclotron-Resonanz" ist eine der wichtigsten Methoden zur Bestimmung der effektiven Massen in Halbleitern. Nur bei isotroper parabolischer Bandstruktur (15.1) kann aber ein einfaches Resonanzsignal bei der Frequenz ω_c erwartet werden. Im Falle der anisotropen Bandstruktur (15.3) ist in (33.1) die (reziproke) effektive Masse durch einen Tensor zu ersetzen. Für den allgemeinen Fall dreier effektiver Massen im Hauptachsensystem der Ellipsoide (15.3) folgt aus (33.1)

$$\omega_c = eB \sqrt{\frac{\alpha^2}{m_1 m_2} + \frac{\beta^2}{m_2 m_3} + \frac{\gamma^2}{m_1 m_3}}, \tag{33.10}$$

wo die α, β und γ die Richtungscosinus zwischen dem Magnetfeld und den Hauptachsen des anisotropen Extremums sind. ω_c wird also orientierungsabhängig. Da die äquivalenten anisotropen Extrema einer Bandstruktur aber verschieden orientiert sind (vgl. das Beispiel des Ge und des Si in Abb. 17), enthalten die Resonanzspektra Beiträge verschiedener äquivalenter Extrema bei verschiedenen Frequenzen. Im Falle einer Bandstruktur der Form (15.4) folgt neben einer richtungsabhängigen Resonanzfrequenz ein Auftreten von „Oberschwingungen" im Resonanzspektrum. Ein Beispiel für alle diese Besonderheiten zeigt Abb. 38.

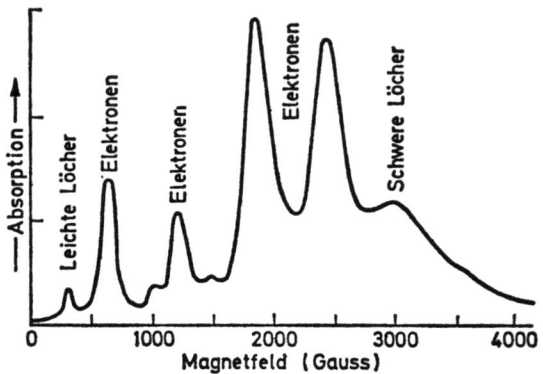

Abb. 38. Experimentelles Cyclotron-Resonanz-Spektrum von Germanium bei 4 °K. [Dexter et al.: Phys. Rev. **104**, 637 (1956)]

In der *Reflexion* ist wieder das Gebiet $\omega \approx \omega_p$ besonders interessant. Durch das Magnetfeld wird die Plasma-Kante aufgespalten. Für zirkular polarisiertes Licht findet man im longitudinalen Fall eine Verschiebung der Kante um $\pm \omega_c/2$, bei unpolarisiertem Licht eine Überlagerung beider Verschiebungen *(Magneto-Plasma-Reflexion)*. Neben dieser longitudinalen MPR tritt auch eine „transversale MPR" auf. Beide Phänomene geben die Möglichkeit einer Bestimmung von ω_c und damit m^*.

Die *Dispersion* ist besonders interessant im Bereich ω groß gegen alle drei anderen charakteristischen Frequenzen. Im longitudinalen Fall haben rechts- und linkszirkular polarisiertes Licht verschiedene Fortpflanzungsgeschwindigkeit. Die Phasendifferenz, die sich nach Durchlaufen einer Strecke d einstellt, ist

$$\delta = \frac{\omega}{c}(n_+ - n_-)d \approx \frac{\varepsilon_g d}{nc}\frac{\omega_p \omega_c}{\omega^2} \sim \frac{B}{\omega^2 m^{*2}}, \qquad (33.11)$$

wo n_+ und n_- die Brechungsindizes für die beiden Polarisationsrichtungen sind. Der Winkel, um den linear polarisiertes Licht beim Durchlaufen der Strecke d gedreht wird *(Faraday-Effekt)* ist genau die Hälfte der Phasendifferenz (33.11). Zum Faraday-Effekt vgl. speziell Balkanski und Amzallag [55.30], Cardona [39.1].

Auch im transversalen Fall beeinflußt das Magnetfeld die Polarisation des Lichtes, da die Dispersion für $E \perp B$ und $E \parallel B$ verschieden ist. So wird linear polarisiertes Licht, dessen elektrischer Vektor unter 45° zur Richtung des Magnetfeldes steht, in elliptisch polarisiertes Licht umgewandelt *(Voigt-Effekt)*.

Die hier gebrachte einfache Theorie der optischen und magnetooptischen Effekte muß für den Vergleich mit dem Experiment in drei Richtungen erweitert werden. Bandstruktur und Elektron-

Gitter-Wechselwirkung erfordern die Aufgabe einer einfachen skalaren effektiven Masse und einer „Reibungskonstanten" ω_0. Die oben nur für spezielle Parameterwerte einfachen Gleichungen werden wesentlich komplizierter, wenn man sie allgemein formulieren will. Schließlich müssen in gemischten Halbleitern die Beiträge der Elektronen und der Löcher nebeneinander betrachtet werden.

34. Absorption durch Gitterschwingungen

Zum Abschluß dieses Kapitels wollen wir die Absorption eines Lichtquants unter Anregung von Gitterschwingungen betrachten (L. Genzel (exp.) und H. Bilz (theor.) in [39.6], vgl. auch Bilz [50], Balkanski [50], Johnson [46] [37.9], Spitzer [40.3]). Neben dieser *Absorption* ist noch die *Streuung* des Lichtes *(Raman-Effekt)* gerade in neuerer Zeit interessant geworden (Mooradian [39.9], Wolff [35]).

Die meisten Halbleiter besitzen zwei Atome in der Elementarzelle. Ihr Phononen-Spektrum besteht dann aus je zwei TA- und TO-Zweigen und je einem LA- und LO-Zweig (vgl. Abschnitt 21). Die Bedingungen für die Absorption eines Photons unter gleichzeitiger Phononen-Emission sind (wie für jeden Übergang) Energieerhaltung, Impulserhaltung und eine Photon-Phonon-Wechselwirkung, die zu einem nicht-verschwindenden Übergangs-Matrixelement führt. Phononenenergien sind niedriger als 0,1 eV. Da die Photonen gleiche Energien haben müssen, liegen die Absorptionsspektren im Ultraroten.

Photonenimpulse sind klein gegen die maximalen Phononenimpulse im $\omega_j(q)$-Spektrum, da die Lichtgeschwindigkeit um den Faktor 10^3 bis 10^5 größer ist als die Fortpflanzungsgeschwindigkeit akustischer Wellen in Festkörpern. Wird nur *ein* Phonon emittiert, so muß seine Wellenzahl also praktisch Null sein. Dann kommen (da die akustischen Phononen mit $q = 0$ auch verschwindende Energie haben) nur optische Phononen in Betracht. Da das elektrische Feld der Lichtwelle transversal polarisiert ist, koppelt es nur mit TO-Phononen. Damit beschränken sich diese Prozesse auf die Emission von TO(Γ)-Phononen. Es wird nur ein geringer Energie- und Impulsbereich der Gitterschwingungen erfaßt. Zur Bestimmung der $\omega_j(q)$-Spektren sind diese Absorptionsprozesse also ungeeignet. Hier sind Neutronen-Streu-Experimente wichtiger, da thermische Neutronen in Impuls und Energie den Phononen näher stehen.

Folgende Prozesse sind von Bedeutung:

a) Ein-Phonon-Absorption

Nach Abschnitt 21 schwingen im optischen Zweig bei $q = 0$ die Atome in den einzelnen Elementarzellen gleichsinnig gegeneinander.

Nur wenn die Basisatome verschieden geladen sind, ist mit dem Gegeneinanderschwingen ein Dipolmoment verbunden, das die Felder miteinander koppelt. In Halbleitern mit Diamantgitter treten also keine Gitterschwingungsspektren mit Ein-Phonon-Emission auf. Die TO-Phononen sind (wie die Phononen anderer Zweige) optisch nicht aktiv. Mit der optischen Inaktivität einzelner Zweige des Gitterschwingungsspektrums braucht ein Verschwinden der Raman-Streuung nicht verbunden zu sein. Optische Aktivität und Raman-Aktivität sind voneinander unabhängig. Für das erste ist ein Matrixelement einer Dipolwechselwirkung verantwortlich, für das zweite erfolgt die Kopplung über den Tensor der Polarisierbarkeit. Es gelten also andere Auswahlregeln.

Die Ein-Phonon-Absorption ist theoretisch sehr einfach zu beschreiben, da die emittierten TO(Γ)-Phononen alle die gleiche Frequenz ω_t haben. Die Absorption entspricht völlig der Anregung eines harmonischen Oszillators der Eigenfrequenz ω_t. In den Spektren treten keine für Halbleiter spezifischen Details auf.

b) Mehr-Phononen-Absorption

Als Kopplungsmechanismus für Mehr-Phononen-Prozesse können Anharmonizitäten des Gitterpotentials und nicht-lineare Dipolmomente dienen. Beide Begriffe bedeuten Entwicklungsglieder, die in der normalen harmonischen Näherung weggelassen werden.

Der Imaginärteil der Dielektrizitätskonstanten und damit der Absorptionskoeffizient läßt sich in der üblichen Näherung wie bei den elektronischen Übergängen als Produkt aus einer Oszillatorenstärke und einer kombinierten Zustandsdichte schreiben. Die kombinierte Zustandsdichte enthält wieder kritische Punkte, die jetzt aber von etwas anderer Art sind als bei Elektronenübergängen. Der Impulssatz fordert, daß die Summe der Impulse der am Prozeß beteiligten Phononen gleich Null ist, wenn man den Impuls des Photons vernachlässigt. Nun können Phononen emittiert oder absorbiert werden. Bei einem Zwei-Phononen-Prozeß können wir zwei Prozesse unterscheiden, je nachdem, ob ein Phonon absorbiert und eines emittiert oder beide emittiert werden. Der Impulssatz lautet dann $q_1 = q_2$ bzw. $q_1 = -q_2$ und der Energiesatz

$$\hbar\omega_{\text{photon}} = \hbar\omega_j^1(q) \pm \hbar\omega_j^2(q).$$

Kritische Punkte in der Zustandsdichte treten dann auf, wenn $\text{grad}_q\,\omega_j^1(q) = \pm\,\text{grad}_q\,\omega_j^2(q)$. Für die kombinierte Zustandsdichte haben wir also sowohl Summen als auch Differenzen von Zweigen des Schwingungsspektrums zu berücksichtigen. Abb. 39 zeigt eine Analyse des Mehr-Phononen-Absorptionsspektrums von Silizium. Die Zuordnung fast aller Details des Spektrums zu wenigen Phono-

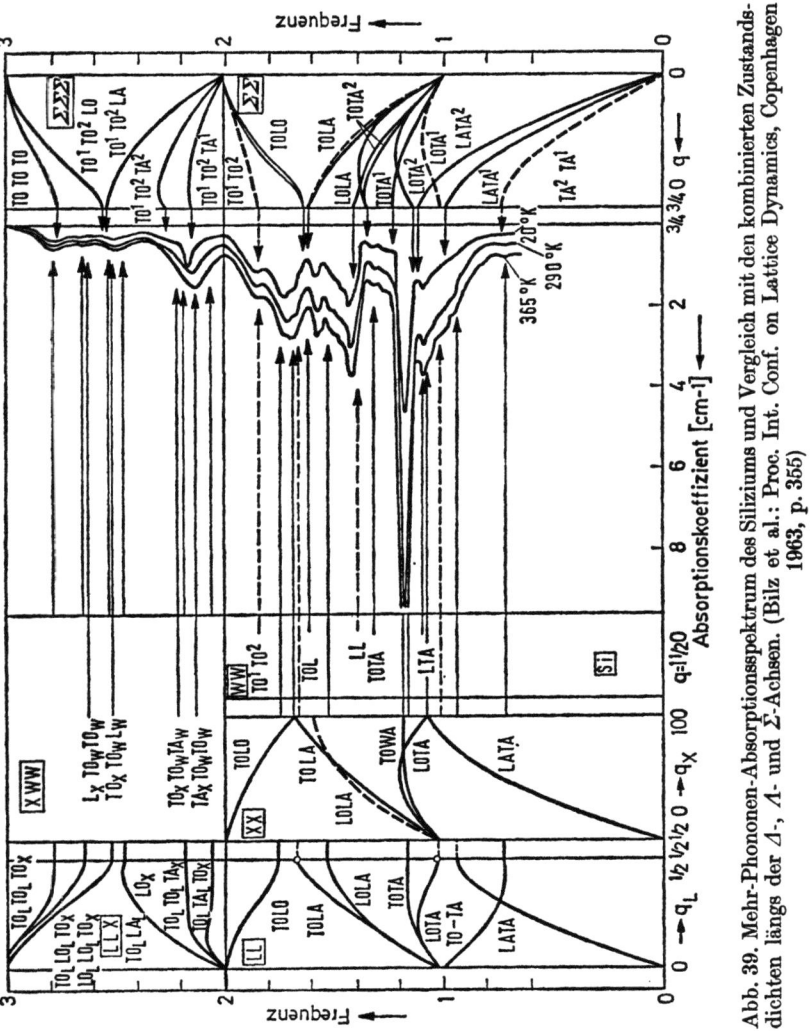

Abb. 39. Mehr-Phononen-Absorptionsspektrum des Siliziums und Vergleich mit den kombinierten Zustandsdichten längs der Δ-, Λ- und Σ-Achsen. (Bilz et al.: Proc. Int. Conf. on Lattice Dynamics, Copenhagen 1963, p. 355)

nen an den kritischen Punkten L, X, W und Σ ist möglich. Zur Analyse kann die Temperaturabhängigkeit einzelner Prozesse wichtige Hinweise geben.

Die Mehr-Phononen-Absorption ist besonders bei den Halbleitern wichtig, bei denen die Ein-Phonon-Absorption verboten ist, also bei den Elementhalbleitern, die mehrere gleichartig geladene Basisatome in der Elementarzelle haben.

c) Ein-Phonon-Absorption unter Beteiligung einer Störstelle

Dieser Prozeß ist zur Untersuchung der Eigenschaften von Störstellen von äußerster Wichtigkeit. Für die Halbleiterphysik tritt seine Bedeutung dagegen zurück, so daß wir auf seine Behandlung verzichten.

Kapitel 7

Transporteigenschaften bei lokalem Gleichgewicht

Die optischen Eigenschaften von Halbleitern sind vornehmlich von Übergängen zwischen verschiedenen Zuständen des Bändermodells bestimmt, die durch die Wechselwirkung der Ladungsträger mit den Photonen induziert werden. Für die Transporteigenschaften, also den Ladungs- und Energietransport unter der Wirkung äußerer Felder, benötigen wir neben einer Diskussion der Wechselwirkung der Ladungsträger mit eben diesen Feldern (Abschnitt 17) eine detaillierte Betrachtung der Elektron-Gitter-Wechselwirkung, da die aus dem Felde aufgenommene Energie von den Ladungsträgern an das Gitter abgegeben wird. Die ersten Abschnitte dieses Kapitels geben die Grundlagen der Transporttheorie in dem Umfang, wie es zum Verständnis der Halbleiterphänomene notwendig ist. Die „Transportkoeffizienten" und damit die Fülle der unter der Wirkung von elektrischen und magnetischen Feldern sowie Temperaturgradienten auftretenden Erscheinungen werden in den Abschnitten 38—41 im Rahmen der einfachsten Näherung diskutiert, die die Physik dieser Erscheinungen klar hervortreten läßt. Der Abschnitt 42 bringt die für den Vergleich zwischen Theorie und Experiment notwendigen Erweiterungen der Theorie, Abschnitt 43 die Abweichungen bei extremen äußeren Einflüssen. In diesen beiden letzten Abschnitten wird der Stoff nur so weit behandelt, daß der Leser sich in der weiterführenden Literatur zurechtfindet. Viele der zu Beginn des Literaturverzeichnisses genannten Lehrbücher und Monographien (insbesondere die Bücher von Blatt, von Smith, Janak und Adler und von Ziman) beschäftigen sich mit Transportphänomenen im Festkörper. Daneben seien hervorgehoben: Beer [36. Suppl. 4], Blatt [36.4].

35. Die Stromgleichungen

Im thermodynamischen Gleichgewicht ist die Verteilung der Elektronen eines Halbleiters auf die energetischen Zustände nach Abschnitt 23 gegeben durch das Produkt aus der Zustandsdichte und der Besetzungswahrscheinlichkeit $n(E) = z(E) f(E)$. Unter der Wirkung äußerer Kräfte wird diese Beziehung nicht mehr gelten. Energie und Impuls der Ladungsträger werden von ihren Gleichgewichtswerten abweichen. Wir definieren für diesen Fall *Verteilungsfunk-*

tionen f_n für die Elektronen und f_p für die Löcher als Funktionen des Wellenzahlvektors und des Ortes derart, daß

$$f_n(k, r) z(k) dk dr \quad \text{und} \quad f_p(k, r) z(k) dk dr \qquad (35.1)$$

die Zahl der Elektronen (im Leitungsband) bzw. der Löcher (im Valenzband) im Volumenelement dk des k-Raumes und dr des Ortsraumes angeben. Im Gleichgewicht geht f_n in die Fermi-Verteilung $f(E)$ und f_p in $1 - f(E)$ über.

Die *Teilchenstromdichte* j ergibt sich dann aus (35.1) durch Integration über das Produkt aus der Teilchenkonzentration und der Teilchengeschwindigkeit. Für die Geschwindigkeit eines Bloch-Elektrons benutzen wir Gl. (17.2). Es folgt dann

$$j_{n,p} = \frac{1}{\hbar} \int \operatorname{grad}_k E \, f_{n,p} \, z(k) \, dk. \qquad (35.2)$$

Die Ladungsträger führen eine elektrische Ladung und einen Energiebetrag mit sich. Mit einer Teilchenströmung ist also ein *Ladungs*- und ein *Energietransport* verbunden. Die zugeordneten Stromdichten sind (wenn wir sogleich die Beiträge der Elektronen und der Löcher addieren)

$$\begin{aligned} i = i_n + i_p &= -\frac{e}{\hbar} \int \operatorname{grad}_k E \, f_n \, z(k) \, dk \\ &\quad + \frac{e}{\hbar} \int \operatorname{grad}_k E \, f_p \, z(k) \, dk \end{aligned} \qquad (35.3)$$

$$\begin{aligned} w = w_n + w_p &= +\frac{1}{\hbar} \int E \operatorname{grad}_k E \, f_n \, z(k) \, dk \\ &\quad - \frac{1}{\hbar} \int E \operatorname{grad}_k E \, f_p \, z(k) \, dk, \end{aligned} \qquad (35.4)$$

wo die Integrale jeweils über ein Band zu erstrecken sind.

In (35.4) haben wir berücksichtigt, daß die Energie der Löcher (als fehlender Elektronen) hier negativ zu nehmen ist.

Der Begriff der Energiestromdichte ist nicht eindeutig, solange wir nicht definiert haben, was wir unter der Energie eines Ladungsträgers verstehen. Verstehen wir seine Energie in der Skala des Bändermodells, so können wir uns für die zwei möglichen Beschreibungsformen (Einbeziehung des elektrostatischen Potentials in das Bändermodell — Beschreibung der Ladungsträger durch ihr elektrochemisches Potential, oder: Betrachtung eines elektrischen Feldes als äußere Störung — Beschreibung der Ladungsträger durch ihr chemisches Potential) entscheiden. Obwohl die erste Beschreibungsform konsequenter ist, schließen wir uns der zweiten üblicherweise benutzten an. Die Energie E in (35.4) ist also die Energie des Zustandes des Ladungsträgers im Bändermodell im feldfreien Fall. Es ist zweckmäßig, dann die Summe $w + \frac{\zeta}{e} i$ zusammenzufassen.

Diese Summe (die wir mit w_q bezeichnen wollen) kann als *Wärmestromdichte* gedeutet werden. Dies läßt sich einsehen, wenn man die Gl. (23.1) mit Hilfe der Beziehung $F = U - TS$ umformt. Ordnet man dann dU die Energiestromdichte w, $TdS = dQ$ die Wärmestromdichte w_q und $\sum_i \zeta_i \, dn_i$ die Stromdichte $\sum_i \frac{\zeta_i}{e_i} i_i = -\frac{\zeta}{e} i$ zu, so folgt direkt $w = w_q - \frac{\zeta}{e} i$. Wir setzen also

$$w_q = \frac{1}{\hbar} \int (E - \zeta) \, \mathrm{grad}_k E \, f_n \, z(k) \, dk$$
$$- \frac{1}{\hbar} \int (E - \zeta) \, \mathrm{grad}_k E \, f_p \, z(k) \, dk \, . \tag{35.5}$$

Der Einfachheit halber beschränken wir uns im weiteren auf den Elektronenanteil der Ströme. Der Löcheranteil läßt sich dann später durch geeigneten Wechsel der Vorzeichen und Indizes ergänzen.

Wir betrachten nun die zeitliche Änderung der Verteilungsfunktion f_n. Dazu fassen wir eine Teilchengruppe in einem Volumenelement $dk \, dr$ des Phasenraumes ins Auge. Sie wird sich im Laufe der Zeit durch den Phasenraum bewegen. Im Zeitintervall dt möge sich die Form der Gruppe, also des mitbewegten Volumenelementes nicht wesentlich ändern. Dann wäre der substantielle Differentialquotient df_n/dt gleich Null, würden nicht durch Wechselwirkungsprozesse der Elektronen mit dem Gitter ständig einzelne Elektronen in das Volumenelement hinein oder aus ihm heraus gestreut. Bezeichnen wir die Änderung der Verteilungsfunktion durch Stöße mit $\partial f_n / \partial t |_{\mathrm{stoß}}$, so wird

$$\left.\frac{\partial f_n}{\partial t}\right|_{\mathrm{stoß}} = \frac{df_n}{dt} = \frac{\partial f_n}{\partial t} + \dot{k} \cdot \mathrm{grad}_k f_n + \dot{r} \cdot \mathrm{grad}_r f_n \, . \tag{35.6}$$

In (35.6) haben wir den substantiellen Differentialquotienten sogleich durch den lokalen Differentialquotienten und die aus der impliziten Zeitabhängigkeit über $k(t)$ und $r(t)$ folgenden Glieder ersetzt.

Im *stationären Zustand* ist der lokale Differentialquotient gleich Null und es bleibt die *Boltzmannsche Stationaritätsbedingung*

$$\left.\frac{\partial f_n}{\partial t}\right|_{\mathrm{stoß}} = \dot{k} \cdot \mathrm{grad}_k f_n + \dot{r} \cdot \mathrm{grad}_r f_n \, . \tag{35.7}$$

Diese Gleichung (und die entsprechende für die Verteilungsfunktion der Löcher) bildet die Grundlage der Transporttheorie. Um sie zu lösen, müssen wir die explizite Form des Stoßtermes auf der linken Seite von (35.7) kennen. Wir müssen uns also zunächst mit der Elektron-Gitter-Wechselwirkung näher befassen.

36. Streumechanismen

Zur Beschreibung der Elektron-Gitter-Wechselwirkung definieren wir zunächst eine Funktion $\Phi(k, k') \, z(k') \, dk'$ als Wahrscheinlichkeit, daß ein Ladungsträger durch einen „Streuprozeß" aus einem Zustand k in das Wellenzahlintervall (k', dk') übergeht. Die Zahl der Ladungsträger, die in der Zeiteinheit in das Intervall (k, dk) gelangen, ist dann $\int f_n(r, k')\, \Phi(k', k)\, z(k')\, dk'$ und die Zahl der Ladungsträger, die in der gleichen Zeit aus diesem Intervall herausgestreut werden, gleich $\int f_n(r, k)\, \Phi(k, k')\, z(k')\, dk'$. Die Differenz beider Integrale ist also die Nettozunahme an Teilchen im Volumenelement $dr\, dk$:

$$\left.\frac{\partial f_n}{\partial t}\right|_{\text{stoß}} = \int (f_n(r, k')\, \Phi(k', k) - f_n(r, k)\, \Phi(k, k'))\, z(k')\, dk' \quad (36.1)$$

oder wegen der mikroskopischen Reversibilität der einzelnen Übergänge ($\Phi(k, k') = \Phi(k', k)$):

$$\left.\frac{\partial f_n}{\partial t}\right|_{\text{stoß}} = \int \Phi(k', k)(f_n(r, k') - f_n(r, k))\, z(k')\, dk'. \quad (36.2)$$

Wir haben dabei außer acht gelassen, daß Zustände in den Intervallen, in die hineingestreut wird, besetzt sein können. In (36.1) und (36.2) ist also eigentlich das erste Glied im Integranden mit $1 - f_n(r, k)$ und das zweite mit $1 - f_n(r, k')$ zu multiplizieren. Beide Faktoren heben sich aber in (36.2) gerade wieder heraus.

Führen wir noch die Abweichung δf_n der Verteilungsfunktion f_n von ihrem Gleichgewichtswert f_{n0} ($= f(E)$) ein, so wird (36.2)

$$\left.\frac{\partial f_n}{\partial t}\right|_{\text{stoß}} = -\delta f_n(r, k) \int \Phi(k', k) \left(1 - \frac{\delta f_n(r, k')}{\delta f_n(r, k)}\right) z(k')\, dk'. \quad (36.3)$$

Diese Gleichung läßt bereits einen wichtigen Schluß zu: In Abschnitt 4 hatten wir eine *Relaxationszeit* τ_r dadurch definiert, daß wir forderten, eine Störung der Gleichgewichtsverteilung möge durch Elektron-Gitter-Wechselwirkung *exponentiell* abklingen. Die Einführung einer Relaxationszeit vereinfacht die theoretische Beschreibung der Gitterstöße stark. Wir wollen deshalb untersuchen, unter welchen Annahmen (36.3) zu einer Relaxationszeit führt. Offensichtlich ist dies der Fall, wenn das Integral in (36.3) von δf_n unabhängig wird. Dazu betrachten wir jetzt eine Reihe von Näherungen:

a) *Elastische Stöße*. Elastische Stöße erfolgen unter Energieerhaltung. Die Ladungsträger ändern nur ihre Bewegungsrichtung. Diese Annahme kann als Näherung eingeführt werden, wenn die Energieänderung des Ladungsträgers bei einem Wechselwirkungsprozeß klein gegen seine thermische Energie ist. In dieser Näherung wird

$$\Phi(k', k) = W(k', k)\, \delta(E(k') - E(k)) \quad (36.4)$$

und damit nach (18.3)

$$\left.\frac{\partial f_n}{\partial t}\right|_{\text{stoß}} = -\delta f_n(r, k) \int_{E=\text{const}} W(k', k) \left(1 - \frac{\delta f_n(r, k')}{\delta f_n(r, k)}\right) \frac{z(k')\, df'_E}{|\text{grad}_{k'} E|}. \quad (36.5)$$

b) *Isotrope Bänder.* Wenn E nur vom Betrag des k-Vektors abhängt ($E = E(k)$), so werden die Flächen konstanter Energie, über die in (36.5) integriert wird, Kugeln. Wir werden im nächsten Abschnitt sehen, daß für $E = E(k)$ die Störung der Verteilungsfunktion als Produkt des k-Vektors mit einer nur noch von der Energie und den äußeren Parametern abhängigen Vektorfunktion $G(E)$ geschrieben werden kann: $\delta f_n = k \cdot G(E)$. Bezeichnen wir den Winkel zwischen der Richtung von G und k bzw. k' mit ϑ bzw. ϑ', so wird

$$\left.\frac{\partial f_n}{\partial t}\right|_{\text{stoß}} = -\delta f_n(r, k) \int\limits_{E=\text{const}} W(k', k)\left(1 - \frac{\cos\vartheta'}{\cos\vartheta}\right)\frac{z(k')\,df'_s}{|\text{grad}_{k'} E|}. \quad (36.6)$$

Jetzt erst ist das Integral eine von δf_n unabhängige Funktion und kann damit gleich $1/\tau_r(E)$, also gleich einer reziproken energieabhängigen Relaxationszeit gesetzt werden.

Weitere Vereinfachungen sind möglich bei:

c) *Isotropie der Streuwahrscheinlichkeit.* Die Funktion $W(k, k')$ möge nur vom Winkel zwischen k und k' (θ), nicht aber von den Vektoren einzeln abhängen. Wir setzen also $W = W(E, \theta)$. Zwischen den Winkeln besteht noch die Beziehung

$$\cos\vartheta' = \cos\vartheta\cos\theta + \sin\vartheta\sin\theta\cos\varphi.$$

In (36.6) kann dann über φ integriert werden. Man erhält

$$\frac{1}{\tau_r(E)} = \int\limits_{E(k)=\text{const}} W(E, \theta)(1 - \cos\theta)\frac{z(k')\,df'_s}{|\text{grad}_{k'} E|}. \quad (36.7)$$

d) „*Erinnerungslöschende Stöße*". Als letzte Stufe der Näherungen nehmen wir an, daß die Übergangswahrscheinlichkeit nicht vom Streuwinkel abhängt. Zwischen der Bewegungsrichtung vor und nach dem Wechselwirkungsakt („Stoß") besteht also keine Korrelation. Dann wird (36.7):

$$\frac{1}{\tau_r(E)} = W(E) \int \frac{z(k')\,df'_s}{|\text{grad}_{k'} E|} = W(E)\,z(E). \quad (36.8)$$

Dieses Resultat entspricht der im vorigen Kapitel häufig benutzten Näherung, in der die Übergangsrate für einen Prozeß gleich der Übergangswahrscheinlichkeit (proportional zum Quadrat des Übergangs-Matrixelementes) mal der Zustandsdichte ist.

An Hand dieser Näherungs-Möglichkeiten müssen wir nun die verschiedenen Wechselwirkungsmechanismen untersuchen.

Die *Wechselwirkung mit dem ungestörten Gitter* erfolgt durch Emission oder Absorption von Phononen. Dabei haben wir zu unterscheiden zwischen den verschiedenen Zweigen, also der

α) *Streuung durch akustische Phononen* (LA- oder TA-Phononen),

b) *Streuung durch optische Phononen* (LO- oder TO-Phononen).

Bei der Wechselwirkung über *akustische* Phononen haben wir ferner zu beachten, daß in piezoelektrischen Halbleitern eine elastische Welle von einer Polarisation begleitet ist, die als Kopplungsmechanismus dienen kann *(piezoelektrische Streuung)*. Bei der Wechselwirkung über *optische* Phononen haben wir zu unterscheiden zwischen optisch aktiven Phononen (vgl. Abschnitt 21), die mit einem Dipolmoment verknüpft sind, und den optisch nicht aktiven bei Halbleitern mit gleichen Basisatomen in der Elementarzelle. Der erste Fall führt zur *polaren optischen Streuung*, der zweite zur *nichtpolaren optischen Streuung*.

Zu diesen Wechselwirkungsprozessen mit dem Gitter kommt die
c) *Streuung an Störstellen.*
Hier dominiert die *Wechselwirkung mit den geladenen Störstellen*. Auch an ungeladenen Störstellen ist eine Streuung möglich.

Des weiteren haben wir folgenden Unterschied zu beachten: Die bei einer Phononenabsorption oder -emission umgesetzte Energie ist klein verglichen mit den Bandabständen im Bändermodell. Alle Streuprozesse sind also Intraband-Übergänge. Dann sind auch die Wellenzahl-Änderungen des Elektrons klein, es sei denn, ein Elektron würde bei einem Streuprozeß in ein anderes äquivalentes Extremum einer anisotropen Bandstruktur (15.3) gestreut. Beide Möglichkeiten sind getrennt zu behandeln und werden als *Intravalley-Streuung* bzw. *Inter-valley-Streuung* unterschieden.

Von diesen Streumechanismen, die alle bei der Analyse der Transporterscheinungen in einem Halbleiter beachtet werden müssen, haben besondere Bedeutung Intra-valley-Streuung an akustischen Phononen, die polare optische Streuung und die Streuung an geladenen Störstellen. Wir werden diese drei Prozesse jetzt näher diskutieren.

1. *Streuung durch akustische Phononen*

Akustische Schwingungen mit kleinem q sind elastische Wellen einer Wellenlänge, die groß gegen die Ausdehnung einer Elementarzelle sind. Wir betrachten deshalb den Kristall als Kontinuum und ersetzen die Verschiebungsvektoren der einzelnen Gitterpunkte (21.2) durch das Vektorfeld $s(r)$

$$s(r) = s_0 e^{i(q \cdot r - \omega t)}. \qquad (36.9)$$

In der Elastizitätstheorie isotroper Medien wird s zerlegt in einen rotationsfreien und einen divergenzfreien Anteil, die beide Wellengleichungen genügen. Der erste Anteil führt auf die longitudinalen Kompressionswellen, der zweite Anteil auf die transversalen Scherungswellen. Diesen beiden Wellentypen können wir die LA- und die TA-Phononen zuordnen.

Mit den Kompressionswellen ist eine relative Volumenänderung $\Delta(r)$ verbunden, die gleich der Divergenz von s ist. Eine Volumenänderung bedeutet eine Änderung der Gitterkonstanten und damit der von der Gitterkonstanten abhängigen Parameter des Bändermodells, insbesondere der Bandkanten. Wir können also eine longitudinale Eigenschwingung des Gitters als periodische Variation der Bandkanten E_L und E_V ansehen.

In der Effektiv-Massen-Näherung ist nun die Energie der Bandkante die potentielle Energie der Ladungsträger eines Bandes. Eine periodische Variation von $E_L(r)$ bedeutet eine periodische Änderung der potentiellen Energie. Die Abweichung $\delta E_L = E_L(r) - E_{L0}$ kann also als Kopplungsoperator für das Streu-Matrixelement dienen.

Wir setzen entsprechend zu (28.3) an

$$\Phi(k', k) \sim |\langle k'|H'|k\rangle|^2 \delta(E(k') - E(k) \pm \hbar\omega_q). \tag{36.10}$$

Die Phononenenergien sind im akustischen Zweig bei kleinen q als vernachlässigbar klein gegenüber der Energie der Ladungsträger vor und nach der Wechselwirkung anzusehen. Wir benutzen also die Näherung (a) der *elastischen Streuung*.

Der Störoperator H' wird

$$\begin{aligned} H' &= \delta E_L = \frac{\partial E_L}{\partial V} \delta V = \frac{\partial E_L}{\partial V} V \Delta(r) \\ &= E_{1n} \operatorname{div} s = i E_{1n} s \cdot q, \end{aligned} \tag{36.11}$$

wo wir durch die Definition $E_{1n} = V(\partial E_L/\partial V)$ das *Deformationspotential* E_{1n} eingeführt haben.

Einsetzen von (36.11) in (36.10) liefert für das $W(k, k')$ der Gl. (36.4)

$$W = \frac{2\pi}{\hbar} E_{1n}^2 s_0^2 q^2. \tag{36.12}$$

Nehmen wir noch sphärische Energieflächen an, so wird — da nach (36.12) W von k und k' unabhängig ist — entsprechend (36.8) mit (18.5)

$$\frac{1}{\tau_r(E)} = \left(\frac{2\pi}{\hbar} E_{1n}^2 s_0^2 q^2\right)\left(\frac{2\pi}{\hbar^3} 2^{3/2} m_{ds}^{3/2} (E - E_L)^{1/2}\right). \tag{36.13}$$

Hier kann man noch durch Einführung der Dichte ϱ und der Geschwindigkeit $c_l = \omega_q/q$ der longitudinalen elastischen Wellen s_0 eliminieren und erhält die wichtige Gleichung

$$\frac{1}{\tau_r(E)} = \frac{\sqrt{2}}{\pi\hbar^4} m_{ds}^{3/2} E_{1n}^2 \frac{kT}{\varrho c_l^2} \sqrt{E_n} \qquad (E_n = E - E_L). \tag{36.14}$$

Für die Streuung durch akustische Phononen existiert also eine Relaxationszeit $\tau_r(E)$ mit der Energieabhängigkeit $\sim E_n^{-1/2}$.

Diese *„Deformations-Potential-Streuung"* spielt in nicht polaren Halbleitern wie Ge und Si neben der Störstellenstreuung die größte Rolle. Gerade für diese Halbleiter hat man aber die folgenden Korrekturen zu beachten.

Im *Leitungsband* mit mehreren äquivalenten Minima ist als Korrektur die oben erwähnte Inter-Valley-Streuung wichtig. Ferner bewirken bei anisotropen Bändern nicht nur die Kompressionswellen Verschiebungen der Bandkanten, sondern auch die Scherungswellen. Neben dem Deformationspotential E_{1n} ist ein zweites (E_{2n}) in den dann modifizierten Formeln zu berücksichtigen. Im *Valenzband* von Ge und Si haben wir Relaxationszeiten für die leichten und die schweren Löcher zu berücksichtigen. Da zwischen beiden bei $k=0$ miteinander entarteten Teilbändern unter Phononenemission oder -absorption Übergänge stattfinden können, sind die Streuprozesse ein Gemisch von Intra- und Interband-Übergängen. Dementsprechend ist m_{ds} in (36.14) für diese Prozesse ein Gemisch der effektiven Massen der leichten und der schweren Löcher.

2. Streuung durch geladene Störstellen

Dieser Streumechanismus ist äußerst einfach zu beschreiben, wenn man sich auf flache Störstellen beschränkt, die als ein geladenes Zentrum in einem homogenen Medium der DK ε betrachtet werden dürfen. Ein (in der Effektiv-Massen-Näherung beschriebener) Ladungsträger wird dann elastisch gestreut nach der Rutherfordschen Streuformel

$$\operatorname{tg}\frac{\theta}{2} = \frac{e^2}{\varepsilon m^* v^2 \beta}, \tag{36.15}$$

wo θ der Ablenkwinkel und β der Stoßparameter ist. Der Wirkungsquerschnitt für die Streuung ist

$$\sigma(v, \theta) = \left(\frac{e^2}{2\varepsilon m^* v^2}\right)^2 \sin^{-4}\frac{\theta}{2}. \tag{36.16}$$

Beide Gleichungen gelten sowohl für die Streuung von Elektronen als auch von Löchern, wenn man die jeweiligen effektiven Massen einsetzt.

Das Integral (36.3) läßt sich leicht auswerten. Anstelle der Streuwahrscheinlichkeit in ein Volumenelement $dk\,dr$ haben wir hier die Streuwahrscheinlichkeit in einen Raumwinkel $d\Omega$. Wir können in (36.3) also $\Phi(k', k)\,z(k')\,dk'$ ersetzen durch $n_\text{ion}\,\sigma(\theta)\,d\Omega$, wobei wegen der elastischen Streuung der Erhaltungssatz für die Geschwindigkeit des Ladungsträgers gilt. Gl. (36.7) wird dann

$$\frac{1}{\tau_r} = -\frac{n_\text{ion} e^4 \pi}{2\,\varepsilon^2 m^{*2} v^3} \int (1-\cos\theta) \sin^{-4}\frac{\theta}{2} \sin\theta\,d\theta. \tag{36.17}$$

Bei der Integration dieser Gleichung ist zu beachten, daß wegen der zu fordernden Unabhängigkeit der Streuprozesse an verschiedenen Störstellen nur über Winkel integriert werden darf, die einem Stoßparameter entsprechen, der höchstens gleich dem mittleren halben Abstand d zwischen zwei Störstellen ist (für eine Korrektur dieser Annahme vgl. Abschnitt 38). Die Integration ergibt dann

$$\frac{1}{\tau_r} = \frac{2 n_\text{ion} \pi e^4}{\varepsilon^2 m^{*2} v^3} \ln\left(1 + \left(\frac{\varepsilon m^* v^2 d}{2 e^4}\right)^2\right). \tag{36.18}$$

Hier ist die Relaxationszeit also angenähert proportional zu $v^3 \sim E_n^{3/2}$.

3. Optische polare Streuung

Bei diesem Streumechanismus werden optische Phononen kleiner Wellenzahl emittiert oder absorbiert. Diese Phononen besitzen (gemessen an der thermischen Energie der Ladungsträger) eine erheblich größere Energie als die akustischen Phononen. Die Annahme einer elastischen Streuung ist nicht möglich. Damit ist auch die Definition einer Relaxationszeit unmöglich. Diese Tatsache erschwert die Transporttheorie für diesen Streumechanismus ganz wesentlich. Das Integral (36.5) ist nicht mehr auflösbar und die Boltzmannsche Stationaritätsbedingung (35.7) wird eine Integralgleichung. Wir können für Lösungsmethoden dieser besonders für die Theorie der Metalle wichtigen Integralgleichung nur auf die Literatur verweisen.

Es sind Versuche gemacht worden, auch in diesem Falle wenigstens angenähert eine Relaxationszeit zu definieren. Bei hohen Temperaturen ist dies noch am ehesten möglich, da dann die thermische Energie der Ladungsträger am größten ist. Man findet dort eine Relaxationszeit mit einer Energieabhängigkeit $\sim E^{1/2}$. Der Exponent r in diesem E^r-Gesetz fällt mit abnehmender Temperatur. Gleichzeitig wird das Konzept der Relaxationszeit für diesen Streumechanismus aber immer schlechter. Es kann erwartet werden, daß bei einigen polaren Halbleitern bei Zimmertemperatur noch ein Gesetz $\tau_r \sim E_n^0$ d.h. $\tau_r =$ const. verwendbar ist. Diese Annahme einer konstanten Relaxationszeit lag auch unserem einfachen Modell des Abschnittes 4 zugrunde.

Im Rahmen der Relaxationszeit-Näherung werden wir also ein Gesetz $\sim E_n^r$ annehmen und als Spezialfälle die Werte $r = -1/2$ (Deformations-Potential-Streuung), $+3/2$ (Streuung an geladenen Störstellen), $1/2$ (polare optische Streuung bei hoher Temperatur) und 0 (polare optische Streuung bei mittlerer Temperatur, einfachster Näherungsansatz des Abschnittes 4) betrachten.

Wenn auch die Relaxationszeit-Näherung nur einen Teilbereich der Transporttheorie in Halbleitern überdeckt, so ist dieser Bereich doch der wichtigste, zumal in dieser Näherung die Grundlagen der einzelnen Transportphänomene klar erkennbar sind.

37. Die Stromgleichungen in der Relaxationszeit-Näherung

Entsprechend den Ergebnissen des letzten Abschnittes setzen wir künftig für den Stoßterm der Boltzmann-Gleichung an:

$$\frac{\partial f_n}{\partial t}\bigg|_{\text{stoß}} = -\frac{\delta f}{\tau_r(E)} \quad \text{mit} \quad \tau_r(E) = \tau_0 E_n^r. \qquad (37.1)$$

Damit wird die Boltzmann-Gleichung (35.7)

$$\frac{f_n - f_{n0}}{\tau_r(E)} + \dot{k} \cdot \text{grad}_k f_n + \dot{r} \cdot \text{grad}_r f_n = 0. \qquad (37.2)$$

Im letzten Glied dieser Gleichung steht die Geschwindigkeit $\dot{r}$, für die wir wieder $(1/\hbar)\,\mathrm{grad}_k E$ einzusetzen haben. Für den Gradienten im Ortsraum (bei festgehaltenem k) trennen wir auf in den Gradienten von f_{n0} und den Gradienten der Störung δf_n und lassen letzteren als klein gegen $\mathrm{grad}_r f_{n0}$ weg. Diese plausible Annahme bedarf eigentlich der näheren Begründung, auf die wir hier jedoch verzichten wollen.

Die Abhängigkeit der Funktion f_{n0} von k und r steckt allein in dem Exponenten des Nenners $(E - \zeta)/kT$. Da die Gradientenbildung bei festem k bzw. festem r zu machen ist und da es in inhomogenem Material möglich ist, daß die Bandkante ortsabhängig wird, ist es zweckmäßig E und ζ auf die Bandkante zu beziehen. Mit $E_n = E - E_L$ und $\zeta_n = \zeta - E_L$ schreiben wir für den Exponenten $(E_n - \zeta_n)/kT$. Hierin hängen E_n allein von k, ζ_n und T allein vom Ort ab. $\mathrm{grad}_r f_{n0}$ läßt sich schreiben

$$\mathrm{grad}_r f_{n0} = \frac{\partial f_{n0}}{\partial \zeta_n}\,\mathrm{grad}\,\zeta_n + \frac{\partial f_{n0}}{\partial T}\,\mathrm{grad}\,T, \qquad (37.3)$$

und für das letzte Glied in (37.2) folgt nach einiger Umformung

$$\dot{r}\cdot\mathrm{grad}_r f_n \approx -\frac{\partial f_{n0}}{\partial E_n}\frac{1}{\hbar}\Big\{\mathrm{grad}_k E\cdot\mathrm{grad}_r \zeta_n \\ + \frac{E_n - \zeta_n}{T}\,\mathrm{grad}_k E\cdot\mathrm{grad}\,T\Big\}. \qquad (37.4)$$

Im zweiten Glied von (37.2) ist $\dot{k}$ gleich der auf die Elektronen wirkenden Kraft geteilt durch $\hbar$. Für diese Kraft ist nicht allein die Lorentz-Kraft des elektromagnetischen Feldes einzusetzen, sondern zu beachten, daß bei ortsabhängiger Bandkante E_L neben dem elektrischen Feld auch der negative Gradient der Bandkante eine treibende Kraft auf die Elektronen ausübt (Gradient der „potentiellen" Energie in der Effektiv-Massen-Näherung). Damit wird

$$\dot{k} = \frac{1}{\hbar}\Big\{-\mathrm{grad}_r(E_L - e\phi) - \frac{e}{\hbar}(\mathrm{grad}_k E \times \boldsymbol{B})\Big\}. \qquad (37.5)$$

Für den Gradienten von f_n im k-Raum kann nun nicht wie oben f_n durch f_{n0} ersetzt werden. Aus unten ersichtlichen Gründen müssen wir zunächst neben f_{n0} eine Änderung δf_n beibehalten. Dann wird

$$\dot{k}\cdot\mathrm{grad}_k f_n = -\frac{1}{\hbar}\Big\{\mathrm{grad}_r(E_L - e\phi) + \frac{e}{\hbar}\,\mathrm{grad}_k E \times \boldsymbol{B}\Big\} \\ \cdot\Big\{\frac{\partial f_{n0}}{\partial E_n}\,\mathrm{grad}_k E + \mathrm{grad}_k \delta f_n\Big\} \\ = -\frac{1}{\hbar}\Big\{\frac{\partial f_{n0}}{\partial E_n}\,\mathrm{grad}_r(E_L - e\phi)\cdot\mathrm{grad}_k E \\ + \mathrm{grad}_r(E_L - e\phi)\cdot\mathrm{grad}_k \delta f_n \\ + \frac{e}{\hbar}(\mathrm{grad}_k E \times \boldsymbol{B})\cdot\mathrm{grad}_k \delta f_n\Big\}. \qquad (37.6)$$

Jetzt erst kann das zweite Glied rechts neben dem ersten vernachlässigt werden, während das dritte Glied stehen bleiben muß. Mit dem Ansatz

$$\delta f_n = \Phi(k) \frac{\partial f_{n0}}{\partial E_n} \tag{37.7}$$

wird schließlich die Boltzmann-Gleichung (37.2)

$$\frac{\Phi(k)}{\tau_r(E)} \frac{\partial f_{n0}}{\partial E_n} - \frac{1}{\hbar} \left\{ \frac{\partial f_{n0}}{\partial E_n} \mathrm{grad}_r(E_L - e\phi) \cdot \mathrm{grad}_k E \right.$$
$$+ \frac{e}{\hbar} (\mathrm{grad}_k E \times B) \cdot \mathrm{grad}_k \left(\Phi(k) \frac{\partial f_{n0}}{\partial E_n} \right) \tag{37.8}$$
$$\left. + \frac{\partial f_{n0}}{\partial E_n} \mathrm{grad}_k E \cdot \left(\mathrm{grad}_r \zeta_n + \frac{E_n - \zeta_n}{T} \mathrm{grad}\, T \right) \right\} = 0.$$

Als letzten Schritt beachten wir, daß beim Ausmultiplizieren von $\mathrm{grad}_k \left(\Phi \frac{\partial f_{n0}}{\partial E_n} \right)$ das Glied $\Phi\, \mathrm{grad}_k \left(\frac{\partial f_{n0}}{\partial E_n} \right)$ proportional $\mathrm{grad}_k E$ wird, also dieser Anteil im Skalarprodukt mit $\mathrm{grad}_k E \times B$ verschwindet. Das führt dann auf

$$\Phi(k) = \frac{e\,\tau_r}{\hbar^2} (\mathrm{grad}_k E \times B) \cdot \mathrm{grad}_k \Phi$$
$$+ \frac{\tau_r}{\hbar} \mathrm{grad}_k E \cdot \left\{ \mathrm{grad}\, \eta + \frac{E_n - \zeta_n}{T} \mathrm{grad}\, T \right\}, \tag{37.9}$$

wo wir wieder das elektrochemische Potential $\eta = \zeta_n + E_L - e\phi$ eingeführt haben. Gl. (37.9) ist ohne nähere Angabe über die Bandstruktur $E(k)$ nicht lösbar. Eine formale Lösung kann man hinschreiben, wenn man durch iteriertes Einsetzen der rechten Seite in den Gradienten von Φ die Gleichung in eine Reihe entwickelt. Wir wollen im weiteren uns auf die einfache Näherung einer *isotropen parabolischen Bandstruktur* (15.1) beschränken, da sich in dieser Näherung alle Transporteffekte in ihrem physikalischen Inhalt klar überschauen lassen. In einem späteren Abschnitt werden wir dann die Abweichungen von dieser Annahme qualitativ diskutieren.

Wir setzen also an

$$E_n = E - E_L = \frac{\hbar^2 k^2}{2m^*}. \tag{37.10}$$

Ferner nehmen wir an, daß die Eigenschaften des betrachteten Halbleiters und die Störstellenverteilung räumlich konstant seien *(homogener Halbleiter)*.

Die Gradienten der Energie im k-Raum lassen sich dann ausführen und (37.9) führt auf

$$f_n = f_{n0} + \frac{\partial f_{n0}}{\partial E_n} \frac{\tau_r \hbar}{m^*} \frac{1}{1 + s^2} \{ k \cdot F + k \cdot (s \times F) + (k \cdot s)(s \cdot F) \}$$
$$\tag{37.11}$$

mit
$$F = \operatorname{grad} \eta + \frac{E_n - \zeta_n}{T} \operatorname{grad} T, \quad s = \frac{e\,\tau_r}{m^*} B, \quad \tau_r = \tau_0 E_n^r. \quad (37.12)$$

Beim Einsetzen von (37.11) in die Stromgleichungen (35.2) bis (35.5) ist folgendes zu berücksichtigen: Die Verteilungsfunktion (37.11) enthält zwei Glieder, von denen das erste nur vom Betrag von k abhängt und das zweite neben solchen Faktoren nur Skalarprodukte zwischen k und einem k-unabhängigen Vektor enthält. Die Stromausdrücke (35.2) bis (35.5) enthalten also Integrale der Form

$$\int \chi(k)\, k\, dk \quad \text{bzw.} \quad \int \varphi(k)\, k(k \cdot a)\, dk. \quad (37.13)$$

Dabei rührt das k in beiden Integralen von dem neben f_n einzusetzenden $\operatorname{grad}_k E$ her. Offensichtlich verschwindet das erste Integral und das zweite läßt sich schreiben

$$\int \varphi(k)\, \frac{k^2}{3}\, dk\, a. \quad (37.14)$$

Dies erkennt man leicht, wenn man k in zwei Anteile parallel und senkrecht zu a aufspaltet. Im zweiten Integral (37.13) verschwindet dann der Anteil mit $k_\perp$, während der Anteil mit $k_\|$ gerade das Integral (37.14) liefert.

Die Vektoren a in (37.13) und (37.14) sind die äußeren Felder F, s und $s \times F$. Die Ströme sind also proportional zu diesen Vektoren mit Koeffizienten, die durch Integrale vom Typ (37.14) gegeben sind.

Unter Beachtung dieser Umformungsmöglichkeiten erhält man schließlich

$$i = M_{00} \operatorname{grad} \frac{\eta}{e} + M_{10} B \times \operatorname{grad} \frac{\eta}{e} + M_{20} B \left(\operatorname{grad} \frac{\eta}{e} \cdot B\right)$$
$$+ M_{01} \frac{\operatorname{grad} T}{T} + M_{11} B \times \frac{\operatorname{grad} T}{T} + M_{21} B \left(\frac{\operatorname{grad} T}{T} \cdot B\right)$$
$$- w_q = M_{01} \operatorname{grad} \frac{\eta}{e} + M_{11} B \times \operatorname{grad} \frac{\eta}{e} + M_{21} B \left(\operatorname{grad} \frac{\eta}{e} \cdot B\right) \quad (37.15)$$
$$+ M_{02} \frac{\operatorname{grad} T}{T} + M_{12} B \times \frac{\operatorname{grad} T}{T} + M_{22} B \left(\frac{\operatorname{grad} T}{T} \cdot B\right)$$

mit
$$M_{ik} = -\frac{e}{3\pi^2} \left(\frac{2m^*}{\hbar^2}\right)^{3/2} \int_0^\infty \frac{E_n^{3/2}}{1+s^2} \frac{\partial f_{n0}}{\partial E_n} \left(\frac{e\,\tau_r}{m^*}\right)^{i+1} \left(\frac{E_n - \zeta_n}{e}\right)^k dE_n. \quad (37.16)$$

Aus (37.15) und (37.16) lassen sich alle Transportphänomene ableiten. In der Form (37.15) hängen die Stromdichten von den Gradienten des elektrochemischen Potentials und der Temperatur ab.

Bei *nicht-entarteten Halbleitern* ist das chemische Potential so weit von dem jeweils betrachteten Band entfernt, daß die Fermi-Verteilung in (37.16) durch die Boltzmann-Verteilung (24.8) ersetzt werden kann. Man erhält dann statt (37.16)

$$M_{ik} = \frac{e}{3\pi^2} \left(\frac{2m^*}{\hbar}\right)^{3/2} \frac{n}{n_0 kT} \int_0^\infty \frac{E_n^{3/2}}{1+s^2} e^{-\frac{E_n}{kT}} \left(\frac{e\tau_r}{m^*}\right)^{i+1} \left(\frac{E_n - \zeta_n}{e}\right)^k dE_n.$$
(37.17)

Wir haben in diesem Abschnitt allein Elektronen im Leitungsband eines Halbleiters betrachtet. Den Beitrag der Löcher eines Valenzbandes erhalten wir sofort, wenn wir folgendes beachten: Die Elektronenladung $-e$ ist für den Löcherbeitrag durch $+e$ zu ersetzen. In (37.16) ist weiter statt der Fermi-Verteilung $f_{n0} = f$ die „Nicht-Besetzungswahrscheinlichkeit" $f_{p0} = 1 - f$ zu setzen. Dabei ändert sich das Vorzeichen der Energie. Setzt man $\zeta_p = E_V - \zeta$ und $E_p = E_V - E$, so braucht man weiterhin in (37.16) oder (37.17) nur den Index n durch p zu ersetzen und e in $-e$ umzuwandeln. Diese Vorzeichenumkehr hebt sich für gerades $i + k$ heraus und liefert ein Minus-Zeichen für ungerade $i + k$. Wir merken uns also als Regel:

Den Beitrag der Löcher zu (37.16)ff. gewinnt man durch Ersetzen von f durch $1 - f$ und der Indizes n durch p, wobei bei geradem $i + k$ der Beitrag zu addieren, bei ungeradem $i + k$ der Beitrag abzuziehen ist. (37.18)

38. Elektrische Leitfähigkeit, Beweglichkeit

Im isothermen homogenen Halbleiter (ohne Magnetfeld) bleibt von der Stromgleichung (37.15) nur das erste Glied. Da in diesem Fall grad $\frac{\eta}{e}$ gleich dem elektrischen Feld ist, wird

$$i = \sigma E = M_{00} E = e \mu_n n E.$$ (38.1)

Mit (37.1) und (37.17) wird für den nichtentarteten Halbleiter die Beweglichkeit

$$\mu = \frac{4}{3\sqrt{\pi}} (kT)^r \frac{e\tau_0}{m^*} \Pi\left(\frac{3}{2} + r\right).$$ (38.2)

Wichtig vom experimentellen Gesichtspunkt aus ist die Abhängigkeit der Beweglichkeit von der Temperatur und von der effektiven Masse der Ladungsträger.

Für *akustische Streuung* ist $r = -1/2$, ferner ist nach (36.14) τ_0 proportional zu T^{-1} und $m^{*-3/2}$. Die Beweglichkeit wird also

$$\mu = \frac{4}{3\sqrt{\pi}} (kT)^{-1/2} \frac{e\tau_0}{m^*} \sim T^{-3/2} m^{*-5/2}.$$ (38.3)

Für *Streuung an geladenen Störstellen* ist nach (36.18) τ_r angenähert proportional zu $E^{3/2} m^{*2}$. Wegen des weiteren logarithmischen Faktors ist das Integral (37.17) nicht streng lösbar. Da der Logarithmus jedoch nur schwach von E_n abhängt, approximiert man das Integral dadurch, daß man ihn vor das Integral zieht und der Wert für E_n einsetzt, der dem Maximum des restlichen Integranden entspricht. Ersetzt man ferner das im zweiten Abschnitt geschilderte willkürliche Abschneideverfahren durch eine Berücksichtigung der Abschirmung des streuenden Ions, so findet man

$$\mu = \frac{2^{7/2}\varepsilon^2(kT)^{3/2}}{n_{\text{ion}}\pi^{3/2}e^3 m^{*1/2}} \frac{1}{\ln y} \qquad (38.4)$$

mit

$$\ln y = \ln(1+b) - \frac{b}{1+b}, \qquad b = \frac{6\varepsilon m^* k^2 T^2}{\pi n \hbar^2 e^2}. \qquad (38.5)$$

In diesem Fall ist also die Beweglichkeit angenähert proportional zu $T^{3/2}$ und zu $m^{*-1/2}$.

Für *polare optische Streuung* ist keine Relaxationszeit definierbar, es läßt sich deshalb auch wenig über die Temperatur- oder m^*-Abhängigkeit der Beweglichkeit aussagen. Numerische Berechnungen müssen für den Einzelfall durchgeführt werden.

Nur in den seltensten Fällen wird ein Streumechanismus allein die Beweglichkeit der Ladungsträger eines Halbleiters bestimmen. Stehen mehrere Streumechanismen in Konkurrenz, so addieren sich in der Boltzmann-Gleichung die Stoßterme, also nach (37.1) die *reziproken* Relaxationszeiten. Dies führt auf die wichtige Aussage: Die Beweglichkeit der Ladungsträger in einem Halbleiter wird durch den Streumechanismus begrenzt, der unter den gegebenen Bedingungen den *kleinsten* Beweglichkeitswert liefert.

Dieser wird nicht nur durch die äußeren Bedingungen bestimmt, sondern auch durch die Eigenschaften des Ladungsträgers selbst. Es kann deshalb vorkommen, daß die Beweglichkeit der Elektronen bei sonst gleichen Bedingungen durch einen anderen Streumechanismus begrenzt wird als die der Löcher.

Sofern die Extrema eines Bandes nicht bei $k = 0$ liegen, kann neben der Intra-valley-Streuung die Inter-valley-Streuung wesentlich werden. In Abb. 40 zeigen wir die Beweglichkeit, wenn diese beiden Mechanismen nebeneinander auftreten, an der Streuung aber allein akustische Phononen beteiligt sind. w_1 und w_2 sind Parameter, die die Kopplung zwischen den Elektronen und den „intra-valley-Phononen" und „inter-valley-Phononen" beschreiben. Einige Werte des Exponenten im T^{-a}-Gesetz der Beweglichkeit sind mit angegeben.

In Abb. 41 zeigen wir Berechnungen der Beweglichkeit von Elektronen in InSb und den Vergleich mit dem Experiment. Man erkennt, daß im betrachteten Temperaturbereich die polare optische Streuung die Beweglichkeit begrenzt. Zwei weitere Schlüsse sind wichtig. Einmal ist in diesem Fall die meist vernachlässigbare Elektron-Loch-Streuung erheblich. Zum anderen beeinflussen die Abweichungen von der parabolischen Gestalt im Leitungsband von InSb die Beweglichkeit.

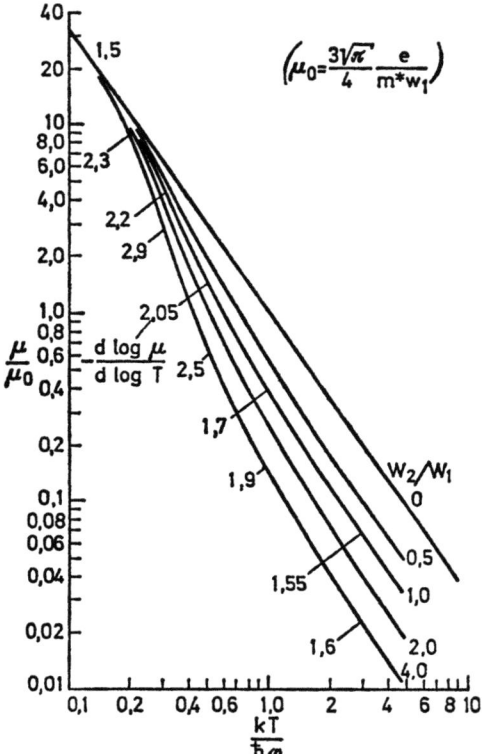

Abb. 40. Temperaturabhängigkeit der Elektronenbeweglichkeit bei gleichzeitiger Intra-valley- und Inter-valley-Streuung an akustischen Phononen. w_1 und w_2 sind Kopplungsparameter für beide Streumechanismen. [Herring: Bell Syst. Techn. J. **34**, 237 (1955)]

Diese Bemerkungen zeigen bereits einige der Schwierigkeiten, die schon beim Vergleich zwischen Theorie und Experiment bei dem wichtigsten Transportparameter in Halbleitern, bei der Beweglichkeit, auftauchen. Wenn wir uns in den folgenden Abschnitten auf die einfachsten Näherungen beschränken, so läßt sich das Grundsätzliche der Transporterscheinungen in Halbleitern sehr leicht verstehen. Aus der Anschaulichkeit dieser Ergebnisse darf aber nicht geschlossen werden, daß der quantitative Vergleich der experimentellen Ergebnisse mit den theoretischen Vorstellungen ebenso einfach und durchsichtig ist.

Wir erweitern die Diskussion nun durch Hinzunahme des Beitrages der Löcher. Nach (37.18) addiert sich dieser Beitrag:

$$\sigma = \sigma_n + \sigma_p = e(n\,\mu_n + p\,\mu_p). \tag{38.6}$$

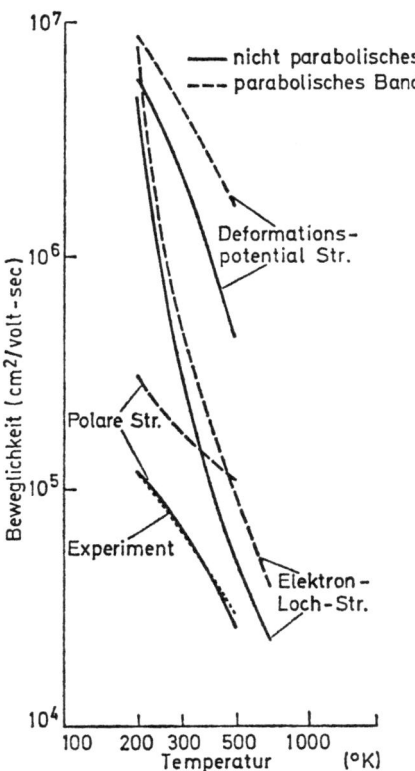

Abb. 41. Elektronenbeweglichkeit in InSb zwischen 200 °K und 500 °K im Vergleich mit theoretischen Werten für verschiedene Streumechanismen. [Ehrenreich: J. Phys. Chem. Solids 2, 131 (1957)]

Die Temperaturabhängigkeit der Leitfähigkeit ist dann leicht zu übersehen. Sie folgt im wesentlichen der Temperaturabhängigkeit der Ladungsträgerkonzentration (Abb. 24a). Abb. 42 zeigt als Beispiel die Temperaturabhängigkeit der spez. Leitfähigkeit von InSb für Proben mit verschiedenem Störstellengehalt. Folgende Einzelheiten dieser Figur sind wichtig. Bei hoher Temperatur münden alle Kurven in eine „Eigenleitungskurve". Eine Eigenleitungs*gerade*, wie sie in dieser Darstellung nach dem Gesetz $n_i \sim \exp(-E_G/2kT)$ zu erwarten wäre, tritt nur für das reinste Präparat deutlich in Erscheinung (Kurve V). Die anderen Kurven erreichen die Eigenleitung erst in einem Bereich, wo die oben genannte Näherung für n_i nicht mehr gilt (Entartungsbereich). Im Gebiet der gemischten Leitung unterschreiten die Kurven p-leitender Präparate die Eigenleitungskurve, die Kurven n-leitender Präparate nähern sich dagegen

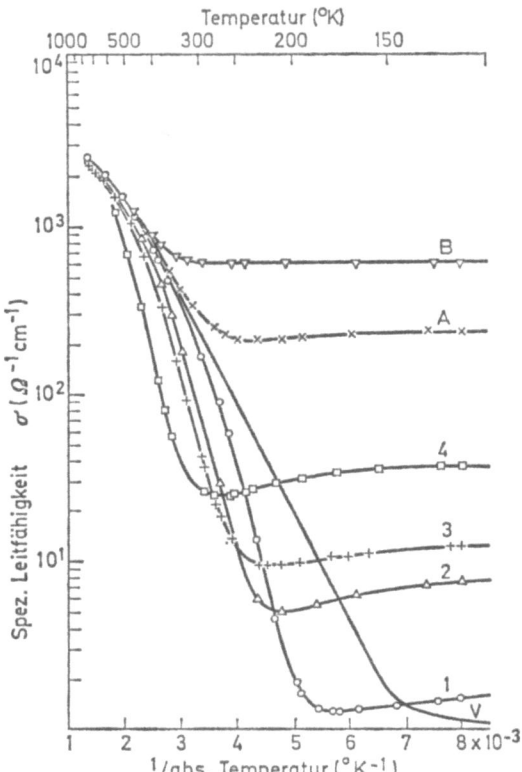

Abb. 42. Temperaturabhängigkeit der spezifischen Leitfähigkeit von InSb für eine eigenleitende (V), zwei n-leitende (A, B) und vier p-leitende Proben (1—4)

der Eigenleitung „von rechts". Dies rührt daher, daß bei gegebener Temperatur das Minimum der Leitfähigkeit nach (38.6) nicht bei $n = p = n_i$, sondern bei $p/n = \mu_n/\mu_p$ auftritt. Da in InSb die Elektronenbeweglichkeit wesentlich größer ist als die Löcherbeweglichkeit ($\mu_n/\mu_p \approx 100$), liegt das Minimum in der (gemischten) p-Leitung.

Die Steigung der „Eigenleitungsgeraden" wird oft zur Bestimmung von E_G benutzt. Hierzu ist zu bemerken, daß bei einer linearen Temperaturabhängigkeit $E_G(T) = E_G(0) - aT$, wie sie oft bei Halbleitern gefunden wird,

$$\exp(-E_G/2kT) = \text{const} \cdot \exp(-E_G(0)/2kT)$$

ist. Man mißt also nicht die tatsächliche Breite der verbotenen Zone, sondern ihren „auf $T = 0$ extrapolierten Wert".

Die Abb. 42 zeigt nur den Eigenleitungsbereich und die Störleitung bei Temperaturen, wo bereits gemischte Leitung einsetzt.

Man sollte vermuten, daß bei tieferer Temperatur, wenn nur eine Sorte von Ladungsträgern zur Leitfähigkeit beiträgt, die experimentellen Ergebnisse leichter analysiert werden können. Tatsächlich ist dieser Bereich häufig komplizierter. Bei Störleitung tritt die Wechselwirkung der Ladungsträger mit den geladenen Störstellen in Konkurrenz mit der Gitter-Wechselwirkung. Eine Erhöhung der Störstellenkonzentration erhöht dann die Konzentration der Ladungsträger, erniedrigt aber gleichzeitig deren Beweglichkeit. Da beide Einflüsse verschieden von der Temperatur abhängen, ist eine Analyse häufig nicht einfach, wenn man nicht andere Messungen hinzunimmt. Hierfür bietet sich der Hall-Effekt an, den wir im folgenden Abschnitt behandeln. Wir verschieben deshalb eine Diskussion der Beweglichkeit von Ladungsträgern im Störstellenbereich auf den folgenden Abschnitt.

Geht man zu noch tieferen Temperaturen, so treten Einflüsse auf, die aus dem Bereich der einfachen Theorie dieses Abschnittes herausfallen. Wir werden hierauf in Abschnitt 43 zurückkommen.

39. Galvanomagnetische Effekte

Unter dem Namen „galvanomagnetische Effekte" faßt man die Phänomene zusammen, die bei gleichzeitiger Anwesenheit eines elektrischen Feldes und eines Magnetfeldes in einem Halbleiter auftreten. Es sind dies die *Änderung der elektrischen Leitfähigkeit im Magnetfeld* und der *Hall-Effekt*.

Hierzu betrachten wir Gl. (37.15) für den homogenen isothermen Halbleiter. Dann wird

$$\boldsymbol{i} = M_{00}\boldsymbol{E} + M_{10}\boldsymbol{B} \times \boldsymbol{E} + M_{20}\boldsymbol{B}(\boldsymbol{B}\cdot\boldsymbol{E}) \qquad (39.1)$$

mit

$$M_{i0} = -\frac{e}{3\pi^2}\left(\frac{2m^*}{\hbar^2}\right)^{3/2}\left(\frac{e\tau_0}{m^*}\right)^{i+1}\int_0^\infty \frac{1}{1+s^2} E_n^{\frac{3}{2}+r(i+1)}\frac{\partial f_{no}}{\partial E_n} dE_n . \qquad (39.2)$$

Wir beschränken uns wieder auf den Fall der Nicht-Entartung. Außerdem entwickeln wir die M_{i0} nach steigenden Potenzen des Magnetfeldes und vernachlässigen alle Glieder der Ordnung B^3 und höher *(Näherung für kleine Magnetfelder)*. Diese Näherung beschränkt die allgemeinen Aussagen dieses Abschnittes nicht. (39.2) wird dann mit (38.2)

$$M_{i0}^0 = A_i\, e\, \mu^{i+1}\, n \quad \text{mit} \quad A_i = \left(\frac{3\sqrt{\pi}}{4}\right)^i \frac{\Pi(\frac{3}{2}+(i+1)r)}{[\Pi(\frac{3}{2}+r)]^{i+1}} \qquad (39.3)$$

und (39.1) erhält die Form

$$\boldsymbol{i} = M_{00}^0 \boldsymbol{E} + M_{10}^0 \boldsymbol{B} \times \boldsymbol{E} + M_{20}^0 \boldsymbol{B} \times (\boldsymbol{B} \times \boldsymbol{E}). \qquad (39.4)$$

Aus dieser Gleichung erkennt man zunächst, daß ein Magnetfeld in Richtung des elektrischen Feldes keinen Einfluß auf den Stromtransport ausübt. Wir betrachten deshalb den anderen Grenzfall, in dem das Magnetfeld senkrecht auf dem elektrischen Feld steht. Für B wählen wir die z-Richtung des Koordinatensystems, E und damit i mögen in der x-y-Ebene liegen. (39.4) wird dann in Komponentenschreibweise

$$i_x = (M_{00}^0 - M_{20}^0 B^2) E_x - M_{10}^0 B_z E_y,$$
$$i_y = (M_{00}^0 - M_{20}^0 B^2) E_y + M_{10}^0 B_z E_x. \tag{39.5}$$

Wir nehmen weiterhin an, daß das primäre elektrische Feld in x-Richtung liegt, daß also ohne Magnetfeld auch der elektrische Strom in dieser Richtung fließt. Dann übt das Magnetfeld auf die Ladungsträger eines Halbleiters eine Kraft aus, die diese in y-Richtung abzulenken sucht. Ist der Halbleiter in dieser Richtung nicht begrenzt *(plattenförmige Präparate)*, so folgen die Ladungsträger dieser Lorentz-Kraft, und der elektrische Strom erhält eine y-Komponente (Gl. (39.5) mit $E_y = 0$). Ist der Halbleiter jedoch in y-Richtung durch freie Oberflächen begrenzt *(stabförmige Präparate)*, so können die Ladungsträger dieser Lorentz-Kraft nicht folgen. In Bereichen der Dicke einer Debye-Länge unter den Oberflächen entstehen durch Anreicherung oder Verarmung an Ladungsträgern Raumladungen, die ein Gegenfeld aufspannen. Dieses Gegenfeld *(Hall-Feld)* kompensiert die mittlere Ablenkung der Ladungsträger durch die Lorentz-Kraft. Es tritt also eine y-Komponente des elektrischen Feldes auf (Gl. (39.5) mit $i_y = 0$). Dies ist der *Hall-Effekt*.

Bevor wir diese beiden Möglichkeiten genauer betrachten, erweitern wir (39.5) auf den Fall der gemischten Leitung. Nach (37.18) wird mit (39.3)

$$M_{00}^0 = M_{00n}^0 + M_{00p}^0 = e(\mu_n n + \mu_p p)$$
$$M_{10}^0 = M_{10n}^0 - M_{10p}^0 = e(A_{1n} \mu_n^2 n - A_{1p} \mu_p^2 p) \tag{39.6}$$
$$M_{20}^0 = M_{20n}^0 + M_{20p}^0 = e(A_{2n} \mu_n^3 n + A_{2p} \mu_p^3 p).$$

Dabei haben wir noch zwischen A_{in} und A_{ip} unterschieden, um anzuzeigen, daß der Streukoeffizient r für Elektronen und Löcher verschieden sein kann. Um die folgenden Formeln nicht unnötig zu belasten, lassen wir diesen Unterschied vorerst weg.

a) *Stabförmige Präparate* $(E_y \neq 0, i_y = 0)$.

Dann folgt aus der zweiten Gl. (39.5) durch Nullsetzen von i_y für die *Hall-Feldstärke* E_y

$$E_y = -\frac{M_{10}^0}{M_{00}^0} B_z E_x, \tag{39.7}$$

die in die erste Gl. (39.5) eingesetzt für die Stromdichte in x-Richtung

$$i_x = \sigma_B E_x, \qquad \sigma_B = M_{00}^0 - \frac{M_{00}^0 M_{20}^0 - (M_{10}^0)^2}{M_{00}^0} B_z^2 \tag{39.8}$$

liefert. Die in beiden Gleichungen angegebenen Ausdrücke gelten immer für die kleinste in B nicht verschwindende Näherung.

Man definiert den *Hall-Koeffizienten* R als Quotienten aus der Hall-Feldstärke und dem Produkt des Primärstromes und des Magnetfeldes und die *Widerstandsänderung im Magnetfeld* als die Änderung des spez. Widerstandes $\varrho = 1/\sigma$. Beide Transportkoeffizienten werden dann mit $b = \mu_n/\mu_p$

$$R = \frac{E_y}{i_x B_z} = -\frac{M_{10}^0}{(M_{00}^0)^2} = \frac{A_1}{e}\frac{p - b^2 n}{(p + b n)^2} \qquad (39.9)$$

$$\frac{\Delta\varrho}{\varrho_B} = \frac{\varrho_B - \varrho_0}{\varrho_B} = \left\{ A_2 \frac{p + b^3 n}{p + b n} - A_1^2 \left(\frac{p - b^2 n}{p + b n}\right)^2 \right\} (\mu_p B_z)^2. \qquad (39.10)$$

Beide Gleichungen enthalten eine Fülle von Informationen. Betrachten wir zunächst den *Hall-Koeffizienten*:

Für die drei Grenzfälle des n-Leiters, des p-Leiters und des Eigenhalbleiters mit $\mu_n = \mu_p$ ($b = 1$) folgt aus (39.9)

$$R_n = -\frac{A_1}{e n}, \qquad R_p = +\frac{A_1}{e p}, \qquad R_i(b = 1) = 0. \qquad (39.11)$$

Für den *Störstellenleiter* zeigt das verschiedene Vorzeichen von R_n und R_p, daß Elektronen und Löcher, die primär in x-Richtung entgegengesetzt fließen, durch die Lorentz-Kraft dann nach derselben Oberfläche abgelenkt werden. Diese Oberfläche wird also im n-Leiter eine negative, im p-Leiter eine positive Ladung erhalten, und damit wird auch die Hall-Feldstärke in beiden Fällen entgegengesetztes Vorzeichen haben. (Vgl. hierzu Abb. 43a.)

Im Falle des *Eigenhalbleiters* mit $b = 1$ werden gleich viele Elektronen und Löcher zur selben Oberfläche getrieben. Es fließt ein ladungsloser *ambipolarer* Strom in y-Richtung, der dann natürlich keine Raumladung aufbauen und somit keine Hall-Feldstärke hervorrufen kann. Die an der Oberfläche ankommenden Elektron-Loch-Paare rekombinieren dort, während an der gegenüberliegenden Oberfläche ständig neue Paare erzeugt werden, die das Präparat in y-Richtung durchwandern (Abb. 43b). Sind die beiden Beweglichkeiten nicht gleich, so liegt der *Nulldurchgang* des Hall-Koeffizienten bei $n \neq p$, speziell nach (39.9) bei $p/n = b^2$. Wir erkennen dies in Abb. 44 in der Temperaturabhängigkeit des Hall-Koeffizienten von InSb. Wegen $\mu_n/\mu_p \approx 100$ tritt der Nulldurchgang des Hall-Koeffizienten bei diesem Halbleiter in der gemischten p-Leitung auf, während in der Eigenleitung der Hall-Koeffizient negativ ist. Die Abbildung zeigt weiter (analog zu Abb. 42) die Konstanz des Hall-Koeffizienten vor Eintritt in die gemischte Leitung, das Exponentialgesetz $R \sim n_i^{-1}$ in der Eigenleitung und Details wie das „Überschneiden" der p-leitenden Proben vor Eintritt in die Eigenleitung. Alle diese Merkmale folgen aus dem Temperaturverhalten der Ladungsträgerkonzentrationen in (39.9).

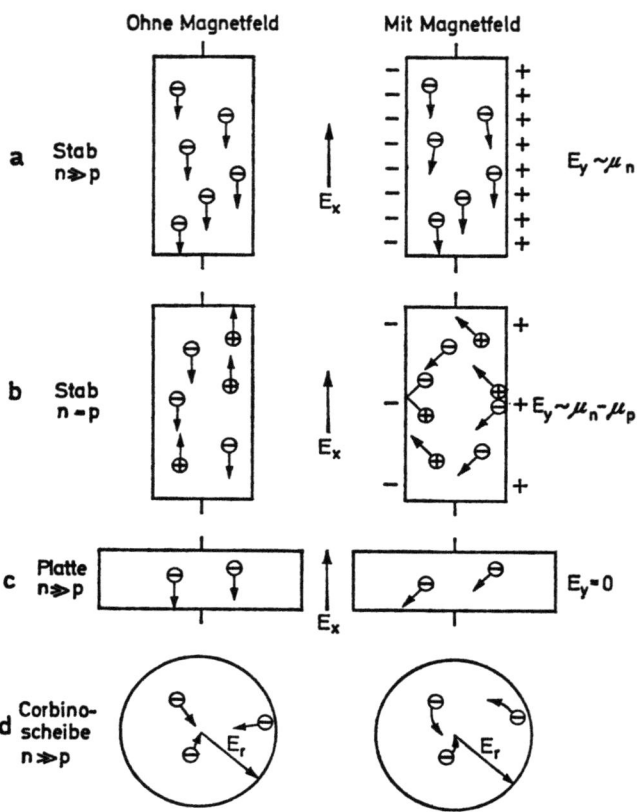

Abb. 43a—d. a Überschußleiter, stabförmiges Präparat. Hall-Spannung kompensiert im Mittel die Ablenkung der Elektronen. Widerstandsänderung nur durch statistische Ablenkungen der Elektronen, b Eigenleiter, stabförmiges Präparat. Hall-Spannung bewirkt gleiche Ablenkung der Elektronen und Löcher trotz verschiedener Beweglichkeit. Widerstandsänderung durch Verlängerung der Strompfade, c Überschußleiter, plattenförmiges Präparat. Keine Hall-Spannung bei unendlich breiter Platte. Widerstandsänderung durch Verlängerung der Strompfade, d Überschußleiter, Corbino-Scheibe. Keine Hall-Spannung. Widerstandsänderung durch Verlängerung der Strompfade (logarithmische Spiralen)

Wir betrachten nun die *Widerstandsänderung* (39.10). Man sollte vermuten, daß sich der Widerstand nicht ändert, da die Lorentz-Ablenkung der Ladungsträger durch das Hall-Feld kompensiert wird. Dies ist nicht der Fall, da die Lorentz-Ablenkung eines Ladungsträgers von dessen Geschwindigkeit abhängt, während das Hall-Feld alle Ladungsträger in gleicher Weise beeinflußt. Wegen der Geschwindigkeitsverteilung der Ladungsträger wird also nur

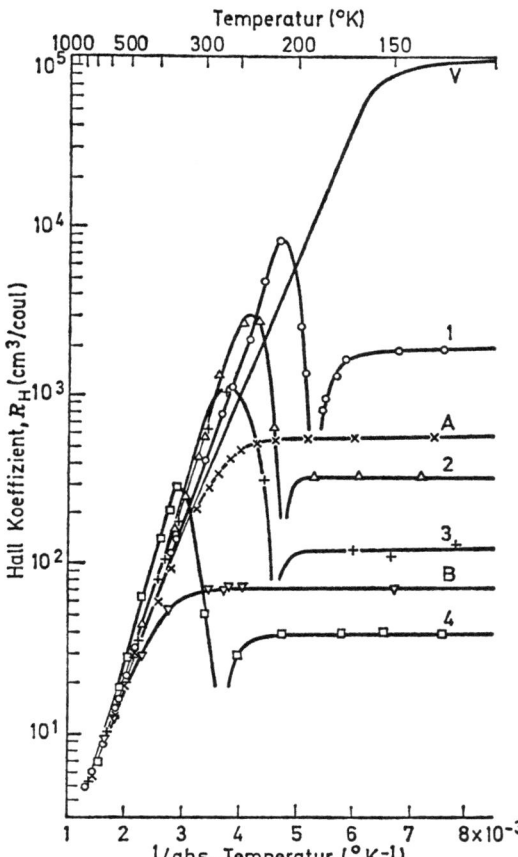

Abb. 44. Temperaturabhängigkeit des Hall-Koeffizienten verschiedener InSb-Proben. Vgl. hierzu die Leitfähigkeitsmessungen an den gleichen Proben in Abb. 42

deren *mittlere* Geschwindigkeit kompensiert. Der einzelne Ladungsträger wird gemäß seiner momentanen Geschwindigkeit doch leichte Ablenkungen erfahren. Nur seine *mittlere* Bewegungsrichtung bleibt die x-Richtung (vgl. Abb. 43a). Damit tritt eine schwache Wegverlängerung ein, die zu einem Anwachsen des Widerstandes führt. Dieses Gegeneinanderwirken zweier sich nur im Mittel kompensierenden Effekte macht sich in (39.10) in der Differenz der beiden Ausdrücke in der geschweiften Klammer bemerkbar.

Im gemischten bzw. Eigenhalbleiter kommt zu dieser Kompensation wieder ein ambipolarer Elektron-Loch-Paar-Strom in y-Richtung hinzu. Die Wege dieser Ladungsträger sind nicht nur durch statistische Abweichungen verlängert, sondern durch eine andere mittlere Bewegungsrichtung länger. Die Widerstandsänderung wird dann wesentlich größer (Abb. 43b).

b) *Plattenförmige Präparate* ($E_y = 0$, $i_y \neq 0$).

In diesem Fall wird die Stromrichtung nach (39.5) um den *Hall-Winkel*

$$\operatorname{tg} \vartheta = \left| \frac{i_y}{i_x} \right| = \frac{M_{10}^0}{M_{00}^0} B_z \qquad (39.12)$$

gedreht. Dieser Winkel ist der gleiche, um den im Fall a) das elektrische Feld gedreht wurde ($|E_y/E_x| = \operatorname{tg} \vartheta$). Für die Widerstandsänderung folgt aus (39.5)

$$\frac{\Delta \varrho}{\varrho_B} = \frac{M_{10}^0}{M_{00}^0} B_z^2. \qquad (39.13)$$

Dies ist gerade der erste Teil der Widerstandsänderung (39.10), der jetzt nicht mehr durch das Hall-Feld (zweites Glied in (39.10)) kompensiert wird.

Den Idealfall der unendlich ausgedehnten Platte kann man durch die sog. *Corbino-Scheibe* simulieren (Abb. 43 c und d). Bringt man auf einer Scheibe eine Elektrode auf der Peripherie und die andere Elektrode im Zentrum an, so fließen im transversalen Magnetfeld die Ladungsträger auf logarithmischen Spiralen unter dem Hall-Winkel zur Bewegungsrichtung ohne Magnetfeld. Dies führt exakt auf die Gl. (39.13) für die Widerstandsänderung.

Für diesen Fall ist die Widerstandsänderung offensichtlich am größten. Zwischenwerte zwischen den beiden hier behandelten Grenzfällen erhält man bei Platten verschiedener Längs- und Querabmessungen (Abb. 45).

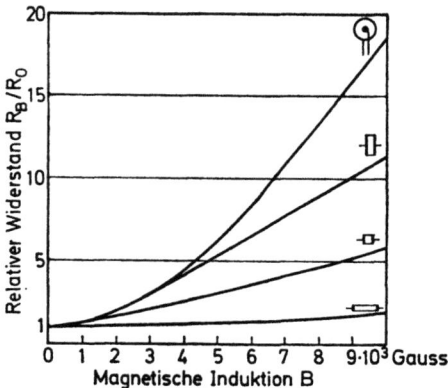

Abb. 45. Relativer Widerstand in Abhängigkeit von der magnetischen Induktion für vier InSb-Proben gleicher Reinheit aber verschiedener geometrischer Form [Weiss u. Welker: Z. Phys. 138, 322 (1954)]

Wir schließen diesen Abschnitt mit drei Bemerkungen zur Theorie der galvanomagnetischen Effekte:
Bei dem ambipolaren Stromfluß in y-Richtung (aber auch durch die beiden sich gegenseitig ladungsmäßig kompensierenden „Lorentz-" und „Hall-Ströme") ist zwar ein Ladungstransport im stabförmigen Präparat in y-Richtung ausgeschlossen, wohl aber kann ein *Energietransport* stattfinden. Bei dem ambipolaren Strom ist dies ganz offensichtlich, da die Elektron-Loch-Paare ja eine Anregungsenergie E_G mit sich führen, die sie bei der Rekombination an das Gitter abgeben. Sind die Oberflächen adiabatisch abgeschlossen, so ist mit dem Hall-Effekt auch das Auftreten eines Temperaturgradienten in y-Richtung verbunden *(Ettingshausen-Effekt)*. Wir haben bei unserer Behandlung uns auf den *isothermen Hall-Effekt* beschränkt. Es liegt hier also die Vorstellung zugrunde, daß die Wärme (etwa durch Einbettung des Halbleiters in ein Wärmebad) durch die Oberflächen abgeführt wird.

Nach (39.11) und (38.6) gilt

$$|R_n \sigma_n| = A_1 \mu_n \quad \text{bzw.} \quad |R_p \sigma_p| = A_1 \mu_p. \tag{39.14}$$

Das Produkt aus Hall-Koeffizienten und Leitfähigkeit gibt für den Störstellenhalbleiter gerade die Beweglichkeit der Ladungsträger mal einem Faktor A_1, der für die relevanten Streumechanismen größenordnungsmäßig gleich Eins ist. Da sein genauer Wert oft unbekannt ist, definiert man das Produkt $|R \sigma|$ als die *Hall-Beweglichkeit* μ_H. Wenn dieser Parameter die Bedeutung einer echten Beweglichkeit auch nur im Störleitungsgebiet hat, so erweist er sich doch auch in den anderen Bereichen als nützlich.

Mit Hilfe von (39.3) läßt sich der Einfluß verschiedener Streumechanismen (Koeffizient r) auf die galvanomagnetischen Effekte diskutieren. Wichtig für uns ist nur, daß für $r = 0$ alle A_i gleich Eins werden. Man erhält dann z. B. für den n-Leiter

$$i = e \mu_n n(E + \mu_n B + E + \mu_n^2 B \times (B \times E)) \quad \text{mit} \quad \mu_n = \frac{e \tau_r}{m^*}. \tag{39.15}$$

Das ist aber genau die Lösung der Gl. (4.3) für Elektronen in einem reibenden Medium unter der Wirkung einer Lorentz-Kraft. Unser einfaches Modell des ersten Kapitels läßt sich also immer dann verwenden, wenn es nicht darauf ankommt, welcher Streumechanismus die Elektron-Gitter-Wechselwirkung bestimmt, also dann, wenn der exakte Wert der A_i unwichtig ist. Dies ist z. B. für den Hall-Effekt der Fall. Für die Widerstandsänderung kommt es wegen der Kompensation der zwei Glieder dagegen empfindlich auf die Größe von A_i an. So verschwindet nach (39.10) die Widerstandsänderung in einem Störstellenleiter völlig, wenn $r = 0$ gesetzt wird, da dann τ_r nicht mehr von der Energie abhängt.

40. Thermoelektrische Effekte

Unter dem Namen „thermoelektrische Effekte" faßt man die Phänomene zusammen, die bei gleichzeitiger Anwesenheit eines elektrischen Feldes und eines Temperaturgradienten in einem Halbleiter auftreten.

Die Stromgleichungen (37.15) werden für diesen Fall

$$i = M_{00}^0 \, \text{grad} \, \frac{\eta}{e} + M_{01}^0 \, \frac{\text{grad} \, T}{T}$$
$$-w_q = M_{01}^0 \, \text{grad} \, \frac{\eta}{e} + M_{02}^0 \, \frac{\text{grad} \, T}{T} \quad (40.1)$$

mit

$$M_{00}^0 = e \, \mu_n \, n$$
$$M_{01}^0 = \mu_n \, n \left\{ kT \left(r + \frac{5}{2} \right) - \zeta_n \right\}$$
$$M_{02}^0 = \mu_n \, n \left\{ \frac{(kT)^2}{e} \left(r + \frac{7}{2} \right) \left(r + \frac{5}{2} \right) - 2 \zeta_n \frac{kT}{e} \left(r + \frac{5}{2} \right) + \frac{\zeta_n^2}{e} \right\}. \quad (40.2)$$

Für die M_{01p}^0 folgen entsprechende Ausdrücke mit den Parametern p, μ_p und ζ_p. Sie addieren sich für M_{00}^0 und M_{02}^0 zu (40.2), während in M_{01}^0 der Löcheranteil abzuziehen ist.

Bevor wir die thermoelektrischen Effekte näher betrachten, formen wir die erste Gleichung (40.1) so um, daß die bei Gegenwart eines Temperaturgradienten auftretenden Mechanismen deutlich werden. Den Gradienten des elektrochemischen Potentials können wir wie folgt umformen

$$\text{grad} \, \frac{\eta}{e} = E + \text{grad} \, \frac{\zeta}{e} = E + \frac{1}{e} \frac{\partial \zeta_n}{\partial T} \, \text{grad} \, T$$
$$+ \frac{1}{e} \frac{\partial E_L^0}{\partial T} \, \text{grad} \, T. \quad (40.3)$$

Dabei deutet der Index 0 an E_L^0 darauf hin, daß die Energie der Bandkante in dieser Darstellung das elektrostatische Potential nicht enthält.

Einsetzen von (40.3) und (40.2) in (40.1) ergibt für einen n-Leiter

$$i = e \, \mu_n \, n \, E + \mu_n \, kT \, \text{grad} \, n + \mu_n \, n \, \text{grad} \, E_L^0$$
$$+ \mu_n \, n \, k (r + 1) \, \text{grad} \, T. \quad (40.4)$$

Hier gibt das erste Glied die Wirkung des elektrischen Feldes wieder, während die drei weiteren Glieder die Wirkung des Temperaturgradienten beschreiben. Diese Glieder bedeuten:

Zweites Glied. Durch den Temperaturgradienten ist die Elektronenkonzentration im Halbleiter ortsabhängig. Dichtegradienten rufen aber immer Diffusionsströme hervor, die diese auszuglätten suchen. Das zweite Glied beschreibt nun den durch grad T hervorgerufenen Diffusionsstrom $e D_n \, \text{grad} \, n$, dessen Diffusionskoeffizient

$D_n = \mu_n kT/e$ ist. Diese Beziehung zwischen dem Diffusionskoeffizienten und der Beweglichkeit hatten wir schon in (27.2) eingeführt. Sie heißt *Einstein-Beziehung*. Gemäß ihrer Ableitung gilt sie in dieser Form nur für nicht-entartete Halbleiter.

Drittes Glied. Ein weiterer Ladungsträgertransport kann auftreten, wenn die Bandkante temperaturabhängig und damit ortsabhängig ist. Dann sind die Ladungsträger bestrebt, unter Verlust an potentieller Energie in die Richtung des negativen Gradienten der Bandkante zu laufen.

Viertes Glied. Weiterhin besitzen die Ladungsträger in Gebieten höherer Temperatur eine höhere mittlere thermische Geschwindigkeit. Dadurch wird eine zusätzliche Strömung von Ladungsträgern von Gebieten höherer Temperatur zu Gebieten tieferer Temperatur verursacht *(Thermodiffusion)*.

Zur Diskussion der thermoelektrischen Effekte formen wir (40.1) um in

$$\operatorname{grad} \frac{\eta}{e} = \frac{1}{\sigma} \boldsymbol{i} + \varepsilon \operatorname{grad} T$$
$$\boldsymbol{w}_q = \Pi \boldsymbol{i} - \varkappa \operatorname{grad} T \tag{40.5}$$

mit den Abkürzungen (σ ist schon in (38.1) definiert)

$$\varepsilon = -\frac{1}{T} \frac{M^0_{01}}{M^0_{00}} = \frac{\sigma_n}{\sigma} \left[-\frac{k}{e} \left(r + \frac{5}{2} - \frac{\zeta_n}{kT} \right) \right]$$
$$+ \frac{\sigma_p}{\sigma_p} \left[+\frac{k}{e} \left(r + \frac{5}{2} - \frac{\zeta_p}{kT} \right) \right]$$
$$\Pi = \varepsilon T \tag{40.6}$$
$$\varkappa = \frac{1}{T} \frac{M^0_{02} M^0_{00} - (M^0_{01})^2}{M^0_{00}} = \left(\frac{k}{e} \right)^2 T \left\{ \sigma_n \left(r + \frac{5}{2} \right) + \sigma_p \left(r + \frac{5}{2} \right) \right.$$
$$\left. + \frac{\sigma_n \sigma_p}{\sigma} \left(\frac{E_G}{kT} + 2 \left(r + \frac{5}{2} \right) \right) \right\},$$

wo die jeweils letzten Ausdrücke rechts die Näherungen für den nicht-entarteten Halbleiter sind. Die drei Transport-Koeffizienten (40.6) sind der *Seebeck-Koeffizient* ε (= differentielle absolute Thermospannung), der *Peltier-Koeffizient* Π und die spez. *Wärmeleitfähigkeit* $\varkappa$.

Wir beginnen mit der Besprechung der *Wärmeleitfähigkeit*. (Hierzu Appel [37.5], Drabble und Goldsmid [5].)

$\varkappa$ ist nach (40.5) der Quotient zwischen der Wärmestromdichte und dem negativen Temperaturgradient für den stromlosen Fall. Wir betrachten das Zustandekommen dieses Wärmestromes an Hand von Abb. 46. Mit jedem elektrischen Strom ist ein Wärmestrom verbunden, der gemäß unserer Definition im ersten Abschnitt dieses Kapitels mit der mitgeführten Energie der Ladungsträger verknüpft ist. Dieser Wärmestrom fließt in Richtung des Teilchenstromes, also bei Löchern gleichsinnig mit dem elektrischen Strom, bei Elektronen gegensinnig (Abb. 46, links).

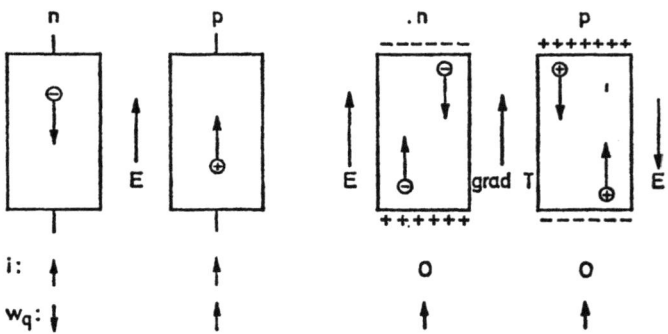

Abb. 46. Links: Ladungs- und Energietransport im isothermen Halbleiter unter der Wirkung eines elektrischen Feldes. Rechts: Energietransport bei Gegenwart eines Temperaturgradienten im stromlosen Fall. Die Stromlosigkeit wird durch das Auftreten eines Gegenfeldes erzwungen. Die Teilchenströme kompensieren sich dann, nicht aber die mitgeführten Energieströme

Betrachten wir nun einen Halbleiter, dessen beide Enden auf verschiedener Temperatur gehalten werden (Abb. 46, rechts). Dann fließt aus den im Zusammenhang mit Gl. (40.4) besprochenen Gründen ein Teilchenstrom vom heißeren zum kälteren Ende. Dieser „thermische Strom" führt Wärmeenergie mit sich. Sind an den Enden des Halbleiters keine Kontakte, die den Strom abführen können, so bilden sich (ähnlich wie beim Hall-Effekt) an den Oberflächen Raumladungen der Dicke einiger Debye-Längen. Dadurch wird ein Gegenfeld aufgespannt, das den Stromfluß verhindert. Ein „Feldstrom" kompensiert also den „thermischen Strom" ladungsmäßig. Der aus den heißeren Gebieten kommende Strom führt aber mehr Wärmeenergie mit sich, so daß auch bei $i = 0$ ein Wärmestrom w_q vom heißeren zum kälteren Ende fließt.

Hinzu kommt beim gemischten Leiter die Möglichkeit einer ambipolaren (ladungslosen) Elektron-Loch-Paar-Strömung, die neben der kinetischen Energie der Ladungsträger die Anregungsenergie E_G mit sich führt.

Alle diese Möglichkeiten findet man in der dritten Gleichung (40.6). Die drei Glieder des Ausdruckes rechts beschreiben den (in n-Leitern allein gültigen) Anteil der Elektronen, das zweite Glied den entsprechenden Anteil der Löcher und das dritte Glied den ambipolaren Beitrag der Elektron-Loch-Paare.

Im Störstellenleiter bleibt nur ein Beitrag, der proportional zum Produkt σT ist. Die Aussage $\varkappa/\sigma T \sim (k/e)^2$ bezeichnet man als das *Wiedemann-Franzsche Gesetz*. Es besitzt in Halbleitern nur beschränkte Gültigkeit, da zu dem hier allein betrachteten Beitrag der Ladungsträger zur Wärmeleitung die *Gitterwärmeleitung* als wesentlicher Beitrag hinzukommt.

Die Ausbildung einer Gegenspannung in einem stromlosen Halbleiterstab bei unterschiedlicher Temperatur seiner Enden ist Anlaß zur Ausbildung einer *Thermospannung (Seebeck-Effekt)*.

Der Seebeck-Koeffizient ε ist erklärt als Proportionalitätsfaktor zwischen einem Temperaturgradienten und dem im stromlosen Fall durch ihn hervorgerufenen Gradienten des elektrochemischen Potentials. Zur Deutung des Seebeck-Effektes betrachten wir einen Leiterkreis, der aus zwei Leitern A und B aus verschiedenem Material zusammengesetzt ist. Die beiden Kontaktstellen mögen auf den Temperaturen T_1 und $T_2 = T_1 + \delta T$ gehalten werden. Trennen wir den Leiterkreis in einem der beiden Materialien auf, so entsteht an dieser offenen Stelle dieses „Thermoelementes" eine Spannung Φ *(Thermospannung)*, die sich aus (40.1) mit $i = 0$ durch Integration längs des Kreises berechnet:

$$\oint \text{grad}\frac{\eta}{e} \cdot d\mathbf{s} = \frac{1}{e}\delta\eta = \oint \varepsilon \, \text{grad}\, T \cdot d\mathbf{s}$$
$$= \oint \varepsilon \, dT = \int_{T_1}^{T_2} \varepsilon_A \, dT + \int_{T_2}^{T_1} \varepsilon_B \, dT = \int_{T_1}^{T_2} (\varepsilon_A - \varepsilon_B) \, dT. \qquad (40.7)$$

Die Differenz des elektrochemischen Potentials zwischen beiden Enden des Thermoelementes ist gleich der Differenz des elektrostatischen Potentials, da beide Enden aus dem gleichen Material bei gleicher Temperatur bestehen. Es bleibt also

$$\Phi = -\delta\phi = \int_{T_1}^{T_2} (\varepsilon_A - \varepsilon_B) \, dT. \qquad (40.8)$$

Für den differentiellen Temperaturunterschied δT wird $\varepsilon_A - \varepsilon_B$ direkt der Proportionalitätsfaktor zwischen Φ und δT. Die Materialkonstanten ε_A und ε_B heißen deshalb *differentielle Thermospannungen*.

In inhomogenem Material können diese Thermospannungen auch als Volumeneffekt auftreten (vgl. z. B. Tauc [26]).

Die erste Gleichung (40.6) zeigt, daß die Thermospannung eines Materials im n- und p-Leiter verschiedenes Vorzeichen hat. Dies erklärt sich aus dem verschiedenen Vorzeichen der Gegenspannung beim n- und p-Leiter nach Abb. 46, rechts.

Als letzten thermoelektrischen Effekt betrachten wir den *Peltier-Effekt*. Der Peltier-Koeffizient ist nach (40.6) bis auf einen Faktor T gleich dem Seebeck-Koeffizienten. Dies folgt unabhängig von jeder Näherung aus den sog. *Onsager-Beziehungen*.

Wir beschränken uns hier auf eine qualitative Diskussion des Effektes. Nach (40.5) beschreibt der Peltier-Koeffizient die im isothermen Fall von einem elektrischen Strom mitgeführte Wärme. Die Gestalt (40.6) des Peltier-Koeffizienten ist hiernach verständlich. Aus (40.5) und (40.6) folgt nämlich für den n-Leiter

$$|w_q| = e\Pi |j_n| = \left(E_L + kT\left(r + \frac{5}{2}\right) - \zeta\right)|j_n| \qquad (40.9)$$

und eine entsprechende Gleichung für den p-Leiter.

Der Faktor vor der Teilchenstromdichte auf der rechten Seite von (40.9) ist aber genau die mittlere „Wärmeenergie" eines Elektrons $\bar{E} - \zeta$. Die aus (40.9) folgenden verschiedenen Vorzeichen für den Peltier-Koeffizienten im n- und im p-Leiter folgen zwanglos daraus, daß der Peltier-Koeffizient als Proportionalitätsfaktor zwischen Wärmestrom und *elektrischem* Strom definiert ist, also die verschiedenen Ladungsvorzeichen der Elektronen und der Löcher eingehen. Daher verschwindet auch der Peltier-Koeffizient im Eigenleiter bei gleichen Parametern der Elektronen und der Löcher, da dann beide gegeneinanderfließenden Teilchenströme die gleiche Energie mit sich führen.

Ändern sich die Parameter eines Halbleiters längs der Strombahn, ändert sich also die mitgeführte Energie, so kommt es zum Auftreten einer Wärmetönung. Dies tritt besonders kraß an einem Kontakt zwischen zwei verschiedenen Materialien in Erscheinung *(Peltier-Effekt)*.

41. Thermomagnetische Effekte

Thermoelektrische Effekte sind der *Nernst-Effekt*, der *Ettingshausen-Effekt* und der *Righi-Leduc-Effekt*. Während wir den Ettingshausen-Effekt als einen beim adiabatischen Hall-Effekt auftretenden sekundären Temperaturgradienten in y-Richtung schon in Abschnitt 39 erwähnt hatten, beruhen die beiden anderen Effekte auf einem primären Temperaturgradienten in x-Richtung in einem stromlosen Halbleiterstab. Das Auftreten einer Querspannung analog zum Hall-Effekt ist der *Nernst-Effekt*. Das zusätzliche Auftreten eines sekundären Temperaturgradienten beim adiabatischen Nernst-Effekt ist der *Righi-Leduc-Effekt*.

Wegen der hohen Gitterwärmeleitfähigkeit wird bei Halbleitern der größte Teil der durch Energietransport der Ladungsträger aufgebauten Temperaturgradienten durch Gitterwärmeleitung wieder ausgeglichen. Der Ettingshausen- und der Righi-Leduc-Effekt spielen somit eine untergeordnete Rolle. Wir beschränken uns in diesem Abschnitt auf einige Bemerkungen zum Nernst-Effekt.

Der isotherme Nernst-Koeffizient wird entsprechend zum Hall-Koeffizienten definiert. In der hier immer benutzten Näherung wird für den nicht-entarteten Halbleiter

$$Q = \frac{E_y}{B_z \frac{\partial T}{\partial x}} = -\left(\frac{k}{e}\right)\frac{1}{\sigma}\left\{\sigma_n \mu_n A_1 r + \sigma_p \mu_p A_1 r \right. \\ \left. + \frac{\sigma_n \sigma_p}{\sigma} A_1 (\mu_n + \mu_p)\left(\frac{E_G}{kT} + 2\left(r + \frac{5}{2}\right)\right)\right\}. \quad (41.1)$$

Der Nernst-Koeffizient setzt sich (wie der Koeffizient der Wärmeleitung) aus einem Elektronenanteil, einem Löcheranteil und einem

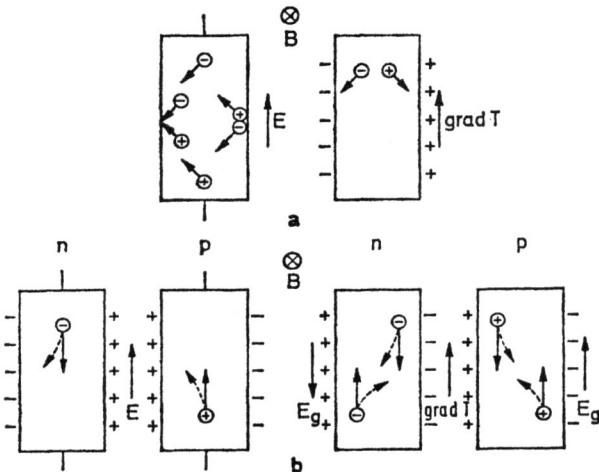

Abb. 47. Zum Zustandekommen des Nernst-Effektes. (Vgl. den Text)

ambipolaren Anteil zusammen. Im Störleitungsbereich wird (in dieser Näherung!, vgl. dazu Abschnitt 42c) das Vorzeichen des Nernst-Koeffizienten durch den Streumechanismus (Koeffizient r) bestimmt. Für negative r unterscheidet sich das Vorzeichen des Nernst-Koeffizienten in der Störleitung von dem in der Eigenleitung.

An Hand von Abb. 47 können wir uns dieses Verhalten klarmachen. In dieser Abbildung ist der Nernst-Effekt mit dem Hall-Effekt verglichen. Beide beschreiben das Auftreten einer Querspannung, einmal bei primärem elektrischen Feld, im anderen Fall bei primären Temperaturgradienten. In Abb. 47a sind die Verhältnisse für den *Eigenhalbleiter* gezeigt. Während beim Hall-Effekt Elektronen und Löcher ambipolar durch das Magnetfeld zur selben Oberfläche hingetrieben werden, wirkt die Lorentz-Kraft beim Nernst-Effekt auf die Elektronen und Löcher entgegengesetzt. Es entsteht also in der Eigenleitung eine Nernst-Feldstärke E_y. Beim Störstellenhalbleiter (Abb. 47b) wird das Vorzeichen der Hall-Spannung vom Ladungsvorzeichen der Träger bestimmt. Beim Nernst-Effekt dagegen kompensieren sich ein „thermischer Strom" und ein „Feldstrom", die beide verschiedene Energie mit sich führen. Die mittlere thermische Geschwindigkeit der Ladungsträger in beiden Teilströmen ist dann nicht die gleiche, und damit kompensiert sich die geschwindigkeitsproportionale Lorentz-Ablenkung der beiden Teilströme nicht völlig. Es bleibt eine Differenz, die zur Ausbildung einer Nernst-Feldstärke führt. Das Vorzeichen dieser Nernst-Feldstärke hängt von der mittleren Energie und der mittleren Geschwindigkeit der Ladungsträger in den beiden Teilströmen ab. Diese sind aber durch den Streumechanismus bestimmt.

42. Abweichungen von dem Modell des homogenen nichtentarteten Halbleiters mit isotroper parabolischer Bandstruktur

Für den Vergleich zwischen Experiment und Theorie reicht das einfache Modell der letzten Abschnitte häufig nicht aus. Wir deuten in diesem Abschnitt Erweiterungsmöglichkeiten des Modells an, müssen aber für die quantitativen Fragen auf die jeweils zitierte Literatur verweisen.

a) Entartung (vgl. z. B. Beer [36. Suppl. 4])

In Abschnitt 37 hatten wir das Integral (37.16) dadurch vereinfacht, daß wir anstelle der Fermiverteilung $f_{n0} = f$ die Boltzmann-Verteilung (24.8) eingesetzt hatten. Dies gilt nur bei hinreichend kleiner Konzentration der Ladungsträger (vgl. Abschnitt 24). Der theoretischen Behandlung leicht zugänglich ist der andere Grenzfall des völlig entarteten Halbleiters, bei dem das chemische Potential ζ im Leitungs- bzw. Valenzband liegt. Die Besetzungswahrscheinlichkeit fällt dann in einem schmalen Bandbereich vom Wert 1 auf den Wert 0. In erster Näherung kann man diese approximieren durch die Annahme, daß f unterhalb von ζ exakt 1, oberhalb von ζ exakt 0 ist. f ist dann eine Stufenfunktion, und man kann

$$-\frac{\partial f_{n0}}{\partial E_n} = \delta(E_n - \zeta_n) \qquad (42.1)$$

setzen. Damit erhält man (wobei wir gleich die nächste Näherung mitnehmen)

$$\int_0^\infty \left(-\frac{\partial f_{n0}}{\partial E_n}\right) f(E_n)\, dE_n = f(\zeta_n) + \frac{\pi^2}{6}(kT)^2 \frac{d^2 f}{dE_n^2}\bigg|_{\zeta_n} + \cdots \qquad (42.2)$$

und für die M_{ik}^0

$$M_{ik}^0 = \frac{e}{3\pi^2} k_{\zeta_n}^3 \mu(\zeta_n)^{i+1} \delta_{k0}$$
$$+ \frac{\pi^2}{6}(kT)^2 \frac{d^2}{dE^2}\left(k^3 \mu(E_n)^{i+1} \left(\frac{E_n - \zeta_n}{e}\right)^k\right)_{\zeta_n} + \cdots \qquad (42.3)$$

mit $\mu(\zeta_n) = e\tau_r(\zeta_n)/m^*$.

(42.3) genügt, um alle Gleichungen der letzten Abschnitte für den Fall völliger Entartung hinzuschreiben. Da dabei keine charakteristischen Änderungen auftreten, verzichten wir darauf. Es genügt, darauf hinzuweisen, daß die erste (meist hinreichende) Näherung (42.1) eine konstante Relaxationszeit liefert. Damit werden die meisten Formeln formal identisch mit dem Fall $r = 0$. Es gilt dann also weitgehend das einfache Modell des Elektrons im kontinuierlichen bremsenden Medium (Abschnitt 4).

b) Anisotrope Bandstruktur (vgl. z. B. Beer [36. Suppl. 4])

Eine anisotrope Bandstruktur des Typus (15.3) hat anisotrope Transporteigenschaften zur Folge. Eine mögliche Anisotropie erkennt man durch Anwendung der Symmetrieoperationen eines Kristallgitters auf die Gleichung

$$i_i = \sum_j \sigma_{ij} E_j + \sum_{jk} \sigma_{ijk} E_j B_k + \sum_{jkl} \sigma_{ijkl} E_j B_k B_l + \cdots, \quad (42.4)$$

die die allgemeinste Form der Entwicklung der Stromdichte nach steigenden Potenzen des Magnetfeldes darstellt. Die $\sigma_{ijk}\ldots$ sind (magnetfeldunabhängige) Komponenten von Tensoren steigender Ordnung. Aus der Forderung der Invarianz von (42.4) unter bestimmten Symmetrieoperationen findet man, daß viele der Tensorkomponenten verschwinden oder einander gleich werden. Für Halbleiter mit Diamant- oder Zinkblendestruktur reduziert sich der Tensor σ_{ij} auf einen Skalar und σ_{ijk} erhält gerade die Form, die zu einem Vektorprodukt $\boldsymbol{E} \times \boldsymbol{B}$ führt. Die Transporteigenschaften dieser großen Gruppe von Halbleitern sind also ohne Magnetfeld oder linear im Magnetfeld (Hall-Effekt) *isotrop*! Dies ist der Grund, daß die in den letzten Abschnitten geschilderte Theorie einen weiten Gültigkeitsbereich hat. Bei den genannten Halbleitern findet man anisotrope Eigenschaften erst bei den in $\boldsymbol{B}$ quadratischen Effekten, also etwa bei der Widerstandsänderung im Magnetfeld. Die Widerstandsänderung zeigt nur noch bei bestimmter Orientierung der Kristallachsen zum Magnetfeld die einfache von der isotropen Theorie geforderte Form. Bei anderen Orientierungen kann insbesondere die Winkelabhängigkeit der Widerstandsänderung krasse Anomalien zeigen (Abb. 48).

Die Erweiterung der isotropen Theorie auf das Bändermodell (15.3) stellt keine wesentlichen Probleme. Die Energieflächen um jedes der äquivalenten Extrema sind Ellipsoide. Durch eine geeignete Koordinatentransformation im Hauptachsensystem jedes Ellipsoids können die Gleichungen für das isotrope Modell (sphärische Energieflächen) geeignet umgeformt werden. Nach einer weiteren Transformation der verschieden orientierten Koordinatensysteme der einzelnen Ellipsoide auf ein gemeinsames Koordinatensystem können die Beiträge dann addiert werden.

c) Nicht-parabolische Bandstruktur (vgl. z. B. Sosnowski [33] [46])

Abweichungen von der Parabolizität findet man bei zahlreichen Halbleitern, deren (nicht-entartetes) Leitungsband sein Extremum bei $k = 0$ besitzt. Kane hat für Halbleiter mit Zinkblendestruktur und Leitungsbandminimum in Γ für E_n die folgende Form gefunden

$$E_n = \frac{\hbar^2 k^2}{2m} + \frac{E_G}{2}\left[\left(1 + \left(\frac{1}{m_n} - \frac{1}{m}\right)\frac{2\hbar^2}{E_G}k^2\right)^{1/2} - 1\right]. \quad (42.5)$$

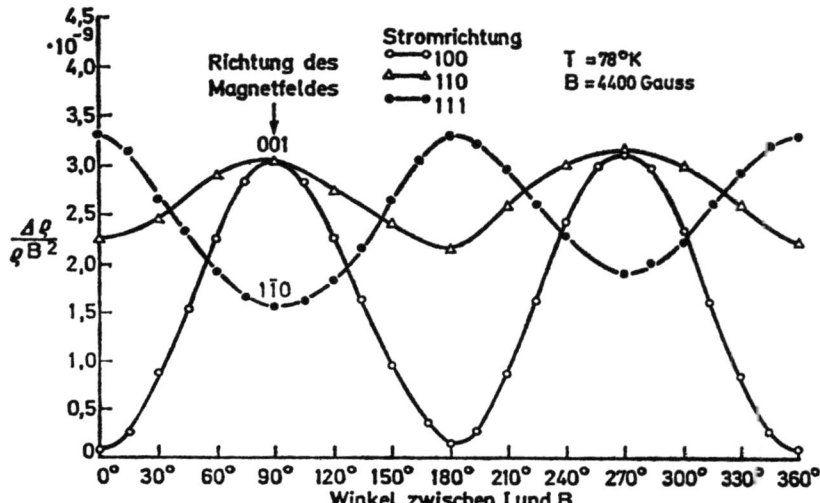

Abb. 48 Widerstandsänderung im Magnetfeld von n-Silizium in Abhängigkeit vom Winkel zwischen Stromrichtung und Magnetfeld. [Herring: Phys. Rev. **96**, 1163 (1954)]

Dabei ist m die Elektronenmasse und m_n die effektive Masse der Leitungselektronen unmittelbar am Minimum $k = 0$. Entwickelt man (42.5) und nimmt die für InSb gültige Beziehung $m_n \ll m$ (InSb ist der Prototyp für Halbleiter mit nicht-parabolischer Bandstruktur), so erfolgt

$$E_n = \frac{\hbar^2 k^2}{2m_n}\left(1 - \frac{1}{E_G}\frac{\hbar^2 k^2}{2m_n} + \cdots\right). \tag{42.6}$$

Dies entspricht einer Entwicklung der reziproken effektiven Masse im Minimum nach steigenden Potenzen von k, wie wir sie schon in Gl. (15.2) angegeben hatten.

Die Korrekturen werden umso wichtiger, je höher ein Band mit Ladungsträgern besetzt ist. Wir haben also besonders bei *entarteten* Halbleitern Einflüsse der Nichtparabolizität zu erwarten. So wird etwa das Vorzeichen des Nernst-Koeffizienten bei entarteten Halbleitern nicht mehr allein von dem Vorzeichen des Streuparameters r, sondern von einer Kombination von r und einem Parameter bestimmt, der die Abweichung von der Parabolizität kennzeichnet.

Auf einem wichtigen Punkt muß an dieser Stelle hingewiesen werden: Die effektive Masse läßt sich bei isotroper Bandstruktur oft verschiedene wird erwartet.

$$m_1^* = \frac{\hbar^2 k^2}{2E_n}, \qquad m_2^* = \frac{\hbar^2 k}{dE_n/dk}, \qquad m_3^* = \frac{\hbar^2}{d^2 E_n/dk^2}. \tag{42.7}$$

Alle diese Definitionen sind bei parabolischer Bandstruktur identisch. Bei **Abweichungen von der Parabolizität können dagegen beträchtliche Unterschiede zwischen den** m_i^* **auftreten**. Man muß also bei der Verwendung des Begriffes der effektiven Masse sorgfältig prüfen, durch welche Definition er eingeführt wurde. Es ist ferner darauf zu achten, daß die m_i^* in (42.7) energieabhängig sind. Experimentell bestimmte m^* sind dagegen Mittelwerte, also *integrale* effektive Massen.

d) Teilbänder (hierzu die unter a) bis c) genannte Literatur)

Hier müssen wir die beiden in Abb. 17 aufgeführten Fälle unterscheiden:

1. Zwei Teilbänder sind im Extremum miteinander entartet,
2. Die Extrema zweier Teilbänder liegen in verschiedenen Punkten der Brillouin-Zone energetisch so dicht benachbart, daß beide Teilbänder mit Ladungsträgern besetzt werden.

Der erste Fall ist im Valenzband aller kubischen Halbleiter realisiert. Man ordnet jedem Teilband eine „Sorte" von Löchern zu, die wegen ihrer verschiedenen effektiven Massen und Beweglichkeiten, als *langsame* bzw. *schnelle* oder auch *schwere* bzw. *leichte* Löcher unterschieden werden.

Die Zahl der leichten Löcher ist nur wenige Prozent der Zahl der schweren Löcher. Wegen der wesentlich höheren Beweglichkeit der leichten Löcher ist ihr Einfluß wesentlich. Die Beiträge beider Löchersorten in den Stromgleichungen addieren sich. Die Transportkoeffizienten enthalten dann neben den Beiträgen der Elektronen die Beiträge beider Löchersorten.

Der zweite Fall wird in Leitungsbändern einiger III-V-Verbindungen gefunden. Hier ist ein Einfluß auf Transportkoeffizienten nur dann zu erwarten, wenn die Ladungsträger des höheren Teilbandes eine größere effektive Masse haben. Denn nur dann ist die Zustandsdichte im unteren Teilband klein und mit wachsender Temperatur oder wachsender Dotierung werden auch Zustände im zweiten Teilband besetzt. Die Theorie ist auch hier durch Addition der Beiträge beider Teilbänder zu den Stromgleichungen leicht durchzuführen.

e) Inhomogene Halbleiter (Bate [40.4], Weiss [40.13])

Bei den Inhomogenitäten, die die Transporteffekte eines Halbleiters beeinflussen, haben wir vier Fälle zu unterscheiden:

1. *Statistische Schwankungen der Störstellenkonzentration und damit der Konzentration der Ladungsträger.*

Sind diese Schwankungen kleine, schnell veränderliche Fluktuationen, so ist ihr Einfluß relativ schwach. Die durch sie hervorgerufene Abweichung von der Periodizität des Gitters stellt einen zusätzlichen Streumechanismus dar *(alloy scattering)*.

Bei großen Schwankungen, bei denen sich über makroskopische Bereiche die Gittereigenschaften verändern, kann die Beweglichkeit stark vermindert sein. Wechseln Gebiete hoher und niedriger Leitfähigkeit oder ändert sich sogar der Leitungstyp statistisch, so wird das ganze Verhalten des Halbleiters hierdurch bestimmt. Die hierbei auftretenden Phänomene sind nur zum Teil theoretisch verstanden.

2. *Periodische Schwankungen der Störstellenkonzentration*
Dieser Fall kann durch Temperaturschwankungen bei der Einkristallherstellung auftreten. Die Periodizität der Inhomogenitäten liefert eine Vorzugsrichtung und damit das Auftreten einer Anisotropie.

3. *Zweiphasige Halbleiter*
Die Inhomogenitäten können im Auftreten einer zweiten Phase bestehen, etwa wenn die Schmelze beim Erstarren ein Eutektikum bildet. Dieser Fall ist für die kontrollierte Änderung der galvanomagnetischen Effekte ausgenutzt worden.

4. *Sprunghafte Änderung der Halbleitereigenschaften an inneren Grenzflächen*
Besonders interessant ist hier eine sprunghafte Änderung des Leitungstyps. Diesem Fall (p-n-Übergang) sind die Abschnitte 47 bis 51 gewidmet.

f) „phonon-drag" (Herring [29])

Eine der wichtigsten Annahmen bei der Einführung einer Relaxationszeit für die Elektron-Phonon-Wechselwirkung ist nach Abschnitt 36 die *Isotropie* der Streuwahrscheinlichkeit. Die Streuprozesse sind Emissions- und Absorptionsprozesse von Phononen. Es wird also vorausgesetzt, daß im „Phononengas", mit dem die Ladungsträger wechselwirken, Gleichgewicht herrscht. Diese Annahme wird stillschweigend gemacht, wenn man die Boltzmann-Gleichungen für die Elektronen und die Phononen — die letztere hatten wir hier überhaupt nicht erwähnt — entkoppelt.

Die Annahme einer Gleichgewichtsverteilung für die Phononen ist für den *isothermen* Halbleiter oft gerechtfertigt. Bei einem Temperaturgradienten im Halbleiter bedeutet die Gitterwärmeleitung aber gerade einen gerichteten Phononenstrom vom heißeren zum kälteren Ende. Treten die Elektronen mit diesem Phononenstrom in Wechselwirkung, so werden sie von den Phononen „mitgerissen" *(phonon drag)*. Dieser Effekt kann bei tiefen Temperaturen die thermoelektrischen Effekte maßgebend beeinflussen.

Entsprechend können im isothermen Halbleiter die Elektronen eines elektrischen Stromes die Phononen mitreißen *(electron drag)*. Dadurch kann der Peltier-Effekt modifiziert werden.

g) Hopping (vgl. z.B. Beer [36. Suppl. 4], Mott und Twose [53.10] und unter h) genannte Literatur)

Die Beweglichkeiten der Ladungsträger erstrecken sich in Halbleitern über viele Größenordnungen. Während die höchste gemessene Beweglichkeit von der Größenordnung 10^6 cm^2/Vsec ist, kann nach unten nur eine Grenze angegeben werden, unterhalb der die hier behandelte Theorie mit Sicherheit versagt. Um dies einzusehen, betrachten wir die mit der Relaxationszeit — die ja grob gesprochen die mittlere Flugzeit zwischen zwei Wechselwirkungsprozessen ist — verbundene *freie Weglänge* $l = v_{\text{th}} \tau_r$. Dabei ist v_{th} die mittlere thermische Geschwindigkeit der Ladungsträger $v_{\text{th}} = \sqrt{8kT/\pi m^*}$. Setzt man noch als erste Näherung $\mu = e\tau_r/m^*$, so erhält man

$$l = 0{,}15 \sqrt{\frac{m^*}{m}} \sqrt{\frac{T[°K]}{300}} \mu \left[\frac{\text{cm}^2}{\text{Vsec}}\right] \text{Å}. \qquad (42.8)$$

Damit kommt die freie Weglänge bei kleinen Beweglichkeitswerten (≈ 1 cm^2/Vsec) in die Größenordnung der Atomabstände im Gitter. In diesem Fall bricht natürlich die bisher benutzte Vorstellung der Elektronen-Phononen-Wechselwirkung zusammen.

Extrem kleine Beweglichkeiten wurden bisher immer dann beobachtet, wenn man Grund hat anzunehmen, daß die Ladungsträger sehr schmale Bänder besetzen. In solchen *„Schmalband-Halbleitern"* (narrow-band-semiconductors) ist es sicher nicht mehr sinnvoll, von Ladungsträgern einer gegebenen effektiven Masse zu reden. Damit wird das Modell, in dem das periodische Kristallgitter explizit verschwunden ist und nur durch m^* die Eigenschaften der Ladungsträger bestimmt, hinfällig. Wir haben stattdessen die Bewegung der Ladungsträger im äußeren Feld *und* im periodischen Potential gleichzeitig zu betrachten. Diese Bewegung setzt sich aus Einzelschritten zusammen, in denen der Ladungsträger aus einem Potentialminimum in ein benachbartes „hüpft" *(Hopping-Prozeß)*.

h) Polaronen (siehe z.B. Appel [36.21], Fröhlich [53.3], Gerthsen, Kauer und Reik [39.1], Haken [38.2], Schnakenberg [43.51], sowie [54.4])

In polaren Gittern, vor allem in einigen halbleitenden Oxiden, tritt ein weiteres mit kleinen Beweglichkeiten und schmalen Bändern verbundenes Phänomen auf. Ein freier Ladungsträger polarisiert das Gitter in seiner Umgebung und schleppt diese Polarisationswolke bei seiner Bewegung mit sich. Durch diese mit einer Energieabsenkung verbundene Selbst-Lokalisation des Ladungsträgers wird seine effektive Masse vergrößert und seine Beweglichkeit stark herabgesetzt. Nach der Ausdehnung der Gitterverzerrung unterscheidet man zwischen kleinen und großen *Polaronen*, wie die Ladungsträger einschließlich ihrer Polarisationswolke genannt werden. Dieses wichtige Teilgebiet der Festkörperphysik müssen wir hier ausschließen.

43. Transporterscheinungen bei extremen äußeren Einflüssen

a) Hohe elektrische Felder

Bei hohen elektrischen Feldern treten Abweichungen vom Ohmschen Gesetz auf: die elektrische Leitfähigkeit (38.1) wird feldabhängig. Dies kann auf einer Feldabhängigkeit der Konzentration der Ladungsträger oder deren Beweglichkeit beruhen.

Die *Ladungsträgerkonzentration* wird feldabhängig, wenn einzelne Ladungsträger so viel Energie aus dem elektrischen Feld aufnehmen daß sie durch *Stoßionisation* weitere Ladungsträger freisetzen können. Die Leitfähigkeit nimmt also hier mit wachsendem Feld zu.

Eine Ladungsträgervermehrung durch Stoßionisation ist wichtig in p-n-Übergängen, da dort (bei Polung in Sperrichtung) sehr hohe elektrische Felder auftreten. Wir kommen darauf in Abschnitt 48 zurück. Um Stoßionisation als Volumeneffekt beobachten zu können, müssen die Ladungsträger nach (4.2) eine kleine effektive Masse (und damit große Beweglichkeit) besitzen. Dies ist besonders für Elektronen in InSb und InAs der Fall. Fast das gesamte experimentelle Material wurde deshalb an diesen Halbleitern gewonnen. Schon bei Feldstärken von einigen Hundert Volt/cm setzt bei diesen Stoffen ein steiler Anstieg der elektrischen Stromdichte durch eine lawinenartige Erhöhung der Ladungsträgerkonzentration (Elektronen und Löcher) ein. An dem so entstehenden *Plasma* freier Ladungsträger lassen sich alle Phänomene wiederfinden, die in Gasplasmen bekannt sind. Ein Beispiel ist der *Pinch-Effekt*, also das Einschnüren eines stromführenden Bereiches durch sein azimuthales Eigenmagnetfeld, ferner die Beeinflussung eines Pinches durch ein äußeres longitudinales Magnetfeld. Weitere Plasmaeigenschaften, wie etwa die (durch *Plasmonen* genannte Quasi-Teilchen beschriebenen) Kollektivschwingungen des Plasmas sind Gegenstand eingehender Untersuchungen. Plasmaeigenschaften der Elektronen und/oder Löcher lassen sich natürlich auch im Gleichgewicht feststellen. Ein Beispiel, die Plasmaresonanz, hatten wir schon in Abschnitt 33 erwähnt. Für eine Diskussion aller Plasma-Effekte im Halbleiter vgl. Ancker-Johnson [40.1].

Die *Beweglichkeit* der Ladungsträger kann durch verschiedene Ursachen feldabhängig werden. Nach (4.4) hängt μ von der Relaxationszeit (also der Elektron-Gitter-Wechselwirkung) und von der effektiven Masse (also der Bandstruktur) ab. Über die Relaxationszeit kann μ durch den folgenden Mechanismus feldabhängig werden: Die Einstellung eines stationären elektrischen Stromes erfordert, daß die zwischen zwei „Gitterstößen" von einem Ladungsträger aus aus dem Feld aufgenommene Energie beim Stoß an das Gitter abgegeben wird. Ist die normale Elektron-Phonon-Kopplung zu schwach, dann kann mit wachsendem Feld diese Energiebilanz gestört werden. Die Ladungsträger können nicht ihre ganze Zusatzenergie loswerden, ihre mittlere Energie steigt. Sie besitzen dann formal eine höhere Temperatur als das Gitter *(heiße Elektronen)*. Zu einem vorgegebenen elektrischen Feld stellt sich eine Elektronentemperatur so ein, daß die Energiebilanz wieder erfüllt ist. Hiermit ist im allgemeinen eine *Abnahme* der Beweglichkeit der Ladungsträger verbunden.

Für die Theorie der Beweglichkeit der heißen Elektronen und experimentelle Einzelheiten verweisen wir auf Asche und Sarbei [55.33], Conwell [36. Suppl. 9], Reik [39.1], Schmidt-Tiedemann [39.1] [41.3]. Die Untersuchung dieses Phänomens ist aus verschiedenen Gründen wichtig. Aufschlüsse über die Elektron-Gitter-Wechselwirkung, Details in der Bandstruktur lassen sich hiermit gewinnen.

Die Bandstruktur tritt in den Vordergrund, wenn ein Band nichtparabolisch ist. Dann ändert sich mit der Erhöhung der Elektronentemperatur auch die integrale effektive Masse und damit die Beweglichkeit. Dieser Effekt wird besonders kraß, wenn oberhalb eines Teilbandes mit kleiner effektiver Masse ein zweites Teilband mit großer effektiver Masse folgt. Elektronen, die durch das Feld in das obere Teilband gehoben werden, ändern dann durch diesen Prozeß ihre Beweglichkeit von einem großen auf einen kleinen Wert. Ein Beispiel ist nach Abb. 17 (rechts oben) das Leitungsband des GaAs. Oberhalb einer kritischen Feldstärke von ca. 3600 V/cm werden Elektronen von dem tiefer liegenden Γ-Minimum in die Δ-Minima gehoben. Dabei sinkt die Beweglichkeit eines Elektrons von 5000 cm^2/Vsec auf ca. 200 cm^2/Vsec. Das bedeutet ein Absinken des Stromes oberhalb der kritischen Feldstärke gegenüber seinem durch das Ohmsche Gesetz gegebenen Wert. Dieses Absinken ist in GaAs so groß, daß ein Bereich mit negativem dI/dV auftritt (fallende Charakteristik, *negativer differentieller Widerstand*). Hierauf beruht der *Gunn-Effekt*.

Den differentiellen Zusammenhang zwischen Stromdichte und Feldstärke im Falle des Gunn-Effektes zeigt Abb. 49a. Die Kennlinie ist „N-förmig". Eine homogene Feldverteilung bei einer Feldstärke E_2 im Bereich der fallenden Charakteristik ist nicht möglich. Geringe (statistische) Schwankungen in der Feldstärke klingen nicht ab, sondern verstärken sich. Der Kristall zerfällt in *Domänen* unterschiedlicher Feldstärken E_1 und E_3 (Abb. 49c). Da die Stromdichte i_0 überall die gleiche ist, muß auch die Geschwindigkeit aller Ladungsträger in beiden Domänen gleich sein. Bei feldstärkeabhängiger Beweglichkeit als verantwortlichem Mechanismus für die fallende Charakteristik folgt dann, daß das Produkt aus Beweglichkeit und Feldstärke in beiden Domänen übereinstimmt. Auf den Fall des GaAs angewandt findet man also: Beim Gunn-Effekt bilden sich in einem Kristall, in dem zunächst alle Elektronen im Γ-Minimum des Leitungsbandes sind, Domänen hoher Feldstärke. In

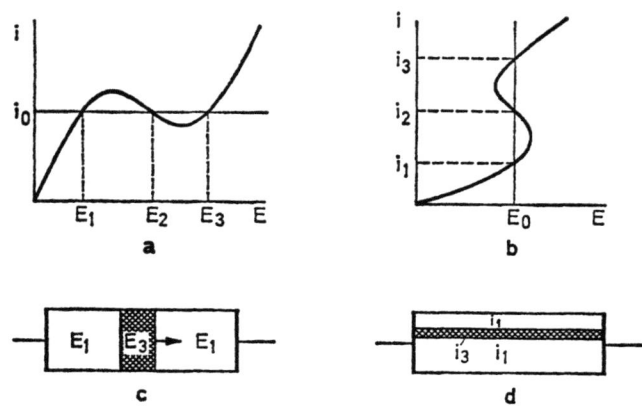

Abb. 49. Negative differentielle Widerstände bei „N-förmigem" (a) und „S-förmigem" (b) Zusammenhang zwischen Strom- und Feldstärke. Bei gegebenem Strom bilden sich im ersten Fall Domänen verschiedener Feldstärke (c), bei gegebener Feldstärke bilden sich im zweiten Fall Domänen verschiedener Stromdichte (d)

diesen Domänen befinden sich die Elektronen vorwiegend in den höher gelegenen Δ-Minima. Die Domänen wandern mit der Driftgeschwindigkeit der Ladungsträger durch den Kristall. Kommt eine Domäne am Kontakt an, so erhöht sich kurzzeitig der Strom, bis sich eine neue Domäne gebildet hat. Man beobachtet also Oszillationen der Stromdichte, die beim Gunn-Effekt im GHz-Gebiet liegen.

Solche Instabilitäten finden sich immer bei negativer differentieller Charakteristik. Sie sind nicht auf den Gunn-Effekt beschränkt. Andere Möglichkeiten treten in Photoleitern (Abschnitt 46) und bei Tunneldioden (Abschnitt 48) auf, um nur zwei Beispiele zu nennen. Eine negative differentielle Charakteristik findet sich auch bei „S-förmigen" Kennlinien (Abb. 49b). Der Kristall zerfällt dann in Domänen unterschiedlicher Stromdichte, die jetzt parallel zur Stromrichtung verlaufen (Abb. 49d). Ein Beispiel ist der oben erwähnte Pinch-Effekt, der mit charakteristischen Instabilitäten verbunden ist.

Einen Überblick über alle in Halbleitern möglichen Instabilitäten durch negative differentielle Charakteristiken gibt Stöckmann [39.9] (vgl. auch Schultz [39.5]), mit dem Gunn-Effekt speziell beschäftigt sich Folberth [41.3].

b) Hohe magnetische Felder

In Abschnitt 20 hatten wir die Änderung der Bandstruktur in hohen Magnetfeldern behandelt. Eine Quantisierung der Bewegung der Ladungsträger in der Ebene senkrecht zum Magnetfeld und damit das Auftreten einer eindimensionalen Bandstruktur mit magnetischen Teilbändern („Landau-Niveaus") erfolgt nur dann, wenn die Bedingung

$$\omega_c \tau_r \gg 1 \quad \text{oder} \quad \mu B \gg 1 \tag{43.1}$$

erfüllt ist. Mißt man die Beweglichkeit in cm^2/Vsec und das Magnetfeld in Gauss, so ist in (43.1) noch ein Maßstabfaktor hinzuzufügen: $\mu B \gg 10^8$. Damit ist das Auftreten von Quanteneffekten aber noch nicht abgegrenzt: Die Periodizität der Zustandsdichte (20.3) darf nicht durch eine Temperaturunschärfe verwischt werden, die Aufspaltung der Teilbänder $\hbar \omega_c$ muß groß gegen kT sein. Wir finden also als zweite Bedingung

$$\hbar \omega_c \gg kT. \tag{43.2}$$

Sind beide Bedingungen nicht gleichzeitig erfüllt, so läßt sich die Theorie der Transporterscheinungen im Rahmen der in diesem Kapitel geschilderten klassischen Vorstellung entwickeln. Wir sind in diesen Abschnitten 39 und 41 nicht auf den Fall hoher Magnetfelder eingegangen, weil die für die Phänomene charakteristischen Prozesse schon bei kleinen Magnetfeldern klar zutage treten. Eine Erweiterung der klassischen Theorie auf hohe Magnetfelder bietet jedoch keine Schwierigkeiten.

Interessanter sind die bei Erfüllung der Ungleichungen (43.1) und (43.2) auftretenden Quanteneffekte. Neben dem Fehlen der von der klassischen Theorie geforderten Sättigung der Widerstandsänderung bei hohen Magnetfeldern, neben dem Auftreten einer longitudinalen (und in manchen Fällen einer negativen) Widerstandsänderung ist der *Shubnikov-de Haas-Effekt* besonders hervorzuheben.

Dieser Effekt beschreibt Oszillationen in der Widerstandsänderung und im Hall-Koeffizienten mit wachsendem Magnetfeld bei entarteten Halbleitern. Wir betrachten als einfachstes Beispiel die longitudinale Widerstandsänderung. Sie ist im klassischen Grenzfall Null. Die Leitfähigkeit hat in diesem Grenzfall die Form $\sigma(B) = e^2 n \tau_r(\zeta)/m^*$. Dies folgt aus Gl. (42.3). Nach (36.8) ist die Relaxationszeit in vielen Fällen umgekehrt proportional zur Zustandsdichte. Diese wiederum ist nach (20.2) eine periodische Funktion der Energie. Man erkennt dies aus folgender Betrachtung: Das chemische Potential ζ möge bei einem gegebenen Magnetfeld oberhalb der Unterkante des l-ten Teilbandes liegen. Mit wachsendem Magnetfeld wird die Aufspaltung der Teilbänder größer, gleichzeitig steigt die Zustandsdichte in jedem Teilband. Das bedeutet, daß mit wachsendem Feld die Ladungsträger in tiefere Teilbänder übergehen und ζ relativ zu den Teilbändern immer tiefer sinkt. Die Zustandsdichte bei der Energie $E = \zeta$ und damit auch $\tau(\zeta)$ ändert sich also periodisch mit wachsendem Magnetfeld. Damit kommt es zu einer Widerstandsänderung, die genau das geforderte oszillatorische Verhalten zeigt.

Die Periodizität endet, wenn das Magnetfeld so groß ist, daß alle Ladungsträger in das tiefste magnetische Teilband aufgenommen sind *(quantum limit)*. Auch dann ändert sich $\sigma(B)$ weiter, da $z(E)$ mit B steigt. Es tritt also auch im quantum limit keine Sättigung der Widerstandsänderung auf.

Die gleiche Erklärung läßt sich im Prinzip auch auf den Shubnikov-de Haas-Effekt im transversalen Magnetfeld anwenden. Nur liegen dort die Verhältnisse komplizierter, da das transversale Magnetfeld nicht nur die Bandstruktur, sondern auch die Bahnen der Ladungsträger beeinflußt. Wir verweisen hierfür sowie für andere Quanteneffekte und die detaillierte Theorie auf die Literatur. Dazu seien unter anderem genannt: Adams und Keyes [37.6], Kahn und Frederikse [36.9], Puri und Geballe [40.1], Roth und Argyres [40.1].

Ähnliche Oszillationen findet man in der magnetischen *Suszeptibilität (de Haas-van Alphen-Effekt)*. Wir können hierfür nur auf die eben zitierte Literatur verweisen. Allgemeines zur magnetischen Suszeptibilität in Halbleitern findet sich bei Enz [46].

Zum Abschluß sei nur noch erwähnt, daß auch die Lage der Störstellenterme relativ zu den Bandkanten vom Magnetfeld geändert werden kann. Führt man in der in Abschnitt 19 behandelten Theorie der flachen Störstellen ein zusätzliches Magnetfeld ein, so findet man bei hohen Feldern eine Deformation und Kontraktion der Elektronenhülle des Fremdatoms. Dies bedeutet eine Vergrößerung der Ionisationsenergie. Dieser Effekt läßt sich bei tiefen Temperaturen nachweisen. Durch die Vergrößerung der Ionisationsenergie fällt ein Teil der Ladungsträger in die Störstellen zurück *(freezing-out effect)*. Durch ein elektrisches Feld kann man dann mittels Stoßionisation diese Ladungsträger wieder in ihr Band reemittieren.

c) *Tiefe Temperaturen*

Bei tiefen Temperaturen findet man in vielen Halbleitern starke Abweichungen von der klassischen Theorie. Der Hall-Koeffizient fällt mit abnehmender Temperatur nach Durchschreiten eines Maximums ab, der Widerstand steigt schwächer als erwartet an und die Widerstandsänderung im Magnetfeld wird in vielen Fällen negativ. Diese Abweichungen werden auf die Bildung eines *Störbandes* zurückgeführt (vgl. z.B. Mott und Twose [53.10]).

Bei hinreichend hohen Störstellenkonzentrationen können die Störstellen nicht mehr als isoliert angesehen werden. Sie treten miteinander in Wechselwirkung und können (ohne Vermittlung über die Bänder) Ladungsträger austauschen. Die Störstellenterme sind also nicht mehr scharfe lokalisierte Niveaus. Sie bilden ein mehr oder weniger schmales Band, das bei kleiner Ionisationsenergie mit dem Leitungs- bzw. Valenzband zusammenfließen kann. Die Wirkung eines solchen Störbandes wird außer bei sehr tiefen Temperaturen von der Elektrizitätsleitung in den eigentlichen Bändern überdeckt.

Diese Störbänder sind sicherlich nicht mit den eigentlichen Bändern gleichzusetzen. Eine Einführung der Begriffe des Bändermodells ist dann keine adäquate Beschreibung. Elektronen in einem Störband besetzen keine über den ganzen Kristall erstreckten Bloch-Zustände, sie sind vielmehr in der Umgebung der Störstelle lokalisiert und gehen durch *Hopping-Prozesse* von einer Störstelle zur nächsten über. Damit erhält die Störbandleitung Ähnlichkeit mit der Leitung in Schmalband-Halbleitern (Abschnitt 42).

d) Hoher Druck

(Koenig [46], Paul und Brooks [37.7], Zerbst [39.2].)

Am Ende von Abschnitt 28 hatten wir schon erwähnt, daß durch die Druckabhängigkeit der Gitterkonstanten auch die Parameter des Bändermodells druckabhängig werden. Ähnlich wie die optischen Eigenschaften sind auch die Transporteigenschaften durch Änderung des *hydrostatischen Druckes* beeinflußbar. Wichtiger als ein allseitiger Druck, der über $E_G(P)$ und $m^*(P)$ in die Transportparameter eingeht, ist ein *gerichteter Druck*. Durch ihn wird dem Kristall eine Vorzugsrichtung aufgeprägt, also eine Anisotropie geschaffen. In einem isotropen Band ist die Änderung nur klein. Die Energieflächen werden deformiert und damit die effektive Masse geringfügig geändert. In einem anisotropen Band dagegen mit Extrema an verschiedenen äquivalenten Punkten in der Brillouin-Zone bewirkt der Druck eine Relativverschiebung einzelner Minima gegeneinander und damit eine Umordnung der Ladungsträger zwischen den nun nicht mehr gleichberechtigten Extrema. Dies ist mit einer anisotropen Änderung des elektrischen Widerstandes verbunden *(Piezowiderstand, piezoresistance)*. Schon qualitativ gibt die Gestalt des Tensors, der die anisotrope Änderung des elektrischen Widerstandes mit dem gerichteten Druck verknüpft, Informationen über die Lage der Extrema in der Brillouin-Zone. Quantitativ erhält man weiter die Änderung der energetischen Lage der Extrema mit einer Änderung der Gitterparameter, also die Größen, die wir in Abschnitt 36 als Deformationspotentiale bezeichnet haben.

Nicht nur bei anisotropen Bändern sind Messungen des Piezowiderstandes wichtig. Sind zwei Bänder im Extremum miteinander entartet (Abb. 17, unten), so wird durch die Symmetrieverminderung des gerichteten Druckes häufig diese Entartung aufgehoben. Dies ermöglicht weitere Informationen über die Bandstruktur.

Kapitel 8

Transporteigenschaften bei Störung des lokalen Gleichgewichtes

Die Transporttheorie des letzten Kapitels wurde unter der Voraussetzung abgeleitet, daß überall im Halbleiter lokales Gleichgewicht herrscht. Dichteabweichungen sollen sich also unmittelbar ausgleichen, oder anders ausgedrückt: überschüssige Elektron-Loch-Paare sollen eine verschwindende Lebensdauer besitzen. So haben wir bei ambipolarem Stromfluß angenommen, daß die Elektron-Loch-Paare beim Auftreffen auf eine freie Oberfläche dort sofort rekombinieren, daß also auch dort immer $n \cdot p = n_i^2$ gilt.

In diesem Kapitel wollen wir den Einfluß einer endlichen Lebensdauer von Dichteabweichungen untersuchen. Dazu behandeln wir im ersten Abschnitt einige typische Idealfälle, die uns die wichtigsten Grundlagen zum Verständnis der Transportmechanismen für Überschuß-Ladungsträger liefern. Die folgenden Abschnitte bringen die Transporterscheinungen im Volumen eines homogenen Halbleiters. Da die Anregung hier meist durch Lichteinstrahlung erfolgt, steht das Problem der Photoleitung im Vordergrund. Wir werden dabei erkennen, daß innere Felder in diesem Zusammenhang interessant sind. Der Prototyp einer Zone mit einem starken inneren Feld ist der p-n-Übergang. Seine Behandlung steht deshalb im Zentrum dieses Kapitels. Da der p-n-Übergang gleichzeitig das Grundelement des wichtigsten Typs eines Transistors ist, gehen wir zum Ende dieses Kapitels auch auf die Grundlagen der Transistorphysik ein.

44. Die Transportgleichungen

Wir betrachten zunächst einen unendlich ausgedehnten Halbleiter. Das lokale Gleichgewicht möge dadurch gestört sein, daß (etwa durch Lichteinstrahlung) pro Zeit- und Volumeneinheit G Elektron-Loch-Paare erzeugt werden. Diese *Generationsquote* G kann natürlich eine Funktion des Ortes sein. Die Störung wird abgebaut durch Rekombination (Abschnitt 26) und durch Transport (Abschnitt 27). Die Rekombination beschreiben wir durch Rekombinations-Überschußquoten U_n der Elektronen und U_p der Löcher (= Zahl der in der Zeit- und Volumeneinheit rekombinierenden Ladungsträger minus der Zahl der thermisch ständig neu erzeugten Ladungsträger). Den Transport beschreiben wir durch Diffusions- und Feldströme, die wir nach (27.2) durch den Gradienten der Quasi-Fermi-Potentiale darstellen können. Es gilt also allgemein

$$\frac{\partial n}{\partial t} = G - U_n + \frac{1}{e} \operatorname{div} i_n$$
$$\frac{\partial p}{\partial t} = G - U_p - \frac{1}{e} \operatorname{div} i_p \qquad (44.1)$$

mit

$$i_n = -e n \mu_n \operatorname{grad} \varphi_n = \sigma_n E + e D_n \operatorname{grad} n$$
$$i_p = -e p \mu_p \operatorname{grad} \varphi_p = \sigma_p E - e D_p \operatorname{grad} p. \qquad (44.2)$$

Man beachte, daß die Benutzung eines konzentrationsunabhängigen Diffusionskoeffizienten $D = (kT/e)\mu$ die Betrachtungen auf nichtentartete Halbleiter beschränkt.

Die Gestalt der $U_{n,p}$ ist durch die Massenwirkungsgesetze gegeben, die zwischen den reagierenden Partnern bestehen. So ist z. B. das Gleichgewicht zwischen Elektronen und Donatoren gegeben durch das Massenwirkungsgesetz $n \cdot n_{D^+}/n_{D^\times} = K$, wo K die Massenwirkungskonstante der betrachteten Reaktion ist. Der Beitrag dieser Reaktion zu U_n ist dann $r_K(n\,n_{D^+} - K n_{D^\times})$. Nur bei direkter Band-Band-Rekombination ist

$$U = U_n = U_p = r(n\,p - n_i^2)$$

(Gl. (4.6)).

Für den Transport erfolgt die Kopplung der Elektronen- und der Löcherbewegung durch die Poisson-Gleichung (27.3). Ist das Halbleiterinnere im wesentlichen neutral — wir werden weiter unten sehen, wann dies der Fall ist — so gilt die Neutralitätsbedingung $\delta n = \delta p$, wo δn und δp die Abweichungen der Ladungsträgerkonzentrationen von ihren Gleichgewichtswerten sind.

Wir betrachten den Fall einer neutralen Dichteabweichung genauer. Es sei also $\delta n = \delta p$. Ferner sei die Rekombination der Elektronen und der Löcher durch eine gemeinsame Lebensdauer τ gekoppelt: $U_n = U_p = \delta n/\tau$.

Ähnlich wie in Abschnitt 27 behandeln wir zwei idealisierte eindimensionale Fälle:

a) Bei $x = 0$ werde eine neutrale Dichteabweichung $\delta n = \delta p$ stationär aufrechterhalten. Dann folgt aus (44.1)

$$\delta n(x) = \delta n(0)\,e^{-x/L}, \qquad L = \sqrt{D\tau} \tag{44.3}$$

mit

$$D = \frac{n+p}{n/D_p + p/D_n}. \tag{44.4}$$

Die Dichteabweichung fällt also exponentiell mit der *Diffusionslänge* L ab. Neben die Debye-Länge (27.7), die die Ausdehnung von stationären Raumladungen in Halbleitern beschreibt, tritt also die Diffusionslänge, die die Ausdehnung neutraler Dichteabweichungen beschreibt. Für kleine Dichteabweichungen ist L allein durch die Eigenschaften des Halbleiters gegeben. Ist L sehr groß gegen L_D, also die Lebensdauer τ sehr groß gegen die dielektrische Relaxationszeit τ_{rel}, so kann das Halbleiterinnere als im wesentlichen neutral angesehen werden.

Der *ambipolare Diffusionskoeffizient* (44.4) verdient nähere Betrachtung. Im Eigenhalbleiter ist er das reziproke arithmetische Mittel der Diffusionskoeffizienten der Elektronen und der Löcher. Im Störstellenhalbleiter (und das ist der Fall, der uns im weiteren fast ausschließlich interessieren wird) wird für $n_{gl} \gg p_{gl}$ $D = D_p$, für $p_{gl} \gg n_{gl}$ $D = D_n$. Die Diffusion einer neutralen Dichteabweichung richtet sich also im Störstellenhalbleiter nach dem Diffusionskoeffizienten der *Minoritätsträger* (d.h. der in der Minderzahl befindlichen Ladungsträger), nicht nach den Eigenschaften der *Majoritätsträger*.

b) Am Halbleiter liege ein elektrisches Feld E_0. Zur Zeit $t = 0$ sei $\delta n = A\,\delta(x)$, d. h. an der Stelle $x = 0$ seien A Paare konzentriert. Wir fragen nach dem Abbau dieser Dichteabweichung und nach ihrer Bewegung im äußeren Feld. Aus (44.1) folgt in diesem Fall

$$\delta n = \frac{A}{\sqrt{4\pi D t}} \exp\left(-\frac{(x - \mu^* E_0 t)^2}{4Dt}\right) \exp\left(-\frac{t}{\tau}\right) \quad (44.5)$$

mit

$$\mu^* = \frac{e\mu_n \mu_p}{\sigma}(n - p). \quad (44.6)$$

Die Dichteverteilung wird also durch eine Gausssche Verteilung gegeben, die als Ganzes exponentiell mit der Lebensdauer τ abnimmt und deren Schwerpunkt sich mit der Gruppengeschwindigkeit $\mu^* E_0$ bewegt. Im Eigenhalbleiter wird μ^* gleich Null, die neutrale Dichteabweichung wird vom elektrischen Feld nicht bewegt. Im Störstellenhalbleiter wird μ^* gleich der Beweglichkeit der jeweiligen Minoritätsträger.

Das Modell dieses Abschnittes ist durch die Betrachtung eines unendlich ausgedehnten Halbleiters stark idealisiert. In vielen Fällen kann der Einfluß der Oberfläche des Präparates nicht vernachlässigt werden.

Oberflächen tragen (ebenso wie andere Störungen des idealen Kristalls) bevorzugt zur Rekombination bei (vgl. Abschnitt 52). Ein auf eine Oberfläche zufließender Diffusionsstrom kann durch *Oberflächenrekombination* vernichtet werden. Ein für kleine Dichteabweichungen möglicher Ansatz ist:

$$j_{n\perp} = j_{p\perp} = -D\,\mathrm{grad}_\perp \delta n = s\,\delta n \quad \text{an der Oberfläche} \quad (44.7)$$

d. h. der von der Oberfläche aufgenommene Diffusionsstrom ist proportional zur Dichteabweichung an der Oberfläche. Der Proportionalitätsfaktor s wird als *Oberflächenrekombinations-Geschwindigkeit* bezeichnet.

Wir wählen zur Verdeutlichung als Beispiel den oben unter a) behandelten eindimensionalen Fall und erweitern ihn dadurch, daß wir bei $x = a$ eine Oberfläche annehmen. Dann tritt zu (44.1) die Randbedingung (44.7) und als Lösung folgt

$$\delta n = \delta n(0)\,\frac{e^{-x/L} + B\,e^{x/L}}{1 + B}; \quad B = \frac{D - Ls}{D + Ls}\,e^{-2a/L}. \quad (44.8)$$

Für $s = D/L$ wird $B = 0$. Die Oberfläche ersetzt in ihrer Rekombinationsfähigkeit gerade das durch sie abgeschnittene Volumen. Ist s kleiner als dieser Wert, so kann die Oberfläche die durch die Diffusion herangebrachten Ladungsträger nicht aufnehmen. Der Diffusionsstrom staut sich vor der Oberfläche. Umgekehrt überwiegt für große s die Rekombinationsfähigkeit der Oberfläche die des Volumens.

45. Photoleitung

Wird durch Lichteinstrahlung die Konzentration der Ladungsträger in einem Halbleiter erhöht, so erhöht sich damit auch seine elektrische Leitfähigkeit *(Photoleitung)*. Allgemein ist

$$\sigma = e(\mu_n n_{gl} + \mu_p p_{gl}) + e\mu_n \,\delta n + e\mu_p \,\delta p = \sigma_0 + \delta\sigma. \quad (45.1)$$

Aus der Kenntnis der Abweichungen δn und δp als Funktion des Ortes im Halbleiter läßt sich die *Strom-Spannungs-Kennlinie*, also die Abhängigkeit des Photostromes von der angelegten Spannung angeben.

Die Konzentrationsabweichungen folgen aus dem Gleichungssystem (44.1), dem geeignete Anfangs- und Randbedingungen hinzuzufügen sind. Damit ist das Problem der Photoleitung umrissen.

Hinter diesem formal einfachen Problem verbergen sich eine Fülle von Schwierigkeiten, die dieses Gebiet zu einem der vielseitigsten und interessantesten Teilgebiete der Halbleiterphysik machen. Wir geben im weiteren einen Überblick über die wichtigsten Aspekte, müssen aber für die Ausgestaltung der Theorie, die von zahlreichen materialabhängigen und durch die experimentelle Anordnung gegebenen Parametern abhängt, auf die weiter unten zitierte Literatur verweisen. Für diesen Überblick untersuchen wir die einzelnen das mathematische Problem berührenden Faktoren:

a) Die Differentialgleichungen

Das *erste Glied rechts* in (44.1) beschreibt die *Erzeugungsrate*. In (44.1) wurde angenommen, daß das Licht Elektron-Loch-Paare erzeugt. Dies ist nicht der einzig mögliche Fall. Durch Photonen geeigneter Energie können Elektronen oder Löcher aus Störstellen befreit werden. Man muß dann zwischen Erzeugungsraten für Elektronen G_n und für Löcher G_p unterscheiden. Es treten dann ferner zu den beiden die zeitliche Änderung der freien Ladungsträger beschreibenden Gleichungen weitere Gleichungen, die die zeitliche Änderung der Ladungsträgerkonzentration in den Störstellen erfassen.

Die Erzeugungsraten werden ferner immer eine Funktion des Ortes sein. Trifft Licht der Intensität I auf eine Oberfläche eines Halbleiters mit einem Absorptionskoeffizienten K, so nimmt die Intensität nach innen exponentiell ab. Die Zahl der absorbierten Photonen in einer Tiefe x unter der Oberfläche ist IKe^{-Kx}. Erzeugt jedes Photon einen freien Ladungsträger (bzw. ein Elektron-Loch-Paar), so ist dies gleichzeitig die Erzeugungsrate $G(x)$. Allgemein ist jedoch noch ein Faktor hinzuzufügen, der die *Quantenausbeute* angibt.

Die Quantenausbeute ist definiert als die Zahl der erzeugten Ladungsträger (Paare) pro absorbiertem Photon. Offensichtlich ist dieser Parameter abhängig von der Frequenz des eingestrahlten Lichtes. Erst oberhalb einer Schwellenenergie können Ladungsträger befreit werden. Bei Energien weit oberhalb dieser Schwellenenergie erhalten die Ladungsträger soviel kinetische Energie, daß sie selbst durch Stoßionisation weitere Ladungsträger freisetzen können. Literatur: z. B. Antončik und Tauc [40.2], [47].

Das *zweite Glied rechts* in (44.1) beschreibt die *Rekombination* der freien Ladungsträger, genauer das Verschwinden eines freien Ladungsträgers (Trägerpaares). Dabei braucht die Rekombination nicht in den Zustand zurückzuführen, den der Ladungsträger vor seiner lichtelektrischen Anregung einnahm. Daneben besteht die Möglichkeit, daß er von einer *Haftstelle* (auch „Trap" genannt), eingefangen wird. Haftstellen sind tiefliegende Störstellen, die wesentlich nur mit einem Band kombinieren, also etwa ein eingefangenes Elektron nicht — wie ein Rekombinationszentrum — an das Valenzband weitergeben, sondern bei Energiezufuhr an das Leitungsband reemittieren (vgl. Abb. 5).

Die Existenz solcher Haftstellen ist für die Photoleitung von entscheidender Bedeutung, da sie die Lebensdauer der überschüssigen freien Ladungsträger wesentlich erhöhen kann.

Der Begriff der Lebensdauer ist dabei nicht so eindeutig zu fassen, wie wir ihn in den Abschnitten 4 und 26 verwendet hatten. Von der primitiven Vorstellung ausgehend, daß ein Ladungsträger angeregt wird, τ Sekunden „lebt" und dann rekombiniert, können wir die Lebensdauer durch die Gleichung $\delta n = G\tau$ definieren. Neben dieser *stationären* Lebensdauer kann man (bei schwacher Anregung) häufig einen exponentiellen Abfall der Störung beobachten. Dann und nur dann ist für das Abklingen der Photoleitung aus einem Exponentialgesetz $\delta n \sim e^{-(t/\tau)}$ eine weitere Lebensdauer definierbar. Nur in den einfachsten Fällen (z. B. bei dem Ansatz (4.6)) stimmen beide τ überein.

Durch Haftstellen wird dies noch komplizierter. Sei etwa eine Photoleitfähigkeit durch Erzeugung von Elektron-Loch-Paaren geschaffen, und seien in dem Halbleiter Haftstellen vorhanden, die alle erzeugten Elektronen eingefangen haben. Dann wird der Photostrom allein von den Löchern getragen. Das Abklingen des Photostromes erfolgt nicht mit der Lebensdauer der Elektron-Loch-Paare, sondern mit einer Zeitkonstanten, die den Doppelprozeß „Befreiung eines Elektrons durch thermische Anregung aus einer Haftstelle und anschließende Rekombination" beschreibt. Abb. 50 zeigt das durch zwei Typen von Haftstellen verzögerte Abklingen der Photoleitfähigkeit in Silizium.

Sehr verschiedenes Verhalten kann ein Photoleiter zeigen, je nachdem, ob die Einfangwahrscheinlichkeit in Haftstellen klein oder groß gegen die Rekombinationswahrscheinlichkeit ist. Im zweiten Fall wird ein Ladungsträger vor seiner endgültigen Rekombination

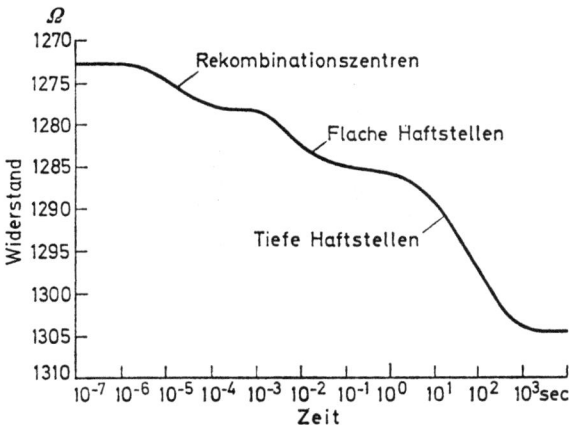

Abb. 50. Abklingen der Photoleitfähigkeit von p-Silizium mit zwei Sorten von Haftstellen und einer Art von Rekombinationszentren. [Haynes u. Hornbeck: Phys. Rev. **100**, 606 (1955)]

mehrmals von einer Haftstelle eingefangen und reemittiert *(multiple trapping)*. Dadurch kann seine scheinbare Beweglichkeit im elektrischen Feld stark herabgesetzt werden.

Die Haftstellen werden im Gleichungssystem (44.1) durch zusätzliche Rekombinationsterme beschrieben. Entsprechend treten weitere Gleichungen für die Zeitabhängigkeit der Besetzung der Haftstellen hinzu.

Das *dritte Glied rechts* in (44.1) beschreibt die Bewegung der freien Ladungsträger durch Diffusion und elektrische Felder. Im Feldterm ist zu berücksichtigen, daß neben den von außen angelegten elektrischen Feldern *innere Felder* vorhanden sein können, die von durch den Ladungsträgertransport hervorgerufenen Raumladungen aufgespannt werden. Wir kommen weiter unten darauf zurück. Die Erweiterung der Stromgleichungen auf den Fall eines zusätzlichen Magnetfeldes berühren wir kurz im folgenden Abschnitt.

b) Die Poisson-Gleichung

Neben die Gln. (44.1), (44.2) tritt die Poisson-Gleichung. Sie koppelt die Bewegung der Elektronen und Löcher. Schon im letzten Abschnitt hatten wir gesehen, daß Raumladungen im homogenen (!) Halbleiter vernachlässigt werden dürfen, wenn die Debye-Länge klein gegen die Diffusionslänge ist. Anders ausgedrückt: wenn die Lebensdauer groß gegen die dielektrische Relaxationszeit ist.

Nach (27.5) ist die dielektrische Relaxationszeit umgekehrt proportional zur Leitfähigkeit. Lassen wir die Faktoren, die die Lebensdauer beeinflussen, außer acht, so haben wir die beiden Grenzfälle: In Halbleitern mit einer relativ hohen „*Dunkelleitfähigkeit*" ist

$\tau \gg \tau_{rel}$, das Halbleiterinnere bleibt auch bei der Photoleitung wesentlich neutral. Bei kleiner Dunkelleitfähigkeit ($\tau \ll \tau_{rel}$) sind dagegen die Raumladungen wichtig. Man bezeichnet häufig die zweite Gruppe von Halbleitern schon als *Isolatoren* und unterscheidet eine Photoleitung in Halbleitern und in Isolatoren. Wir schließen uns diesem Sprachgebrauch nicht an und betrachten als Isolatoren nur diejenigen Stoffe, bei denen (etwa durch eine zu kurze Lebensdauer oder zu kleine Beweglichkeiten) auch bei Lichteinstrahlung keine meßbare Photoleitung nachgewiesen werden kann.

Der Fall $\tau \ll \tau_{rel}$ unterscheidet sich von dem anderen, in Abschnitt 44 näher diskutierten Grenzfall u. a. dadurch, daß nicht die Minoritätsträger, sondern gerade die Majoritätsträger die Diffusion und die Bewegung im elektrischen Feld bestimmen.

Anstelle der Einteilung nach dem Größenverhältnis der beiden maßgebenden Zeitkonstanten kann man „Halbleiter" und „Isolatoren" danach unterscheiden, ob die Konzentrationen δn und δp groß oder klein gegen die Konzentration der Majoritätsträger sind. Diese von der Größe der Störung abhängige Einteilung unterscheidet wieder zwei Gruppen von Photoleitern mit unterschiedlichen Eigenschaften, die sich nur teilweise mit der obigen Unterscheidung decken.

c) Die Anfangsbedingungen

Zu den Differentialgleichungen treten die Anfangsbedingungen. Gemäß den drei Phasen der Photoleitung: Aufbau des Photostromes, stationärer Zustand, Rückkehr in den Gleichgewichtszustand, untersucht man das Gleichungssystem mit den Anfangsbedingungen (α) $G = $ const, $\delta n (0) = 0$, (β) $G = $ const, $d\delta n/dt = 0$, (γ) $G = 0$, $\delta n (0) = $ const. Auf einige mit dem Auf- und Abbau der Photoleitung zusammenhängende Fragen gehen wir zu Beginn des folgenden Abschnittes ein.

d) Die Randbedingungen

Randbedingungen üben einen ganz wesentlichen Einfluß auf die Phänomene der Photoleitung aus. Wir unterscheiden: Randbedingungen an freien Oberflächen, Randbedingungen an stromführenden Kontakten und können hierzu noch als Nebenbedingungen die Angabe zählen, ob der ganze Kristall oder nur Teile von ihm mit Licht bestrahlt werden.

Den Einfluß der Oberflächen hatten wir schon in Abschnitt 44 kurz gestreift. Die photoelektrische Erzeugung von Ladungsträgern erfolgt wegen der starken Absorption im relevanten Frequenzbereich meist in einer oberflächennahen Schicht, von der aus die Ladungsträger in das Halbleiterinnere diffundieren. Ist die Dicke des Halbleiters in dieser Richtung nicht allzu groß verglichen mit der Diffusionslänge, so kann man die Transportgleichungen (44.1) für den homogenen Halbleiter der theoretischen Behandlung zugrunde legen und eine mittlere Zusatzkonzentration sowie eine durch die Oberflächenrekombination modifizierte effektive Lebensdauer annehmen.

Bei Belichtung einer Oberfläche eines dünnen Halbleiterpräparates ist folgendes von Interesse: Die in einer Oberflächenschicht erzeugten Elektron-Loch-Paare diffundieren durch das Präparat auf die entgegengesetzte Oberfläche zu. Die Ladungsträger mit der größeren Beweglichkeit diffundieren schneller, die anderen langsamer. Dadurch bildet sich eine Raumladung, die ihrerseits ein elektrisches Feld aufspannt. Dieses (schon früher zitierte) *innere Feld* bremst die schnelleren und beschleunigt die langsameren Ladungsträger, so daß ein ladungsloser ambipolarer Stromfluß zustande kommt. Bei hinreichend dünnen Schichten läßt sich das innere Feld als Spannung zwischen der belichteten und der unbelichteten Seite nachweisen *(Dember-Effekt)*.

Kontaktfragen spielen in der Photoleitung eine große Rolle. Grundsätzlich ist unmittelbar an jedem Kontakt zwischen einem Photoleiter und einem Metall $\delta n = 0$. Damit treten auch bei homogener Anregung zu einem Kontakt hin immer Konzentrationsgradienten auf. Auch der Stromfluß durch die Kontakte begrenzt die Dichteabweichungen. Jeder überschüssige Ladungsträger, der auf einen Kontakt zufließt, rekombiniert spätestens dort. Seine Lebensdauer ist also nicht nur durch die Rekombination im Volumen begrenzt, sondern auch die Verweilzeit im Photoleiter.

Alle diese Fragen treten jedoch zurück gegen die Tatsache, daß fast jedem Kontakt halbleiterseitig eine Sperrschicht oder eine Anreicherungsschicht, d. h. eine stationäre Dichteänderung der Ladungsträger vorgelagert ist. Dadurch wird der Stromfluß durch den Kontakt bestimmt. Es kann zu Phänomenen wie der Injektion von Minoritätsträgern oder Majoritätsträgern kommen; die aus dem Kontakt in das Halbleiterinnere fließenden Ströme können ,,raumladungsbegrenzt" sein. Wir werden auf einen Teil dieser Fragen im nächsten Kapitel zurückkommen. Schon bei der Behandlung des p-n-Übergangs in diesem Kapitel werden wir auf das Phänomen der Ladungsträger-Injektion stoßen. Wir werden dann auch weitere Eigenschaften von Raumladungszonen besprechen, wie sie an Kontakten vorkommen. Zu diesen Eigenschaften gehört vor allem das Auftreten von *Photospannungen*.

Wir fassen zusammen: Bei der Photoleitung interessiert die durch Lichteinstrahlung erhöhte Leitfähigkeit eines Halbleiters. Diese Leitfähigkeit kann örtlich variieren. Sie hängt ab vom Störstellengehalt des Kristalls, insbesondere den Rekombinationszentren und Haftstellen, von der Wellenlänge und der Intensität des Lichtes. Das zeitliche Verhalten wird bestimmt von der Kinetik der Umladungsprozesse der Störstellen, von den für die verschiedenen Rekombinationsprozesse gültigen Zeitkonstanten. Trotz eines formal einfachen Gleichungssystems wird die Theorie der Photoleitung erschwert durch die zahlreichen aufgezählten Einflußmöglichkeiten. Aus der Fülle der Literatur seien genannt: Bube [3], Heijne [39.6], Ruppel [39.4], [50], Stöckmann [38.6], Tauc [26].

Wir haben uns hier ausschließlich mit dem Problem des Ladungstransportes bei der Photoleitung befaßt. Daneben interessiert die ambipolare Diffusion und andere Mechanismen der Energieleitung in Photoleitern, also die Aufklärung der Beobachtung, daß Erzeugung von Elektron-Loch-Paaren durch Licht und deren Rekombination häufig nicht am gleichen Ort erfolgen. Vgl. hierzu z.B. Broser [49].

46. Mit der Photoleitung verbundene Erscheinungen

a) Lumineszenz

Erfolgt die Rekombination der überschüssigen Ladungsträger strahlend, so spricht man von *Lumineszenz*. Nur in den wenigsten Fällen wird die Rekombination allein über direkte Band-Band-Übergänge erfolgen. Meist wird sie über Rekombinationszentren ablaufen, Übergänge aus Haftstellen oder in Donatoren und Akzeptoren werden hinzukommen, Exzitonen-Zustände können eine Rolle spielen. Das Lumineszenz-Spektrum enthält also eine Fülle von Informationen über den Kristall und vor allem über die in ihm möglichen Gitterstörungen. Die Untersuchung der Lumineszenz nimmt deshalb in der Literatur einen breiten Raum ein (vgl. z.B. Broser [39.5], Grimmeiss [39.5], Gumlich [39.5], Henisch [10], Queisser [41.4], mehrere Beiträge in [49], [50]).

Nach der Art der Anregung unterscheidet man Photo-, Elektro-, Kathodo-, Tribo-, Chemo- und Thermolumineszenz. Davon sind die Photo- und die Elektrolumineszenz in Halbleitern besonders wichtig. Die Anregung der Photolumineszenz erfolgt durch Absorption von Photonen geeigneter Energie, die Anregung der Elektrolumineszenz durch hohe elektrische Felder. Hohe elektrische Felder können nach Abschnitt 43 Elektron-Loch-Paare durch Stoßionisation oder durch Tunneleffekt erzeugen, oder sie können einzelne Ladungsträger aus Störstellen (Zentren) freimachen. Die hohen Felder können entweder von außen angelegt sein — dann ist die Elektrolumineszenz ein Volumeneffekt — oder sie können als innere Felder an Kontakten (Abschnitt 53) und *p-n*-Übergängen (Abschnitt 47) vorhanden sein und nur durch eine zusätzliche äußere Spannung verstärkt werden.

b) Der photoelektromagnetische Effekt und die magnetische Sperrschicht

Der im letzten Abschnitt behandelte Dember-Effekt beschreibt den ambipolaren Diffusionsstrom, der von einer belichteten Oberfläche in das Halbleiterinnere fließt. Betrachten wir nun einen Halbleiterstab, dessen eine Seitenfläche belichtet wird, in einem Magnetfeld, das senkrecht zur Stabachse und zum ambipolaren Diffusionsstrom orientiert ist. Dann trennt die Lorentz-Ablenkung die Elektronen und die Löcher und treibt sie längs der Stabachse auf die beiden Stabenden hin. Sind die Stabenden kurzgeschlossen, so fließt ein elektrischer Strom. Im Leerlauffall ist eine Spannung meßbar. Diesen Effekt bezeichnet man als *photoelektromagnetischen Effekt* oder *PEM-Effekt*.

Der Umkehreffekt hierzu ist die sog. *magnetische Sperrschicht*. Wir betrachten einen stromdurchflossenen Eigenhalbleiter im Magnetfeld. Die Lebensdauer der Elektron-Loch-Paare sei hoch. In Abschnitt 39 hatten wir gesehen, daß beim Hall-Effekt im Eigenhalbleiter ein ambipolarer Elektron-Loch-Paar-Strom senkrecht zur Stromrichtung und senkrecht zum Magnetfeld fließt. Bei hoher Lebensdauer stauen sich die Elektron-Loch-Paare an der einen Oberfläche, während die andere gegenüberliegende Oberfläche einen Ladungsträger-Mangel aufweist. Der Abbau der Dichteabweichungen auf der einen Seite und der Aufbau auf der anderen Seite erfolgt wesentlich durch Oberflächenrekombination. Diese ist aber unsymmetrisch, da die Konzentration der Elektron-Loch-Paare zwar auf ein Vielfaches von n_i ansteigen, aber nur auf Null abfallen kann. Als Folge ist der Abbau der Dichteabweichungen an der Anreicherungsseite stärker als die Nachlieferung von der Verarmungsseite. Dies hat zur Folge, daß in dem sich einstellenden stationären Zustand das Halbleiterinnere weitgehend von Ladungsträgern entblößt werden kann.

c) Negative differentielle Widerstände

Wir erwähnen zum Schluß das Auftreten von negativen differentiellen Widerständen und damit von Instabilitäten in Photoleitern. Einer der möglichen Mechanismen hierfür ist die Befreiung von in Haftstellen eingefangenen Minoritätsträgern durch Feldemission und nachfolgende Rekombination mit Majoritätsträgern. Dadurch wird mit wachsendem elektrischen Feld die Photoleitfähigkeit geringer. Im Bereich der Feldemission besitzt die Strom-Spannungs-Kennlinie also einen Bereich mit negativem differentiellen Widerstand (vgl. Abschnitt 43). Die hierbei auftretenden Feldinhomogenitäten, insbesondere die Domänen unterschiedlicher Feldstärke sind Gegenstand zahlreicher Untersuchungen (vgl. z.B. Böer [39.1] und die in Abschnitt 43 zu diesem Thema genannte Literatur).

47. Der p-n-Übergang

Wir haben in den letzten Abschnitten gesehen, daß in Halbleitern mit nicht vernachlässigbarer Dunkelleitfähigkeit Raumladungen praktisch keine Rolle spielen. Sie können sich im stationären Zustand nur über Bereiche von wenigen Debye-Längen erstrecken. Verglichen damit waren alle anderen charakteristischen Längen, wie die Diffusionslänge, die Ausdehnung des Halbleiters, groß.

Dieses Argument gilt nicht mehr, wenn *Inhomogenitäten* im Halbleiter dessen Eigenschaften innerhalb einer Debye-Länge stark ändern. Als einfachsten und zugleich wichtigsten Fall betrachten wir den *p-n-Übergang*.

In einem Halbleiterstab möge bei $x = 0$ die Störstellenverteilung abrupt wechseln. Für $x < 0$ sei der Halbleiter durch Einbau von Akzeptoren der Konzentration n_A p-leitend, für $x > 0$ durch Einbau von Donatoren der Konzentration n_D n-leitend (Abb. 51a). Der Einfachheit halber nehmen wir an, alle Störstellen seien ionisiert, weit weg vom Übergang sei also $n = n_D$ *(n-Gebiet)* und $p = n_A$ *(p-Gebiet)*.

Die frei beweglichen Elektronen und Löcher werden in der Nähe des Übergangs eine andere Verteilung annehmen als die Störstellen. Die steilen Konzentrationsgradienten werden Anlaß zu Diffusionsströmen (der Löcher in Richtung auf das n-Gebiet, der Elektronen in Richtung auf das p-Gebiet) geben. Durch die Diffusion werden die Gradienten abgeflacht. Gleichzeitig entsteht eine Raumladung, die ein Gegenfeld aufbaut (Abb 51 b, c). Im stationären Zustand halten sich Feldströme und Diffusionsströme die Waage.

Die Breite des Gebietes, in dem der Übergang erfolgt *(Übergangsgebiet)*, läßt sich für unser Modell leicht berechnen. Wir nehmen an, daß sich für $x < x_p$ und für $x > x_n$ kein Einfluß des Übergangs mehr bemerkbar macht. Dort beginne also das p- bzw. n-Gebiet. Im Übergangsgebiet ($x_p < x < x_n$) sinken die Konzentrationen der freien Ladungsträger stark ab und sind fast im ganzen Bereich um Größenordnungen kleiner als die Störstellenkonzentrationen. Vernachlässigen wir in diesem Gebiet n und p gegen n_A bzw. n_D, so lautet die Poisson-Gleichung

$$\frac{d^2\phi}{dx^2} = \frac{n_A}{\varepsilon\varepsilon_0}(x_p < x < 0), \qquad \frac{d^2\phi}{dx^2} = -\frac{n_D}{\varepsilon\varepsilon_0}(0 < x < x_n), \quad (47.1)$$

und als Lösung findet man bei Forderung eines stetigen Anschlusses bei $x = 0$ und bei den (noch unbekannten) x_n und x_p

$$\begin{aligned}\phi &= \frac{en_A}{2\varepsilon\varepsilon_0}(x - x_p)^2 + \phi_p, \qquad x_p < x < 0 \\ &= -\frac{en_D}{2\varepsilon\varepsilon_0}(x - x_n)^2 + \phi_n, \qquad 0 < x < x_n.\end{aligned} \quad (47.2)$$

Die x_n und x_p sind festgelegt aus der Stetigkeitsbedingung von ϕ und $d\phi/dx$ bei $x = 0$. Man findet hieraus leicht

$$W = |x_n| + |x_p| = \sqrt{2\left(\frac{n_i}{n_A} + \frac{n_i}{n_D}\right)\ln\frac{n_D n_A}{n_i^2}}\, L_{D1}, \quad (47.3)$$

wo L_{D1} die Debye-Länge des Eigenhalbleiters ist (vgl. (27.7)).

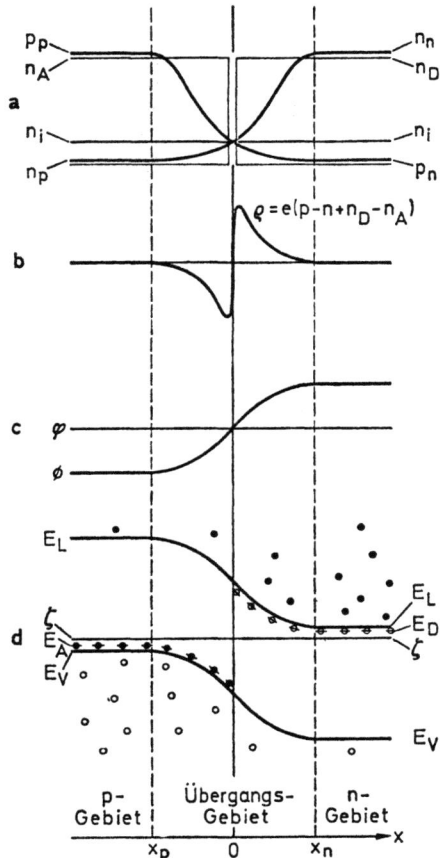

Abb. 51 a—d. Der p-n-Übergang im Gleichgewicht. a Konzentrationsverteilung der Störstellen und der freien Ladungsträger beim abrupten p-n-Übergang; b Raumladung im Übergangsgebiet; c Elektrostatisches Potential ϕ und Fermi-Potential φ; d Bändermodell

In Abb. 51 ist neben dem Konzentrationsverlauf im Übergangsgebiet der Verlauf der Raumladung, des elektrostatischen Potentials und das Bändermodell aufgetragen. Hier sehen wir deutlich den Nutzen der Einbeziehung der elektrostatischen Energie in das Bändermodell (Abschnitt 17). Es sei hier jedoch noch einmal deutlich betont, daß das elektrische Feld über viele Gitterkonstanten hinweg als praktisch konstant angenommen werden muß, damit die Effektiv-Massen-Näherung verwendet werden kann. Diese Voraussetzung müssen wir aber noch aus einem anderen Grunde machen. Wir benutzen auch im Übergangsgebiet die Gleichungen der Statistik und der Transporttheorie, wir definieren insbesondere eine Stromdichte i als Funktion des Ortes. Dann müssen wir voraussetzen, daß die freie Weglänge eines Ladungsträgers klein ist gegen alle anderen Dimensionen, also auch gegen die Längen, längs deren sich das elektrische Feld im Übergangsgebiet merklich ändert. Wir werden in Abschnitt 53 ein Beispiel dafür finden, wie wir zu rechnen haben, wenn diese Voraussetzung nicht mehr gilt.

Wir betrachten nun den Stromfluß durch einen p-n-Übergang:

Es ist zweckmäßig, zunächst den Grenzfall zu betrachten, daß auch im Übergangsgebiet *lokales Gleichgewicht* herrscht (verschwindende Lebensdauer der Elektron-Loch-Paare).

Elektronen- und Löcher-Konzentrationen sind also als Funktionen des Ortes durch ein gemeinsames elektrochemisches Potential gegeben. Wir benutzen im folgenden die Darstellung der Konzentrationen durch das elektrostatische Potential und die Quasi-Fermi-Potentiale (26.1). Zunächst sei also $\varphi_n = \varphi_p = \varphi$ und damit immer $np = n_i^2$. Legt man nun an den Halbleitern eine äußere Spannung, so wird der Spannungsabfall praktisch völlig im Übergangsgebiet erfolgen, da die Bahnwiderstände der beiden Homogengebiete gegen den großen Widerstand des Übergangsgebietes vernachlässigbar sind. Die *Diffusionsspannung* (d.h. die im Gleichgewicht eingeprägte Potentialdifferenz $\phi_n - \phi_p$) werde also um den Betrag $\delta\phi$ vermindert oder vermehrt. Da in den homogenen Gebieten die Konzentration der Ladungsträger nicht verändert wird, also dort $\varphi - \phi$ unverändert bleiben muß, stellt sich zwischen den Werten von φ im p-Gebiet und im n-Gebiet ebenfalls die Differenz $\delta\phi$ ein.

Für die Stromdichte folgt dann nach (44.2)

$$i = i_n + i_p = -e(\mu_n n + \mu_p p)\frac{d\varphi}{dx} = -\sigma \frac{d\varphi}{dx} \quad (47.4)$$

oder

$$\int_{x_a}^{x_b} \frac{i}{\sigma}\,dx = -\int_{x_a}^{x_b} d\varphi, \quad (47.5)$$

wo x_a und x_b die Grenzen des Halbleiterstabes sind.

Hier ist das rechte Integral gleich $\varphi_a - \varphi_b$, also gleich der angelegten Spannung $\delta\phi$, und es folgt

$$\frac{\delta\phi}{i} = \int_{x_a}^{x_b} \frac{1}{\sigma}\,dx. \quad (47.6)$$

Der Widerstand des Systems ist also gleich dem Integral über den lokalen Widerstand $1/\sigma$ integriert über die Länge des Halbleiters. Dieser Widerstand ist aber abhängig von der angelegten Spannung. Ist das Vorzeichen der angelegten Spannung so gerichtet, daß Elektronen und Löcher auf das Übergangsgebiet hingetrieben werden, so

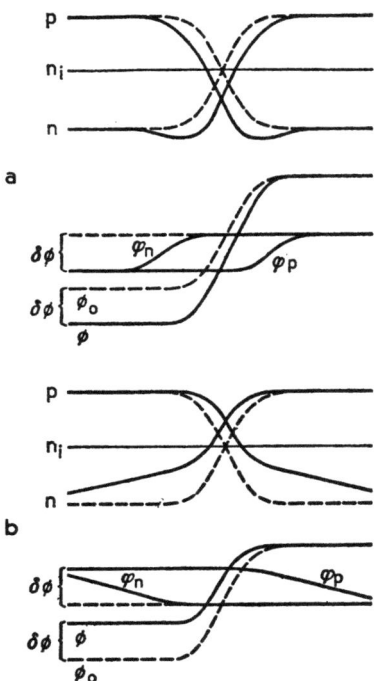

Abb. 52 a u. b. Elektronen- und Löcherkonzentration, elektrostatisches Potential und Quasi-Fermi-Potentiale beim belasteten p-n-Übergang mit geringer Rekombination im Übergangsgebiet. a Sperr-Richtung, b Fluß-Richtung

bleibt zwar in der Mitte des Übergangsgebietes der Wert n_i erhalten, auf beiden Seiten wird aber die Konzentration der Majoritätsträger (unter Wahrung der Beziehung $np = n_i^2$) stark ansteigen. Das Übergangsgebiet wird „zugeweht" und sein Widerstand sinkt. Entsprechend werden bei umgekehrtem Spannungsvorzeichen die Elektronen und Löcher vom Übergangsgebiet weggetrieben und damit dessen Widerstand erhöht. Dies ist der einfachste Fall eines *Gleichrichters*, also einer Anordnung mit nicht-linearer Strom-Spannungs-Kennlinie. Wir kommen auf den Mechanismus der Stromleitung für diesen Grenzfall in Abschnitt 53 zurück.

Der soeben behandelte Grenzfall tritt in seiner Bedeutung weit zurück gegen den Fall *schwacher Rekombination*, also den Fall eines Halbleiters, in dem die Diffusionslängen der Ladungsträger groß gegen die Debye-Längen sind. Wir haben dann zwischen den Quasi-Fermi-Potentialen der Elektronen und der Löcher zu unterscheiden. Den Verlauf der Potentiale in der Umgebung des p-n-Übergangs können wir auch ohne Rechnung qualitativ angeben (Abb. 52).

Wird durch eine angelegte Spannung das elektrostatische Potential um $\delta\phi$ angehoben oder gesenkt, so wird der Spannungsabfall wieder fast völlig im Übergangsgebiet erfolgen. Denn in den beiden Homogengebieten reicht ein kleiner Bruchteil von $\delta\phi$ aus, um dort bei der großen Konzentration der Majoritätsträger einen Feldstrom zu erzeugen. In den Homogengebieten bleibt ϕ also nahezu konstant, während die Diffusionsspannung des Übergangsgebietes wieder um $\delta\phi$ verringert oder vergrößert wird. Die Quasi-Fermi-Potentiale der *Majoritätsträger* bleiben in den Homogengebieten dann ebenfalls nahezu konstant, da die angelegte Spannung dort die Konzentration der Majoritätsträger nicht ändert und diese Konzentration nach (26.1) eine Funktion der Differenz $\varphi_{\text{maj}} - \phi$ ist. Der Abfall der φ_n bzw. φ_p erfolgt also im Übergangsgebiet *und* im *p*- bzw. *n*-Gebiet. Solange die Diffusionslänge groß gegenüber der Debye-Länge ist, wird der größte Teil des Abfalls des φ_n im *p*-Gebiet und des φ_p im *n*-Gebiet erfolgen.

Betrachten wir speziell das *n-Gebiet:* Die Elektronenkonzentration ist hier konstant gleich

$$n_n = n_i \exp \frac{e}{kT}(\phi - \varphi_n).$$

Die Löcherkonzentration dagegen ist tief im *n*-Gebiet gleich $p_n = n_i^2/n_n \ll n_n$. An der Grenze zwischen Übergangsgebiet und *n*-Gebiet (x_n) dagegen ist (Abb. 52):

$$p(x_n) = n_i e^{\frac{e}{kT}(\varphi_p(x_n)-\phi)} = p_n e^{\frac{e}{kT}(\varphi_p(x_n)-\varphi_p(\infty))} \approx p_n e^{\frac{e}{kT}\delta\phi}. \quad (47.7)$$

Wir erhalten also das entscheidende Ergebnis: Bei Vernachlässigung der Rekombination im Übergangsgebiet ($L \gg L_D$) ändert sich die Konzentration der *Minoritätsträger* am Rande des Übergangsgebietes exponentiell mit der angelegten Spannung.

Den Löcherstrom bei x_n erhält man dann durch die folgende Überlegung: Tief im Inneren des *n*-Gebietes wird der Gesamtstrom i ausschließlich von Elektronen getragen. An der Grenze des Übergangsgebietes ist dagegen ein Teil des Stromes von Löchern übernommen worden. Da das schwache Potential im *n*-Gebiet nur hinreicht, einen Feldstrom von Majoritätsträgern zu tragen, *muß der Löcheranteil des Stromes wegen der geringen Löcherkonzentration im n-Gebiet ein Diffusionsstrom sein.* Es ist also im *n*-Gebiet

$$i_p = -eD_p \frac{dp}{dx}, \qquad \frac{di_p}{dx} = -eU_p = -e\frac{p(x)-p_n}{\tau_p}. \quad (47.8)$$

Dabei haben wir Gl. (44.1) benutzt, in der im stationären Zustand bei fehlender äußerer Erzeugung $\partial p/\partial t$ und G Null sind. Außerdem haben wir die Lebensdauer der Löcher im *n*-Gebiet τ_p eingeführt.

Durch Einsetzen der ersten Gleichung in die zweite folgt dann mit der Randbedingung $p(\infty) = p_n$ und $L_p = \sqrt{D_p \tau_p}$

$$p(x) = p_n + (p(x_n) - p_n) e^{-\frac{x-x_n}{L_p}}$$
$$= p_n \left(1 + \left(e^{\frac{e}{kT} \delta\phi} - 1\right) e^{-\frac{x-x_n}{L_p}}\right) \tag{47.9}$$

und hieraus

$$i_p(x_n) = \frac{eD_p}{L_p} p_n \left(e^{\frac{e}{kT} \delta\phi} - 1\right). \tag{47.10}$$

Eine entsprechende Gleichung erhält man für den Elektronenanteil des Stromes an der Grenze p-Gebiet-Übergangsgebiet. Da wir nun wegen der Voraussetzung $L \gg L_D$ schon oben die Rekombination *im Übergangsgebiet* vernachlässigt haben, können wir auch hier i_n und i_p als konstant im Übergangsgebiet ansehen. Damit können wir (47.10) und den entsprechenden Ausdruck für $i_n(x_p)$ addieren zu der Gesamtstromdichte im Übergangsgebiet (und damit überall im Halbleiter):

$$i = i_n(x_p) + i_p(x_n)$$
$$= \left(\frac{eD_n n_p}{L_n} + \frac{eD_p p_n}{L_p}\right)\left(e^{\frac{e}{kT} \delta\phi} - 1\right) = i_s \left(e^{\frac{e}{kT} \delta\phi} - 1\right). \tag{47.11}$$

Dies ist die Strom-Spannungs-Kennlinie eines idealen Gleichrichters. Mit wachsender angelegter Spannung $\delta\phi$ steigt i exponentiell in *Flußrichtung*, während i in *Sperrichtung* $(-\delta\phi)$ einem Sättigungswert i_s zustrebt (Abb. 53).

Wir fassen zusammen: Bei schwacher Rekombination wird in den Homogengebieten in der Nähe des Übergangs ein Teil des Gesamtstromes als Diffusionsstrom von den Minoritätsträgern getragen.

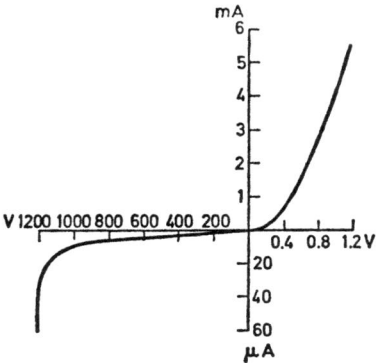

Abb. 53. Typische Kennlinie eines Germanium-p-n-Gleichrichters. [Pietenpol: Phys. Rev. **82**, 120 (1951)]. (Für den Anstieg des Sperrstromes oberhalb 1000 V vgl. den folgenden Abschnitt)

Die „Ergiebigkeit" dieser Diffusionsströme begrenzt den Stromfluß durch den Übergang. Diese Ergiebigkeit wird durch die Größe der Konzentrationsgradienten der Minoritätsträger bestimmt. In Sperrrichtung kann am Rande des Übergangsgebietes die Konzentration der Minoritätsträger nur bis zum Wert Null abgesenkt werden. Dann fließt ein geringer Sperrstrom als Sättigungsstrom. In Flußrichtung kann die Konzentration der Minoritätsträger jedoch um Größenordnungen erhöht werden. Es fließen dann hohe Diffusionsströme.

48. Weitere Eigenschaften von p-n-Übergängen

Nachdem wir im vorhergehenden Abschnitt die Grundzüge des Stromdurchganges durch einen p-n-Übergang an einem idealisierten Modell kennengelernt haben, müssen wir nun die Korrekturen und Ergänzungen aufzählen, die bei einem realen p-n-Übergang wichtig sind.

Die *Störstellenverteilung* wird niemals *abrupt* wechseln, sie wird vielmehr kontinuierlich von einem Wert n_A = const., $n_D = 0$ auf einen Wert $n_A = 0$, n_D = const. übergehen. Das hat auf die Kennlinie (47.11) wenig Einfluß, solange der Übergang nicht zu flach wird und damit das Typische des Modells des letzten Abschnittes verloren geht. Die *Kapazität* des Übergangs wird dagegen von der Störstellenverteilung im Übergangsgebiet bestimmt.

Die *Rekombination im Übergangsgebiet* hatten wir vernachlässigt. Durch ihre Berücksichtigung ändert sich zwar nichts an der Physik der p-n-Gleichrichtung. Es ergeben sich aber Abweichungen von der idealen Kennlinie (47.11). Diese Abweichungen äußern sich in einem schwächeren Anstieg in Flußrichtung, der sich häufig durch ein $e^{e\delta\phi/2kT}$-Gesetz beschreiben läßt.

Für das *Wechselstromverhalten* eines p-n-Übergangs ist zu beachten, daß die im stationären Zustand aufgebauten Dichteabweichungen durch Rekombination abgebaut werden müssen, wenn man von Flußrichtung nach Sperrichtung umpolt. Die Diffusionszonen besitzen also eine gewisse Trägheit. Bei hohen Frequenzen wird in Sperrichtung zunächst ein höherer Strom fließen, der (durch Rekombination der überschüssigen Ladungsträger) exponentiell auf den normalen Sperrstrom abklingt.

Der *Sperrstrom* ist deshalb so gering, weil am Rande des Übergangsgebietes die Minoritätsträger-Konzentrationen praktisch Null sind. Wenn auch mit zunehmender Sperrspannung der Sperrstrom nicht mehr ansteigt, so wächst doch das elektrische Feld im Übergangsgebiet. In hohen Feldern können aber durch *Stoßionisation* (Abschnitt 43) zusätzliche Elektron-Loch-Paare erzeugt werden (*Lawinendurchbruch*, vgl. z.B. Chynoweth [40.4], Mönch [39.9]). Das elektrische Feld kann auch durch *innere Feldemission* (Tunnel-

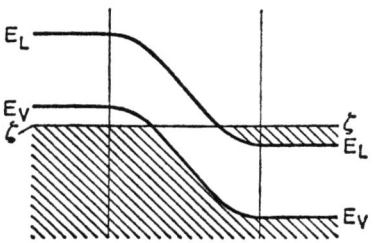

Abb. 54. Bändermodell der Tunneldiode im Gleichgewicht. Bei Belastung in Flußrichtung wird die rechte Seite der Abbildung gegenüber der linken angehoben. Elektronen aus dem Leitungsband können dann von rechts nach links das Übergangsgebiet durchtunneln, solange E_L (rechts) tiefer als E_V (links) liegt

effekt, Abschnitt 27) Elektron-Loch-Paare schaffen. Beide Mechanismen führen zu einem starken Anstieg des Sperrstromes oberhalb einer kritischen Spannung (Abb. 53).

Eine innere Feldemission im Übergangsgebiet ist verantwortlich für das Verhalten einer *Tunneldiode* (siehe z. B. Gremmelmaier [39.1]). Man versteht darunter einen *p-n*-Übergang, der so stark dotiert ist, daß die beiden Homogengebiete entartet sind. Das chemische Potential ζ liegt also im Gleichgewicht im Valenz- bzw. Leitungsband (Abb. 54). Das anomale Verhalten eines solchen *p-n*-Übergangs erkennt man durch Vergleich mit Abb. 51d. Wird bei einem normalen *p-n*-Übergang eine schwache Flußspannung angelegt, so können nur die Elektronen oder Löcher zum Strom beitragen, die in ihrem Band die (durch die angelegte Spannung leicht erniedrigte) Potentialschwelle des Übergangs überqueren können. Es sind dies nach Abb. 51d die jeweils energiereichsten Majoritätsträger. Im Falle der Tunneldiode erkennt man nach Abb. 54, daß bei schwachen Flußspannungen ein Übergang von Elektronen aus dem *n*-Gebiet in freie Zustände des Valenzbandes im *p*-Gebiet durch *Tunneleffekt* möglich ist. Dies bedeutet einen zusätzlichen Beitrag zum Flußstrom. Dieser Tunneleffekt ist aber nur möglich, solange die Diffusionsspannung durch die angelegte Spannung nicht soweit erniedrigt ist, daß die Unterkante des Leitungsbandes im *n*-Gebiet energetisch gleich oder höher als die Valenzband-Oberkante im *p*-Gebiet wird. Da dann keine freien Zustände im Valenzband durch Tunneleffekt erreichbar sind, verschwindet der Tunnelstrom. Es folgt also eine Kennlinie, wie sie in Abb. 55 dargestellt ist. Wir finden hier somit ein drittes Beispiel für eine Kennlinie mit stückweise negativem differentiellen Widerstand.

Die Tunneldiode ist ein geeignetes Objekt zur Untersuchung des Tunneleffektes als eines wichtigen Festkörper-Phänomens. Der Tunnelstrom zeigt nicht nur Übergänge zwischen Bloch-Zuständen des Leitungs- und Valenzbandes mit gleicher Energie und gleichem

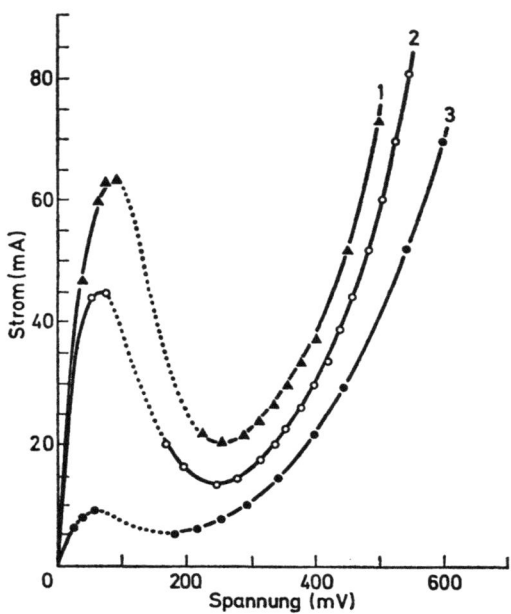

Abb. 55. Kennlinien dreier Tunneldioden aus GaAs. [Gremmelmaier u. Henkel: Z. Naturforsch. 14a, 1072 (1959)]

Wellenzahlvektor. Übergänge unter Beteiligung von Phononen, Übergänge aus oder in flache Störstellen spielen eine Rolle. Für eine ausführliche Darstellung aller Tunneleffekte in Festkörpern vgl. Duke [36, Suppl. 10].

In Flußrichtung werden Ladungsträger von beiden Homogengebieten in das Übergangsgebiet hineingeschwemmt. Diese überschüssigen Ladungsträger rekombinieren in einem Bereich von wenigen Diffusionslängen rechts und links des Übergangs. Sind die Rekombinationsprozesse strahlend, so ist ein *Rekombinationsleuchten* in der Umgebung des Übergangs beobachtbar (*Elektrolumineszenz*, Abschnitt 46). Ist die Störung so stark, daß eine Inversion der Termbesetzung erreicht wird, so kann es zu einer kohärenten Rekombinationsstrahlung kommen (*Injektionslaser*). Zusammenfassende Berichte über Injektionslaser geben u. a. Haken [39.4], Heywang und Winstel [39.4] und Stern [40.2].

Wir schließen die Aufzählung der bei p-n-Übergängen möglichen Besonderheiten mit einem sehr wichtigen Phänomen. Wir haben gesehen, daß in der Umgebung eines p-n-Überganges ein Teil des Stromes von Minoritätsträgern getragen wird, wenn man eine Rekombination im Übergangsgebiet vernachlässigen kann. Bei einem symmetrischen p-n-Übergang ($n_A = n_D$) ist dies jeweils die

Hälfte. Bei einem stark unsymmetrischen Übergang findet man nach (47.11) auch im Strom ein unsymmetrisches Verhalten. Sei etwa die Leitfähigkeit des p-Gebietes sehr groß gegen die des n-Gebietes ($p_p \gg n_n$ und damit $p_n \gg n_p$). Dann ist nach (47.11) der Löcheranteil des Stromes durch das Übergangsgebiet groß gegen den Elektronenanteil. In Flußrichtung findet eine starke *Löcherinjektion* in das n-Gebiet statt.

Diese *Injektion von Minoritätsträgern* aus einem p-n-Übergang ist deshalb von so großer Bedeutung, weil sie in einem Bereich von einigen Diffusionslängen im sonst homogenen Gebiet eine starke Überhöhung der Gleichgewichtskonzentrationen durch zusätzliche Elektron-Loch-Paare schafft. Wir werden an verschiedenen Stellen sehen, welche Vorgänge im Homogengebiet durch Injektion beeinflußbar sind.

Das Phänomen der Injektion von Minoritätsträgern ist eine Folge der zwei möglichen Leitungsmechanismen in einem Halbleiter. Wird der Strom in einem Teil des Halbleiters von freien Elektronen (im Leitungsband), in einem anderen Teil von Elektronen in den Elektronenbrücken (Löcher im Valenzband) getragen, so ist es nicht selbstverständlich, daß der Übergang von einem Mechanismus zum anderen in der Grenzfläche (p-n-Übergang, Kontakt Metall-Halbleiter, Kontakt Halbleiter-Halbleiter) erfolgt. Findet er in grenzflächennahen Bereichen statt, so fließt dem auf die Grenzfläche hingerichteten Majoritätsträgerstrom ein Minoritätsträgerstrom entgegen.

Neben einer Injektion von Minoritätsträgern ist bei bestimmten Kontakten auch eine Injektion von Majoritätsträgern möglich (vgl. Abschnitt 54). Auch eine Extraktion von Minoritätsträgern läßt sich in bestimmten Fällen nachweisen.

49. Photoeffekt in p-n-Übergängen

Die Empfindlichkeit des Sperrstromes eines p-n-Übergangs gegenüber einer Erhöhung der Minoritätsträger-Konzentration im oder in der Nähe des Übergangsgebietes hatten wir schon im letzten Abschnitt erwähnt. Zwei Möglichkeiten der Beeinflussung der Sperr-Kennlinie eines p-n-Gleichrichters liegen dann auf der Hand. Die eine ist die Erzeugung einer Dichteüberhöhung in der Umgebung eines in Sperrichtung gepolten p-n-Übergangs durch photoelektrische Erzeugung von Elektron-Loch-Paaren. Die andere Möglichkeit ist die Erzeugung einer Dichteüberhöhung durch Injektion von Minoritätsträgern aus einem benachbarten p-n-Übergang. Wir behandeln in diesem Abschnitt den ersten Fall, im folgenden Abschnitt den zweiten Fall.

Als einfachstes Beispiel nehmen wir an, ein idealer p-n-Übergang (Abschnitt 47) werde mit Licht bestrahlt und dadurch eine homogene Erzeugungsrate G in seiner Umgebung erzielt. Die Gl. (44.1) für die Minoritätsträger in den beiden Homogengebieten nimmt dann die Form an:

$$D_n \frac{d^2}{dx^2} \delta n - \frac{\delta n}{\tau_n} + G = 0 \qquad \text{im } p\text{-Gebiet}$$
$$D_p \frac{d^2}{dx^2} \delta p - \frac{\delta p}{\tau_p} + G = 0 \qquad \text{im } n\text{-Gebiet} \qquad (49.1)$$

mit $\delta n = n - n_p$, $\delta p = p - p_n$.
Dazu kommen die Randbedingungen

$$\begin{aligned}\delta n &= 0 & &\text{für} \quad |x| \gg |x_p| \\ &= n_p \left(e^{\frac{e}{kT}\delta\phi} - 1\right) & &\text{für} \quad x = x_p\end{aligned} \Bigg\} \text{im } p\text{-Gebiet}$$

$$\begin{aligned}\delta p &= p_n \left(e^{\frac{e}{kT}\delta\phi} - 1\right) & &\text{für} \quad x = x_n \\ &= 0 & &\text{für} \quad x \gg x_n.\end{aligned} \Bigg\} \text{im } n\text{-Gebiet} \qquad (49.2)$$

Man erhält unter den gleichen Annahmen wie in Abschnitt 47 leicht

$$i = i_s \left(e^{\frac{e}{kT}\delta\phi} - 1\right) - i_G, \qquad i_G = eG(L_n + L_p). \qquad (49.3)$$

Zum Sperrstrom $-i_s$ addiert sich also eine zusätzliche von den erzeugten Elektron-Loch-Paaren gelieferte Stromdichte $-i_G$. Es tragen gerade so viele Elektron-Loch-Paare zum Strom bei, wie in einem Bereich von je einer Diffusionslänge nach beiden Seiten erzeugt werden. Dies ist verständlich. Ursache für den Zusatzstrom ist ja das elektrische Feld im Übergangsgebiet, das ein Elektron-Loch-Paar trennt und das Elektron nach der einen, das Loch nach der anderen Richtung abführt. Dies erfolgt mit allen Elektron-Loch-Paaren, die entweder im Übergangsgebiet erzeugt werden oder so nahe dabei, daß sie in das Übergangsgebiet durch Diffusion gelangen können.

Der Zusatzstrom $-i_G$ ist der Kurzschlußstrom, der bei $\delta\phi = 0$ fließt. Entsprechend folgt aus (49.3) als *Leerlaufspannung*

$$\delta\phi_L = \frac{kT}{e} \ln\left(1 + \frac{i_G}{i_s}\right). \qquad (49.4)$$

Im stromlosen Fall tritt also bei belichteten *p-n*-Übergängen eine *Photospannung* auf. Dieses Phänomen ist nicht auf *p-n*-Übergänge beschränkt. Neben seinem Auftreten an Kontakten (Abschnitt 53) werden Photospannungen immer dann in Photoleitern beobachtet, wenn durch Inhomogenitäten innere Felder vorhanden sind, die photoelektrisch erzeugte Elektron-Loch-Paare trennen können (vgl. hierzu Ruppel [39.4]).

Die Strahlungsempfindlichkeit von *p-n*-Übergängen ist nicht auf Licht beschränkt. Alle Strahlung (Röntgenstrahlen, Korpuskularstrahlen ...), die im Halbleiter Elektron-Loch-Paare freisetzen kann, führt zu einem Photoeffekt. Literatur zum Photoeffekt in p-n-Übergängen: z.B. Wiesner [38.3], zu p-n-Teilchenzählern: z.B. Czulius [39.2], Taylor [27].

50. Der n-p-n-Transistor

Wir betrachten nun den Einfluß zweier benachbarter p-n-Übergänge aufeinander. Dazu diene folgende Anordnung (Abb. 56): Ein

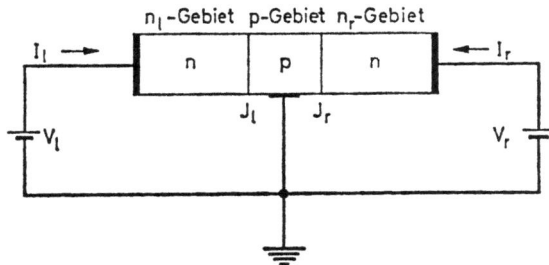

Abb. 56. Schaltschema des n-p-n-Übergangs

Halbleiterstab bestehe aus zwei n-Gebieten, die durch ein p-Gebiet der Dicke X getrennt sind. An den Grenzflächen zwischen den beiden Gebieten liegt also jeweils ein p-n-Übergang. Zur Unterscheidung bezeichnen wir das linke Gebiet als n_l-Gebiet, das rechte als n_r-Gebiet und entsprechend die beiden Übergänge mit J_l und J_r. Durch zwei Spannungsquellen V_l und V_r können die beiden n-Gebiete auf ein gewünschtes Potential gegenüber dem (geerdeten) p-Gebiet gebracht werden. Die Länge der n-Gebiete sei groß und die Breite der Übergangsgebiete klein gegenüber den Diffusionslängen der Minoritätsträger.

Gemäß den Vorbemerkungen zum vorhergehenden Abschnitt interessiert der Einfluß eines Injektionsstromes auf den Sperrstrom eines benachbarten p-n-Übergangs. Wir nehmen also an, daß J_l in Flußrichtung, J_r in Sperrichtung gepolt sei. Sind beide Übergänge weit voneinander entfernt ($X \gg L_n$, L_n = Diffusionslänge der Elektronen im p-Gebiet), so beeinflussen sie sich nicht. Der Stromtransport durch J_l und J_r erfolgt nach dem in Abschnitt 47 geschilderten Mechanismus. Die Bereiche des p-Gebietes, in denen die Übernahme des Diffusionsstromes der Elektronen durch einen entgegengerichteten Feldstrom der Löcher erfolgt, überlappen sich nicht. Dieser Fall ist in Abb. 57 oben dargestellt. Die Konzentrationsverteilungen und der Verlauf der verschiedenen Potentiale entspricht genau den in Abb. 52 gezeigten Verhältnissen des einzelnen p-n-Übergangs.

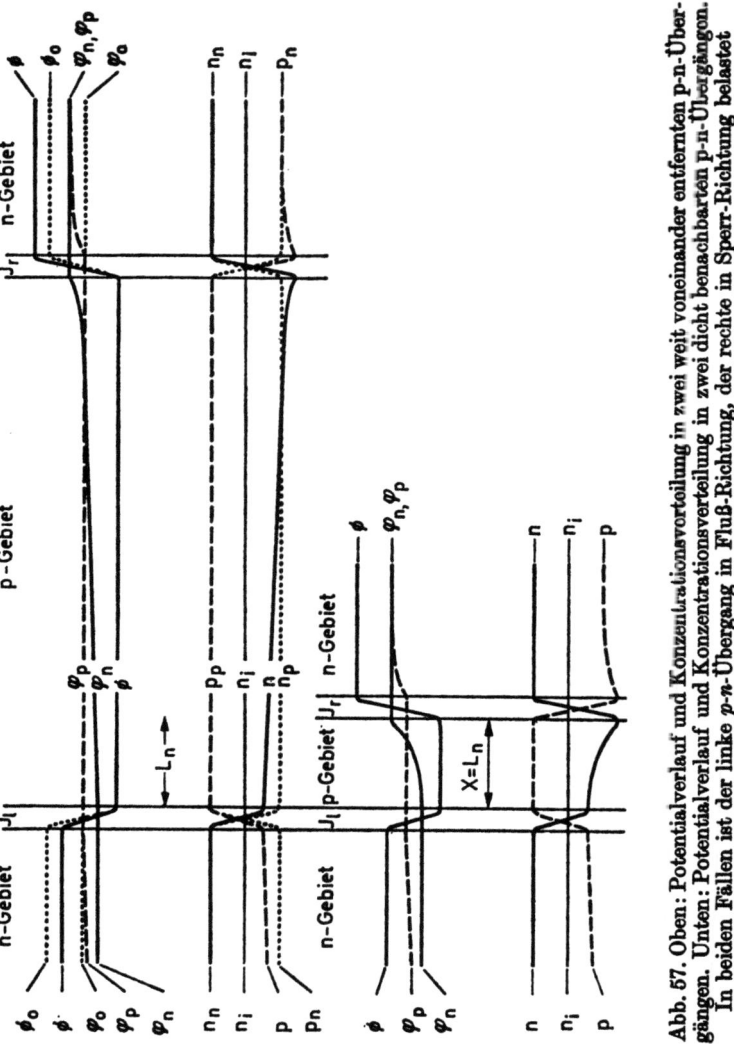

Abb. 57. Oben: Potentialverlauf und Konzentrationsverteilung in zwei weit voneinander entfernten p-n-Übergängen. Unten: Potentialverlauf und Konzentrationsverteilung in zwei dicht benachbarten p-n-Übergängen. In beiden Fällen ist der linke p-n-Übergang in Fluß-Richtung, der rechte in Sperr-Richtung belastet

Sind dagegen beide Übergänge dicht benachbart, so überlappen sich die „Diffusionsschwänze" im p-Gebiet und die Ströme $i(J_l)$ und $i(J_r)$ sind nicht mehr voneinander unabhängig (Abb. 57 unten). Der von dem in Flußrichtung gepolten Übergang J_l nach rechts fließende Elektronen-Diffusionsstrom erreicht J_r und hebt dort die

Konzentration der Minoritätsträger an. Da J_r in Sperrichtung gepolt ist, reagiert sein Sperrstrom empfindlich auf diese Störung.

Zur quantitativen Erfassung der Stromdichten beachten wir, daß der Elektronenstrom im p-Gebiet praktisch ein reiner Diffusionsstrom ist. Im p-Gebiet gilt dann

$$D_n \frac{d^2 n}{dx^2} - \frac{n - n_p}{\tau_n} = 0 \qquad (50.1)$$

mit den Randbedingungen

$$n = n_p e^{\frac{e}{kT} \delta\phi_l} = n_l \quad \text{für} \quad x = -\frac{X}{2}$$
$$n = n_p e^{\frac{e}{kT} \delta\phi_r} = n_r \quad \text{für} \quad x = +\frac{X}{2}. \qquad (50.2)$$

Hieraus ergibt sich

$$n = n_p + \frac{n_l + n_r - 2n_p}{2\cos(X/2L_n)} \cos\frac{x}{L_n} + \frac{n_r - n_l}{2\sin(X/2L_n)} \sin\frac{x}{L_n} \qquad (50.3)$$

als Konzentrationsverteilung der Elektronen im p-Gebiet.

Der durch J_r fließende Elektronenstrom wird dann (das Vorzeichen der Stromdichten sei im folgenden so gewählt, daß positive i einen Strom von den n-Gebieten in das p-Gebiet entsprechen):

$$i_n(J_r) = eD_n \frac{dn}{dx}\bigg|_{x=X/2} = \operatorname{Cosec} \frac{X}{L_n} \cdot i_{n0}(J_l) - \operatorname{Cot} \frac{X}{L_n} \cdot i_{n0}(J_r), \qquad (50.4)$$

wo die i_{n0} die Stromdichten der Elektronen durch die unbeeinflußten p-n-Übergänge sind.

Der Gesamtstrom durch J_r wird also

$$i_r = \operatorname{Cosec} \frac{X}{L_n} \cdot i_{n0}(J_l) - \operatorname{Cot} \frac{X}{L_n} \cdot i_{n0}(J_r) - i_{p0}(J_r). \qquad (50.5)$$

Diese Gleichung sagt folgendes aus:

1. Durch J_r fließt der Bruchteil $\operatorname{Cosec}(X/L_n)$ des J_l durchfließenden „ungestörten" Elektronenstromes.
2. Durch ihn wird der „ungestörte" Elektronenstrom durch J_r um den Faktor $\operatorname{Cot}(X/L_n)$ erhöht.
3. Der Löcherstrom durch J_r wird von J_l nicht beeinflußt.

Die in Abb. 56 gezeigte Anordnung stellt den Prototyp eines *n-p-n-Transistors* dar. Wir untersuchen nun die Verstärkerwirkung dieser Anordnung. Dazu ist es zweckmäßig, die Gl. (50.5) und die entsprechende Gleichung für den Strom durch J_l

$$i_l = \operatorname{Cosec} \frac{X}{L_n} \cdot i_{n0}(J_r) - \operatorname{Cot} \frac{X}{L_n} \cdot i_{n0}(J_l) - i_{p0}(J_l) \qquad (50.6)$$

umzuformen. Die Stromdichten i_{p0} und i_{n0} haben ja die gleiche Spannungsabhängigkeit

$$i_{p0} = i_{ps}\left(e^{\frac{e}{kT}\delta\phi} - 1\right), \quad i_{n0} = i_{ns}\left(e^{\frac{e}{kT}\delta\phi} - 1\right). \qquad (50.7)$$

Bezeichnen wir den Ausdruck $-(kT/e)(e^{e\delta\phi/kT} - 1)$ mit B, so wird (50.5) und (50.6)

$$J_l = G_{ll} B_l + G_{lr} B_r$$
$$J_r = G_{rl} B_l + G_{rr} B_r, \qquad (50.8)$$

wo $I = A i$ ($A =$ Querschnitt des Halbleiterstabes) und

$$G_{ll} = \frac{e \mu_n n_p}{L_n} A \operatorname{Cot} \frac{X}{L_n} + \frac{e \mu_p p_{nl}}{L_{pl}} A = G_{lln} + G_{llp}$$

$$G_{rr} = \frac{e \mu_n n_p}{L_n} A \operatorname{Cot} \frac{X}{L_n} + \frac{e \mu_p p_{nr}}{L_{pr}} A = G_{rrn} + G_{rrp} \qquad (50.9)$$

$$G_{rl} = G_{lr} = -\frac{e \mu_n n_p}{L_n} A \operatorname{Cosec} \frac{X}{L_n}.$$

Die Indizes l und r beziehen sich dabei wieder auf das n_l- bzw. n_r-Gebiet.

Bezeichnen wir nun die an J_l gelegte Spannung (*Emitter*-Spannung) mit $V_e = -\delta\phi_l (< 0)$ und die an J_r gelegte Spannung (*Kollektor*-Spannung) mit $V_c = -\delta\phi_r (> 0)$, so wird

$$B_l = \frac{kT}{e}(1 - e^{-eV_e/kT}), \qquad B_r = \frac{kT}{e}(1 - e^{-eV_c/kT}), \qquad (50.10)$$

also für kleine V: $B_l = V_e$, $B_r = V_c$.

Für ein kleines auf eine Gleichstromvorbelastung I, V gegebenes Signal i, v ergibt sich dann aus (50.8) und (50.10) (wir bezeichnen die kleinen Zusatzströme durch den *Emitter* (J_l) und den *Kollektor* (J_r) jetzt mit i_e und i_c zur Unterscheidung von den Stromdichten i_l und i_r)

$$i_e = G_{ll} e^{-eV_e/kT} v_e + G_{lr} e^{-eV_c/kT} v_c = g_{ll} v_e + g_{lr} v_c$$
$$i_c = G_{rl} e^{-eV_e/kT} v_e + G_{rr} e^{-eV_c/kT} v_c = g_{rl} v_e + g_{rr} v_c. \qquad (50.11)$$

Dies sind die Vierpol-Gleichungen des n-p-n-Transistors. Man entnimmt ihnen sofort die folgenden für die Verstärkerwirkung wichtigen Größen:

1. Der Teil des durch den Emitter fließenden Elektronenstromes, der den Kollektor erreicht *(Einfangfaktor)*:

$$\beta_e = \left|\frac{i_{cn}}{i_{en}}\right|_{v_c=0} = \operatorname{Sec} \frac{X}{L_n}. \qquad (50.12)$$

2. Der Elektronenanteil am Emitterstrom für $v_c = 0$ *(Gütefaktor des Emitters)*:

$$\gamma_e = \left|\frac{i_{en}}{i_e}\right|_{v_c=0} = \left(1 + \frac{L_n}{L_{pl}} \frac{\mu_p p_{nl}}{\mu_n n_p} \operatorname{Tan} \frac{X}{L_n}\right)^{-1}. \qquad (50.13)$$

Der Einfangfaktor wird offensichtlich größer mit kleiner werdendem Abstand Emitter-Kollektor. Der Gütefaktor wird umso größer, je größer das Verhältnis n_p/p_n wird, also — nach unseren Bemerkungen am Ende des Abschnittes 48 — je stärker der Emitter Elektronen in das p-Gebiet injiziert.

Aus (50.12) und (50.13) folgt dann für die *Stromverstärkung* bei kollektorseitigem Kurzschluß ($v_c = 0$, $i_c = i_{cn}$):

$$\alpha_e = \left|\frac{i_c}{i_e}\right|_{v_c=0} = \beta_e \gamma_e. \qquad (50.14)$$

α_e kann optimal den Wert Eins erreichen. Eine Stromverstärkung ist also (in der Schaltung der Abb. 56!) nicht möglich.

Für die *Spannungsverstärkung* bei kollektorseitigem Leerlauf ($i_c = 0$) erhält man andererseits

$$\left|\frac{v_c}{v_e}\right|_{i_c=0} = \left|\frac{G_{rl}}{G_{rr}}\right| e^{\frac{e}{kT}(V_c - V_e)}$$
$$= \left(\cos\frac{X}{L_n} + \frac{L_n}{L_{pl}} \frac{\mu_p p_{nl}}{\mu_n n_p} \sin\frac{X}{L_n}\right)^{-1} e^{\frac{e}{kT}(V_c - V_e)} \qquad (50.15)$$

Der erste Faktor in (50.15) kann zwar den Wert Eins auch nicht überschreiten, da jedoch $V_c - V_e$ stets positiv ist, ist hier eine Spannungsverstärkung (und damit eine Leistungsverstärkung) möglich.

Wir können nicht auf die Theorie der Transistorschaltungen eingehen. Auch die bei anderen Mehrfach-Übergängen (*p-n-p-*, *p-n-p-n-*, *p-n-i-p-* ...) auftretenden interessanten und technisch wichtigen Probleme liegen außerhalb des Rahmens dieses Buches. Hier sei auf die überaus zahlreiche Literatur zur Transistor-Elektronik verwiesen.

51. Der Feldeffekt-Transistor

Zum Abschluß erwähnen wir eine Variante eines Halbleiter-Verstärkers, der in neuerer Zeit Bedeutung gewonnen hat (vgl. Abschnitt 62), den *Feldeffekt-Transistor*. Er gehört zur Klasse der *Unipolar-Transistoren*, die sich dadurch auszeichnen, daß ihr Verstärkungs-Mechanismus nur von *einer* Sorte von Ladungsträgern bestimmt wird.

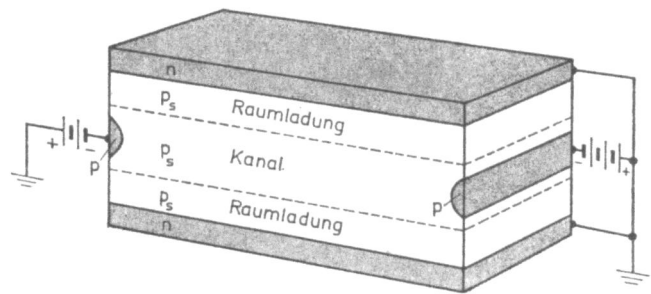

Abb. 58. Schematischer Aufbau des Feldeffekt-Transistors

Abb. 58 zeigt seinen Aufbau. Hier wird ein schwach p-leitender Halbleiter auf zwei Seiten von stark n-dotierten Bereichen begrenzt und in seiner Längsrichtung von einem Strom durchflossen. Die n-leitenden Gebiete sind gegenüber dem p-Gebiet in Sperrichtung vorgespannt. Je nach der Stärke der Sperrbelastung schiebt sich die Raumladung der p-n-Übergänge weiter in das p-Gebiet und begrenzt durch die in ihr stark herabgesetzte Ladungsträger-Konzentration den *Kanal* des p-Gebietes, durch den der Stromfluß in Längsrichtung erfolgt. Damit ist eine Steuerung des Längsstromes möglich.

Kapitel 9

Oberflächen und Kontakte

52. Die freie Halbleiteroberfläche

Die Theorie des Bändermodells geht aus von der Annahme eines unendlich ausgedehnten (oder bei endlichem Grundgebiet periodisch fortgesetzten) Kristalls. Nur durch diese Annahme ist die Translationsinvarianz des Gitters gegeben und damit die Einführung von Begriffen wie k-Vektor, Brillouin-Zone usw. möglich.

Störstellen bilden Störungen dieses idealen Gitteraufbaus. Wenn wir die Störstellenterme als diskrete Niveaus in der verbotenen Zone dem (sonst ungeänderten) Bändermodell beifügten, so geschah dies unter der Annahme, daß die Störung gering ist und nur die unmittelbare Umgebung der Störstelle merklich betroffen ist. *Freie Halbleiteroberflächen* bilden offensichtlich wesentlich gröbere Störungen des regelmäßigen Kristalls. Wenn auch das Halbleiterinnere sicher nicht davon betroffen ist, so sind doch größere Bereiche unterhalb der Oberfläche gestört. Eine Oberfläche ist kein zweidimensionales Gebilde, sondern ein dreidimensionaler zusammenhängender Bereich.

Schneiden wir in einem Gedankenexperiment einen Kristall in zwei Teile, so enthalten die neu gebildeten Oberflächen in großer Zahl *freie Valenzen*. Durch die einseitigen Kräfte auf die Gitterbausteine in oberflächennahen Schichten wird der Kristall sich dort jedoch verformen. Die damit verbundene *Strukturänderung* wird zu einer Absättigung eines Teiles der freien Valenzen führen. Durch Anlagerung von Fremdatomen und -molekülen werden sich *Adsorptionsschichten* bilden, die weitere freie Valenzen absättigen.

Man unterscheidet hiernach häufig reale, reine und perfekte Oberflächen. *Reale Oberflächen* sind gestörte Oberflächen mit Adsorptionsschichten. *Reine Oberflächen* sind von Adsorptionsschichten befreite reale Oberflächen. Sie sind besonders geeignet zur Untersuchung der mit der Bildung einer freien Oberfläche verbundenen Strukturänderung und der verbleibenden Valenzen. Für Untersuchungen an reinen Oberflächen und eine Diskussion der Thematik dieses Abschnittes vgl. besonders Heiland [39.3], [41.5], [54.9], ferner Frankl [6], Gatos [51], Harten [39.3], Many et al. [17], Watkins [37.5], für die Theorie der Oberflächenzustände auch Majlis [48]. *Perfekte Oberflächen* schließlich sind Sonderfälle, in denen durch geeignete Oberflächenschichten die Strukturänderungen in oberflächennahen Bereichen möglichst klein gehalten werden. Der Einfluß der Oberfläche auf Bereiche des Kristallinneren wird damit ausgeschaltet.

Für die Untersuchung der Oberflächenstruktur von Halbleitern ist in neuerer Zeit die elastische Streuung von Elektronen geringer Energie in den Vordergrund getreten (LEED = Low Energy Electron Diffraction). Für eine Diskussion aller modernen Methoden vgl. z.B. Heiland [41.5] (dort auch weiterführende Literatur), ferner MacRae und Gobeli [40.2].

Es fehlt nicht an Versuchen, die Theorie des Bändermodells für den durch Oberflächen begrenzten Halbleiter streng abzuleiten. Das wichtigste allen Ansätzen gemeinsame Ergebnis ist die Vorhersage der Existenz von *Oberflächenzuständen*, d.h. von diskreten Niveaus in der Oberfläche, die wir (wie die diskreten Niveaus der Störstellen im Halbleiterinneren) dem Bändermodell hinzufügen können. Es ist jedoch noch nicht möglich, aus solchen theoretischen Vorstellungen etwas über die Lage und Konzentration der Oberflächenzustände für bestimmte Bandstrukturen auszusagen. Wir verzichten deshalb auf eine Diskussion, zumal die Existenz von Oberflächenzuständen sich qualitativ aus den Störungen an jeder Oberfläche, aus dem Vorhandensein von freien Valenzen einsehen läßt.

Oberflächenzustände — gleichgültig wodurch sie hervorgerufen werden und wie ihre Niveaus energetisch verteilt sind — werden eine Oberflächenladung enthalten, die von den Verhältnissen an der Oberfläche, den Adsorptionsschichten, einem Feld im Außenraum usw. bestimmt ist. Durch diese Oberflächenladung werden Ladungsträger gleichen Ladungsvorzeichens aus oberflächennahen Bereichen in das Innere gedrängt, Ladungsträger entgegengesetzten Vorzeichens aus dem Inneren angezogen. Es entsteht eine *Raumladungsschicht* unterhalb der Oberfläche. Die Dicke dieser Schicht ist nach Abschnitt 27 größenordnungsmäßig eine Debye-Länge. Hier zeigt sich der Unterschied zwischen einem Metall und einem Halbleiter. Durch die hohe Elektronenkonzentration in einem Metall ist dort die Debye-Länge so klein, daß Ladungen immer als Oberflächenladungen (bzw. Oberflächendoppelschichten) angesehen werden können. In Halbleitern dagegen sind diese Bereiche so groß, daß man in den Raumladungsschichten eine kontinuierliche Änderung des Bändermodells durch die sich ändernde elektrostatische Energie

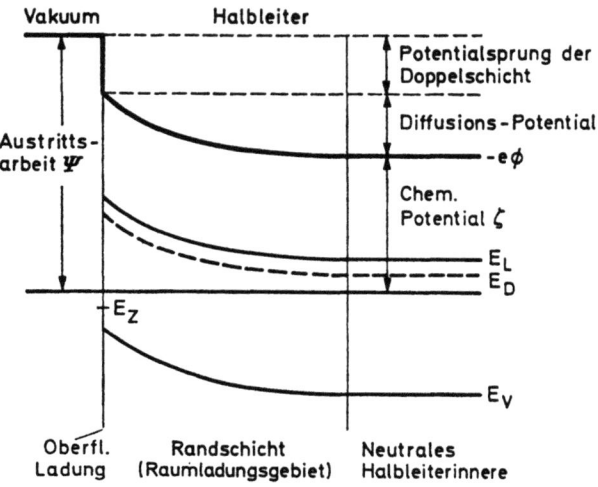

Abb. 59. Verarmungsrandschicht unter der Oberfläche eines Halbleiters

annehmen kann. Genau dies hatten wir schon bei der Behandlung des p-n-Übergangs in Abschnitt 47 getan

Das Auftreten von Raumladungen unter den Oberflächen ist das wesentliche Element, das einen Einfluß auf die Volumeneffekte im Halbleiter ausübt. In Abb. 59 ist der prinzipielle Aufbau einer solchen Schicht gezeigt. Die Oberflächenladung wird durch die Raumladung der *Randschicht* gerade kompensiert. In der Randschicht liegt ein inneres elektrisches Feld, das die Bandränder „verbiegt". Der Potential-Unterschied zwischen dem Halbleiterinneren und dem oberflächenseitigen Ende der Randschicht ist das (auch bei p-n-Übergängen eingeführte) *Diffusionspotential*. Der Potentialunterschied zwischen Halbleiterinnerem und Außenraum wird durch dieses Diffusionspotential und einem Potentialsprung in eventuell weiteren Doppelschichten innerhalb der Adsorptionsschichten bestimmt. Um ein Elektron aus einem Zustand im Halbleiterinneren durch die Oberfläche hindurch ins Unendliche zu bringen, ist seine Loslösung aus dem Kristallverband (gekennzeichnet durch das chemische Potential ζ) und die elektrostatische Energiedifferenz Halbleiterinneres-Vakuum maßgebend. Als *Austrittsarbeit* bezeichnet man die Energiedifferenz zwischen dem Wert von ζ im Halbleiterinneren (also der Energie des Fermi-Niveaus) und der Energie unmittelbar vor der Halbleiteroberfläche.

Es ist zweckmäßig, drei Arten von Randschichten zu unterscheiden: Dazu betrachten wir einen n-Leiter, wie er in Abb. 59 dargestellt ist. Ist die Oberfläche negativ geladen, so werden die Majoritätsträger in das Halbleiterinnere getrieben, die Randschicht verarmt an Majoritätsträgern *(Verarmungsrandschicht)*. Dies ist der in Abb. 59 gezeigte Fall. Ist die Oberfläche so stark negativ geladen, daß nicht nur Majoritätsträger in das Innere getrieben, sondern auch Minoritätsträger angezogen werden, so invertiert der Leitungstyp in der Randschicht *(Inversionsschicht)*. Ist die Oberfläche positiv geladen, so reichert sich die Randschicht mit Majoritätsträgern an *(Anreicherungs-Randschicht)*. Wir werden auf diese drei Möglichkeiten bei der Behandlung des Metall-Halbleiter-Kontaktes zurückkommen.

Die Existenz von Oberflächenzuständen bietet eine zwanglose Erklärung der *Oberflächenrekombination*. Wie tiefliegende Störstellen im Halbleiterinneren, so können auch Oberflächenterme, die tief in der verbotenen Zone liegen, als Rekombinationszentren die Band-Band-Übergänge katalysieren.

Zur Untersuchung der Randschichten können zwei Gruppen von Experimenten dienen, die Untersuchung der *Oberflächenleitfähigkeit* und die Messung der *Austrittsarbeit*.

Die *Oberflächenleitfähigkeit*, also der Stromfluß parallel zur Oberfläche in der Randschicht, gibt Aufschluß über die Ladungsträgerkonzentration im Raumladungsgebiet. Daraus lassen sich Schlüsse auf die Konzentration der geladenen Oberflächenzustände ziehen, nicht jedoch auf deren Gesamtzahl oder die Verteilung ihrer Energieterme. Die Oberflächenleitfähigkeit läßt sich variieren (und damit läßt sich ein weiterer experimenteller Parameter einführen) durch:

a) Änderung der Austrittsarbeit, d.h. Änderung der Beschaffenheit der Oberfläche, ihrer Gasbeladung, Änderung der Natur des angrenzenden Mediums (Vakuum, Gasphase, Elektrolyt);

b) Anlegen eines elektrostatischen Feldes von außen senkrecht zur Oberfläche, d.h. Änderung der Raumladungsschicht durch eine Influenzladung *(Feldeffekt)*;

c) Änderung des elektrostatischen Potentials im Halbleiterinneren. Dies läßt sich z.B. erreichen durch Untersuchung von Inversionsschichten (channels) auf der Oberfläche des p-Gebietes eines n-p-n-Übergangs.

Für die Messung der *Austrittsarbeit* sind wichtige Methoden:

a) Messung der *Kontaktpotential*-Differenz (Kelvin-Methode). Hier wird eine zweite Oberfläche in die Nähe der zu untersuchenden Oberfläche gebracht. Stehen beide Körper im Gleichgewicht (Gleichheit der elektrochemischen Potentiale), so gibt das Kontaktpotential, definiert als die Differenz des elektrostatischen Potentials unmittelbar vor beiden Oberflächen, die Differenz beider Austrittsarbeiten.

b) Messung der *thermischen Emission*. Die Austrittsarbeit steht hier im Exponenten des für die thermische Emission maßgebenden Richardson-Gesetzes;

c) Messung der *Photoemission*, also der Energieverteilung der photoelektrisch angeregten Ladungsträger, die aus der Halbleiteroberfläche austreten.

Die Schwellenergie der Photoemission ist eng mit der Austrittsarbeit verbunden (vgl. z.B. die Diskussion bei Gobeli und Allen [40.2]). In Metallen sind beide Größen identisch, weil dort die Energie ζ gleichzeitig die Energie des obersten besetzten Zustandes ist, aus dem heraus Elektronen optisch angeregt werden können. Bei Halbleitern hängt die Lage dieses die Schwellenergie bestimmenden Zustandes von der Besetzung des Bändermodells mit Elektronen ab.

Interessant ist nicht nur diese Schwellenergie, sondern die Energieverteilung der Photoelektronen. Sie gibt genau wie die optischen Spektren Aussagen über die Bandstruktur eines Halbleiters. Im Gegensatz zu den optischen Spektren, wie etwa dem in Abb. 26 gezeigten, sind nicht nur Energiedifferenzen an kritischen Punkten in der Brillouin-Zone zu gewinnen, sondern auch die absolute Energie einzelner Niveaus. Das eingestrahlte Photon gibt die Energie des Übergangs, die Energie des Photoelektrons legt die energetische Lage des Endzustandes fest. Die Schwierigkeiten der Analyse solcher Messungen liegen in der Erfassung der Änderung des Spektrums der Photoelektronen bei ihrer Diffusion aus dem Halbleiterinneren, d.h. vom Ort der Anregung zur Oberfläche. Für einen zusammenfassenden Bericht über dieses Gebiet vgl. Spicer und Eden [35], ferner Phillips [47].

53. Der Kontakt Metall-Halbleiter mit Verarmungsrandschicht

Werden zwei Körper in Kontakt gebracht, so stellt sich zwischen ihnen durch Elektronenaustausch ein Gleichgewicht ein. Durch den Übergang von Elektronen aus der einen in die andere Phase entsteht eine Doppelschicht und damit ein Potentialsprung. Das Gleichgewicht ist dann erreicht, wenn das elektrostatische Potential im Inneren der beiden Körper so weit gegeneinander verschoben ist, daß ihre elektrochemischen Potentiale übereinstimmen. Selbst bei Fehlen von Oberflächenzuständen, also bei Fehlen einer Raumladungsschicht unter der unkontaktierten Oberfläche, bildet sich also immer eine Raumladungsschicht unter einem Metall-Halbleiter-Kontakt aus. Diese Raumladungsschichten können nach Abschnitt 52 Verarmungs-, Inversions- oder Anreicherungs-Randschichten sein.

Wir untersuchen in diesem Abschnitt Kontakte mit *Verarmungs-Randschichten*. Das Bändermodell im Halbleiter entspricht dabei genau dem in Abb. 59 gezeigten Verlauf. Der einzige Unterschied ist das Angrenzen eines Metalls anstelle des Vakuums. Da der Stromfluß — wie wir sehen werden — von den Verhältnissen in der Randschicht bestimmt wird, wird uns das Metall nur insoweit interessieren, als es die Diffusionsspannung und damit die Konzentration der Ladungsträger im Halbleiter unmittelbar am Kontakt bestimmt.

Der Stromdurchgang durch die Verarmungsrandschicht eines Metall-Halbleiter-Kontaktes wird beschrieben durch die *Schottkysche Randschichttheorie*. Es ist dies die historisch erste Theorie, die quantitativ die Gleichrichtereigenschaften eines solchen Kontaktes beschreiben konnte. Wenn auch heute feststeht, daß bei den meisten Kontakten die Gleichrichterwirkung durch dem Kontakt vorgelagerte, bei der Herstellung gebildete p-n-Übergänge bewirkt wird, so ist doch diese Theorie für das Verständnis der Gleichrichterwirkung besonders lehrreich.

Wir entwickeln die Theorie unter ähnlichen Annahmen, wie wir sie beim p-n-Übergang bereits gemacht haben: Eindimensionale Behandlung, stationärer Zustand, konstante Störstellendichte in der Randschicht. Ferner nehmen wir einen reinen n-Leiter an (keine Minoritätsträger) und vernachlässigen wie beim p-n-Übergang die Raumladung der freien Elektronen in der Randschicht. Die Randschicht möge sich von $x=0$ bis $x=l$ erstrecken. Für das elektrostatische Potential und die Feldstärke in der Randschicht folgt dann aus der Poisson-Gleichung entsprechend zu (47.2)

$$\phi = \phi_H - \frac{1}{2\varepsilon\varepsilon_0}\varrho(l-x)^2$$
$$E = -\frac{1}{\varepsilon\varepsilon_0}\varrho(l-x). \tag{53.1}$$

Führt man noch die Debye-Länge des n-Leiters (27.7) ein, so folgt für die Randschichtdicke aus (53.1)

$$l = \sqrt{\frac{2\varepsilon\varepsilon_0}{\varrho}(\phi_H - \phi_R)} = \sqrt{\frac{2\varepsilon\varepsilon_0 V_D}{en_H}} = L_D\sqrt{\frac{2eV_D}{kT}} \tag{53.2}$$

und für die Elektronenkonzentration in der Randschicht nach (26.1)

$$n(x) = n_H e^{-\frac{e}{kT}(\phi_H - \phi(x))} = n_H e^{-\frac{e}{kT}V_D\left(\frac{x}{l}-1\right)^2}. \tag{53.3}$$

In diesen Gleichungen ist noch V_D die Diffusionsspannung und n_H die Elektronenkonzentration im Halbleiterinneren.

Die Gl. (53.2) verknüpft die Randschichtdicke mit der Diffusionsspannung. Liegt nun der Metall-Halbleiter-Kontakt in einem Stromkreis, so wird ein großer Teil der Spannung in der Randschicht abfallen, die verglichen mit dem Halbleiterinneren einen großen Widerstand darstellt. Sei dieser Spannungsanteil U, so wird die Potentialstufe — je nach dem Vorzeichen von U — um U gehoben oder gesenkt. Wir wählen U so, daß positives U einem Absenken der Stufe entspricht (Fluß-Spannung des Gleichrichters). Dann wird (53.2)

$$l = L_D\sqrt{2}\sqrt{\frac{e}{kT}(V_D - U)}. \tag{53.4}$$

Für den Strom durch die Randschicht setzen wir an

$$i = i_n = e\,\mu_n\,n E + \mu_n\,kT\,\frac{dn}{dx} = \text{const.} \qquad (53.5)$$

Mit (53.1) und der Randbedingung $n = n_R = n_H\,e^{-eV_D/kT}$ folgt dann

$$n(x) = n_R\,e^{\frac{1}{2L_D^2}(l^2-(l-x)^2)}$$

$$\cdot\left\{1 - \sqrt{2}\,\frac{i L_D}{kT\,\mu_n\,n_R}\,e^{-\frac{l^2}{2L_D^2}}\left(\Psi\!\left(\frac{l}{\sqrt{2}L_D}\right) - \Psi\!\left(\frac{l-x}{\sqrt{2}L_D}\right)\right)\right\} \qquad (53.6)$$

mit

$$\Psi(z) = \int_0^z e^{t^2}\,dt\,. \qquad (53.7)$$

Der Widerstand der Randschicht folgt hier durch Integration über den lokalen Widerstand (reziproke Leitfähigkeit), und man erhält

$$U = i\int_0^l \frac{dx}{e\,\mu_n\,n}\,. \qquad (53.8)$$

Einsetzen von (53.6) liefert dann die Strom-Spannungs-Kennlinie

$$i = -\frac{kT}{eL_D}\,e\,\mu_n\,n_H\,\frac{e^{eU/kT}-1}{\sqrt{2}\,\Psi\!\left(\sqrt{\frac{e}{kT}(V_D-U)}\right)}\,. \qquad (53.9)$$

Dies ist wieder eine Gleichrichter-Kennlinie mit einem schwach spannungsabhängigen Sperrstrom. Entwickelt man die Ψ-Funktion, so folgt für einen nicht zu großen Spannungsabfall in der Randschicht

$$i = e\,\mu_n\,n_R\,\frac{kT}{eL_D}\,\sqrt{\frac{2e}{kT}(V_D-U)}\,(e^{eU/kT}-1) \qquad (53.10)$$
$$= e\,\mu_n\,n_R\,E_R(e^{eU/kT}-1)\,.$$

Diese Gleichung gibt zunächst nur die Abhängigkeit der Stromdichte vom Spannungsabfall U in der Randschicht. Die wahre Kennlinie des Systems Metall-Halbleiter erhält man durch „Scherung" mit dem Bahnwiderstand R_B des Systems (bzw. dem Ausbreitungswiderstand bei Punktkontakten)

$$\text{Klemmenspannung } V = U + R_B I\,. \qquad (53.11)$$

Nach dieser formalen Ableitung der Kennlinie wollen wir den Mechanismus der Gleichrichtung an Hand der Abb. 60 näher betrachten.

Abb. 60a zeigt den Verlauf der Elektronenkonzentration. In Sperrichtung wird die Konzentration in der Randschicht gesenkt und die Randschicht gleichzeitig verbreitert. In Flußrichtung steigt die Elektronenkonzentration unter gleichzeitiger Verkleinerung der

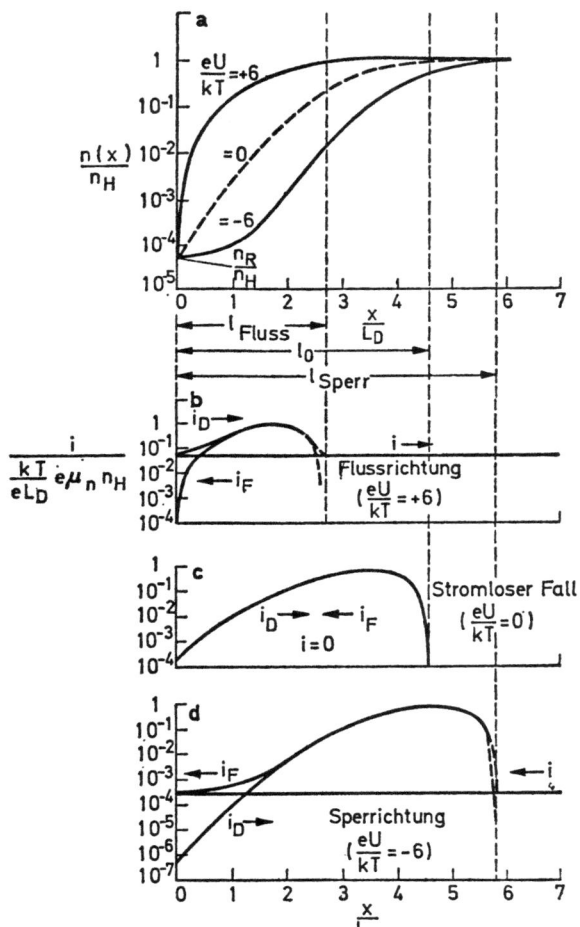

Abb. 60. Konzentrationsverteilung der Elektronen und Aufteilung des Stromes in Feldstrom und Diffusionsstrom in der Randschicht eines belasteten Metall-Halbleiter-Kontaktes nach der Schottkyschen Theorie ($eV_D/kT = 10$)

Randschichtdicke. Der Stromtransport durch die Randschicht und damit die physikalische Ursache für die Gleichrichterwirkung ist jedoch weniger in dem wechselnden lokalen Widerstand in der Randschicht zu suchen als in der Gestalt der Elektronenverteilung. Der lokale Widerstand bestimmt ja nur den Feldanteil des Stromes. Man erkennt den Mechanismus, wenn man aus (53.5) und (53.6) den Feldanteil und den Diffusionsanteil des Stromes (53.10) getrennt untersucht. Während im stromlosen Fall sich Feldstrom i_F und

Diffusionsstrom i_D exakt kompensieren, also Boltzmann-Gleichgewicht (Abschnitt 27) herrscht, überwiegt beim Stromfluß jeweils einer der beiden Teilströme.

Speziell in Sperrichtung ist direkt am Kontakt $dn/dx \approx 0$, der Diffusionsstrom verschwindet und der Strom wird in den Kontakt als reiner Feldstrom getragen. In Flußrichtung ist jedoch die Randdichte zu klein, um den wesentlich größeren Flußstrom als Feldstrom aufrechtzuerhalten. Hier ist aber dn/dx sehr groß und der Diffusionsanteil überwiegt. Der Gleichrichtereffekt beruht also wesentlich darauf, daß bei konstanter Randdichte der *Dichtegradient* sehr verschiedene Werte annimmt. Wie aus Abb. 60b—d ersichtlich, trägt nur der metallseitige Rand der Sperrschicht zu dem verschiedenen Verhalten in Fluß- und Sperrichtung bei. Im größten Teil der Randschicht sind beide Stromanteile in ihrem Betrag groß gegen den resultierenden Gesamtstrom. Sie kompensieren sich weitgehend, und nur ihre geringe Differenz trägt den Gesamtstrom.

Diese hier nur in ihren Grundlagen geschilderte Theorie — für Erweiterungsmöglichkeiten und -notwendigkeiten vgl. z.B. Henisch [11] — beruht auf der Annahme, daß das Bändermodell und die Ströme in der Randschicht Punkt für Punkt definiert werden können. Ist die Randschicht zu dünn, so muß diese *Diffusionstheorie* durch die sog. *Diodentheorie* ersetzt werden. Die Bedingungen hierfür hatten wir schon bei der Behandlung des *p-n*-Übergangs besprochen. Ist die Dimension der Randschicht vergleichbar mit der freien Weglänge der Ladungsträger, so stellt die Randschicht nur eine Potentialstufe dar, die von den Ladungsträgern zwischen zwei Gitterstößen durchquert werden kann, vorausgesetzt, die Ladungsträger haben genug Energie zur Überwindung dieser Stufe.

Der Stromfluß besteht dann aus zwei Anteilen:

1. Ein den Halbleiter verlassender Teilchenstrom. Er ist gegeben durch die einseitige thermische Stromdichte aller Halbleiterelektronen, die genügend kinetische Energie haben, um die Potentialschwelle $e(V_D - U)$ am Halbleiterrand zu überwinden:

$$i_1 = -ej_{H \to M} = e \int_{v_{x, \min}}^{+\infty} v_x \, dv_x \int_{-\infty}^{+\infty} dv_y \int_{-\infty}^{+\infty} dv_z f(v) z(v)$$
$$= e \sqrt{\frac{kT}{2\pi m}} n_H e^{-\frac{e}{kT}(V_D - U)} = e \sqrt{\frac{kT}{2\pi m}} n_R e^{eU/kT} \quad (53.12)$$

mit

$$f(v) = e^{\frac{1}{kT}\left(\zeta - E_L - \frac{mv^2}{2}\right)}, \quad z(v) = 2\left(\frac{m}{h}\right)^3,$$

$$\frac{m v_{x, \min}^2}{2} = e(V_D - U).$$

2. Ein in den Halbleiter fließender Gegenstrom. Seine Größe ist gegeben durch die Elektronendichte am Kontakt. Die Potentialstufe

spielt hier keine Rolle, da sie kein Hindernis für das Hereinfließen der Elektronen darstellt. Dieser Stromanteil ist also unabhängig von der angelegten Spannung und bestimmt sich am einfachsten dadurch, daß für $U = 0$ sich beide Stromanteile kompensieren müssen

$$i_2 = - e\, j_{M \to H} = - e \sqrt{\frac{kT}{2\pi m}} n_R. \qquad (53.13)$$

Kombination von (53.12) und (53.13) gibt sofort den Gesamtstrom

$$i = e \sqrt{\frac{kT}{2\pi m}} n_R (e^{eU/kT} - 1) = i_s (e^{eU/kT} - 1). \qquad (53.14)$$

Wir haben in diesem Fall also einen Gleichrichtereffekt mit spannungsunabhängigem Sättigungsstrom zu erwarten.

54. Ergänzungen zur Randschichttheorie: Inversionsschichten und Anreicherungs-Randschichten

Nach der ausführlichen Darstellung der Randschichttheorie für Verarmungsrandschichten wollen wir die beiden anderen Möglichkeiten kurz betrachten. Die wesentlichen Eigenschaften von Inversionsschichten und Anreicherungsrandschichten können wir leicht qualitativ einsehen.

Inversionsschichten zeichnen sich dadurch aus, daß in der Randschicht der Leitungstyp wechselt. In unserem Beispiel des reinen n-Leiters finden wir also neben einer Verarmung der Randschicht an Elektronen dort eine Anreicherung von Löchern. Unter der Näherungsannahme, daß Elektronenstrom und Löcherstrom in der Randschicht nicht miteinander gekoppelt sind und daß auch die Konzentrationsverteilung der Elektronen nicht wesentlich von den Löchern modifiziert wird, sind beide Stromanteile nur noch durch die Forderung miteinander verknüpft, daß der in Flußrichtung in den Halbleiter fließende Löcherstrom durch einen Elektronenstrom übernommen wird. Für den Stromfluß am Kontakt ist dies aber unwesentlich. Bei der Behandlung des p-n-Übergangs mit geringer Rekombination hatten wir gesehen, daß dort jeder Stromanteil lediglich durch die Ergiebigkeit seines Diffusionsstromes, nicht jedoch durch die Verhältnisse im Raumladungsgebiet gesteuert wird. Für den Elektronenstrom ist beim p-n-Übergang also das p-Gebiet, für den Löcherstrom das n-Gebiet bestimmend. Betrachtet man nun den hier vorliegenden Kontakt als einen „halben", nur das n-Gebiet umfassenden p-n-Übergang, so ändert sich für den Löcherstrom nichts gegenüber dem ganzen p-n-Übergang. Der Elektronenstrom wird dagegen nicht durch die Diffusion in einem anschließenden p-Gebiet begrenzt. Für ihn ist der Konzentrations- und Potentialverlauf in der Randschicht bestimmend. In dieser Näherung tritt also zum Elektronenstrom der Randschichttheorie ein Löcherstrom der Form (47.10). Damit folgt insbesondere, *daß Kontakte mit Inversionsschichten Löcher injizieren.*

Anreicherungs-Randschichten erscheinen im Vergleich mit Verarmungsrandschichten wenig interessant, da in ihnen nur ein geringer Teil der angelegten Spannung abfällt. Trotzdem findet man auch bei ihnen Abweichungen vom Ohmschen Gesetz. Metall-Halbleiter-Kontakte mit Anreicherungs-Randschichten sind also keine „*Ohmschen Kontakte*" im strengen Sinne. Bei einer Vorspannung, die so gerichtet ist, daß die in der Randschicht angereicherten Majoritätsträger in den Halbleiter getrieben werden, kommt es offensichtlich zu einer *Injektion von Majoritätsträgern*. Der Strom steigt damit mehr als proportional mit der angelegten Spannung. Die injizierten Majoritätsträger erhöhen die Konzentration im Halbleiterinneren über den Gleichgewichtswert. Sie erzeugen damit Raumladungen, die sich vom Kontakt her in das Innere erstreckt. Diese Raumladungen verhindern schließlich ein weiteres Ansteigen der Injektion und führen somit zu dem besonders in Halbleitern und Photoleitern mit hohem Widerstand wichtigen *raumladungsbegrenzten Strömen.*

Die Injektion von Majoritätsträgern ist ausführlich von Stöckmann [38.6] diskutiert worden. Im Zusammenhang mit Fragen der Photoleitung, mit dem Einfluß von Haftstellen, mit der relativen Größe von Lebensdauer und dielektrischer Relaxationszeit treten hier sehr interessante Probleme auf. Auch die Injektion von Elektron-Loch-Paaren, also die gleichzeitige Injektion von Minoritätsträgern und Majoritätsträgern ist möglich.

Kapitel 10

Die wichtigsten Eigenschaften spezieller Halbleiter

Wir werden in diesem Kapitel die Eigenschaften der wichtigsten heute bekannten Halbleiter zusammenfassen. Dabei kann es sich nur um eine qualitative Diskussion handeln, die dem Leser ein Gefühl dafür vermitteln soll, aus welchem Grund das eine oder andere Halbleiterphänomen gerade an einem bestimmten Halbleiter beobachtet wird, warum für die Anwendung in einem Halbleiterbauelement eine Substanz einer anderen vorgezogen wird.

Bei diesem Überblick werden wir eine Gruppe von Halbleitern in den Vordergrund stellen, die als gemeinsame Eigenschaft eine tetraedrische Anordnung der Nachbaratome um ein herausgegriffenes Gitteratom besitzen. Diese Gruppe werden wir in Abschnitt 55 behandeln. Sie umfaßt mit wenigen Ausnahmen alle heute wichtigen Halbleiter. In Abschnitt 56 geben wir dann einen kursorischen Überblick über die restlichen heute bekannten Halbleiter. Das Kapitel wird abgeschlossen durch eine Einführung in die Anwendungsmöglichkeiten der Halbleiter in Bauelementen der Technik.

55. Halbleiter mit tetraedrischem Gitter

In Abschnitt 7 hatten wir bereits gesehen, daß man den Elementen der IV. Gruppe des Periodischen Systems verwandte Halbleiter dadurch gewinnen kann, daß man im Diamantgitter die vierwertigen Atome derart durch anderswertige Atome substituiert, daß die *mittlere* Zahl der Valenzelektronen erhalten bleibt. So entstehen durch Substitution der Hälfte der Gitteratome durch $(4-n)$-wertige, der anderen Hälfte durch $(4+n)$-wertige Atome die *III-V-Verbindungen, II-VI-Verbindungen* und *I-VII-Verbindungen*:

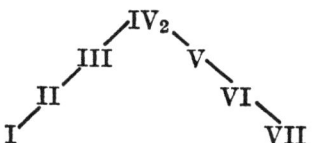

Die in Tabelle 1.1 genannten *II-IV-V-* und *I-III-VI-Verbindungen* folgen nach dem Substitutionsschema:

Auch die *III-VI-Verbindungen* des Typs In_2Te_3 lassen sich hier einordnen:

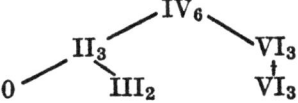

Dabei bedeutet „0", daß ein Drittel der Plätze des einen Teilgitters unbesetzt bleiben.

Damit ist die Möglichkeit der Substitutionen nicht erschöpft. Wie weit andere Schemata zu tetraedrischen Halbleitern führen, ist eine Frage der Größe der substituierten Gitterionen und anderer spezieller Eigenschaften der betrachteten Verbindung. Auch in den genannten Gruppen sind nicht alle möglichen Verbindungen in einer tetraedrischen Phase existent. So tritt etwa bei den II-VI-Verbindungen vereinzelt die (nicht-tetraedrische) NaCl-Struktur auf, bei I-VII-Verbindungen überwiegt diese Struktur bei weitem. Soweit die Struktur jedoch erhalten bleibt, sind diese Halbleiter miteinander verwandt. Es ist deshalb zweckmäßig, sie gemeinsam zu behandeln. Die Gruppe der tetraedrischen Halbleiter umfaßt ferner den größten Teil der heute wichtigen Halbleiter. Daß die meisten dieser Festkörper in einem tetraedrischen Gitter kristallisieren, ist nicht er-

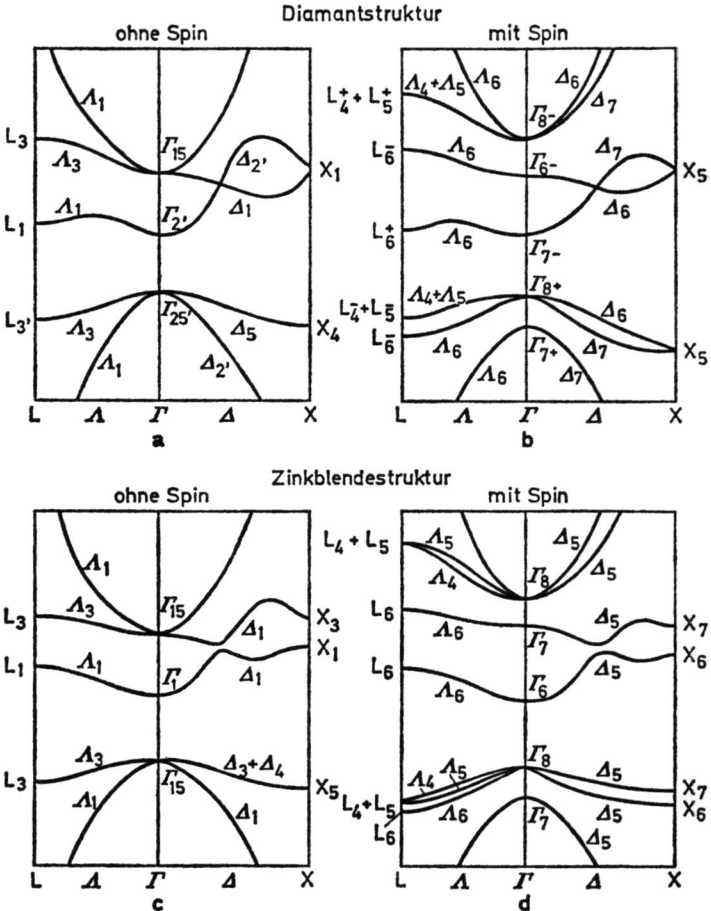

Abb. 61. Qualitativer Verlauf der Bandstruktur für Halbleiter mit Diamant- und Zinkblende-Gitter. Die einzelnen Teilbänder und ihr Zusammenhang sind durch die Gittersymmetrie vorgeschrieben (vgl. Abb. 14 u. 15), ihre Lage und Reihenfolge ist für die einzelnen Halbleiter verschieden

staunlich. Die genannten Gitter lassen sich jeweils aus zwei Teilgittern aufbauen, die eine kubisch dichteste Kugelpackung (beim Diamant- und Zinkblendegitter) bzw. hexagonal dichteste Kugelpackung (beim Wurtzgitter) darstellen. Dichteste Kugelpackungen zeichnen sich aber dadurch aus, daß je vier sich berührende benachbarte Kugeln ein Tetraeder bilden.

Wir betrachten nun innerhalb der tetraedrischen Halbleiter die in Tabelle 1.1 aufgeführten Gruppen der Reihe nach:

*a) Elemente der IV. Gruppe des Periodischen Systems
und IV-IV-Verbindungen*

Nach Tabelle 1.1 sind die Elemente C (Diamant), Si, Ge und Sn (α-Sn, graues Zinn) Halbleiter; ferner die Verbindung SiC. Zwischen den genannten Elementen sind Mischkristalle möglich. Die Elemente kristallisieren im Diamantgitter (Abb. 6a). Die Wigner-Seitz-Zelle und die Brillouin-Zone sind in Abb. 9 gezeigt. Die kovalente Bindung durch Bildung von Elektronenbrücken hatten wir bereits im ersten Kapitel als Beispiel für eine bei Halbleitern charakteristische Bindungsart diskutiert. Die qualitative Bandstruktur von Halbleitern mit Diamantgitter ist in Abb. 61a und b angegeben. Für die verschiedenen Halbleiter unterscheiden sich dann die Bandstrukturen nur durch eine verschiedene energetische Lage und Reihenfolge der Teilbänder. Der quantitative Zusammenhang zwischen chemischer Bindung und Halbleitereigenschaften einzelner Halbleiter innerhalb einer Gruppe ist noch nicht genug bekannt. Wir verzichten deshalb in diesem Abschnitt auf eine nähere Diskussion der chemischen Bindung.

Der *Diamant* (Schmelzpunkt ca. 4000 °C) steht auf der Grenze zwischen Halbleiter und Isolator. Mit einem Bandabstand von etwa 5,5 eV ist eine thermische Eigenleitung nicht möglich. Freie Ladungsträger können nur aus Störstellen thermisch oder photoelektrisch freigesetzt werden. Für die Beweglichkeiten solcher Elektronen und Löcher wurden Werte um 1500 cm^2/Vsec gemessen.

Von zentraler Bedeutung als Halbleiter sind die Elemente *Silizium* und *Germanium*. Ihre Eigenschaften wurden in diesem Buch wiederholt als Beispiele herangezogen. Tabelle 10.1 gibt einen Überblick über die Werte der wichtigsten Parameter dieser Halbleiter.

Ihre Bedeutung erhalten sie durch das Zusammentreffen einer Reihe für ihre physikalische Untersuchung, theoretische Deutung und technische Anwendung günstiger Eigenschaften.

Die Technologie beider Substanzen wird völlig beherrscht. Als Elementhalbleiter zeigen sie nicht die bei Verbindungen oft auftretenden Abweichungen von der Stöchiometrie. Es liegen Reinigungsverfahren („Zonenziehen") vor, die es gestatten, Einkristalle in einer solchen Reinheit darzustellen, daß die Störstellen die physikalischen Eigenschaften nicht mehr beeinflussen (weniger als ein Fremdatom auf 10^{10} Gitteratome). Andererseits lassen sich Fremdatome als Donatoren und Akzeptoren definierter Konzentration leicht abbauen. Die Eigenfehlordnung ist gering. Damit können Präparate mit *kontrollierbaren* und *reproduzierbaren* Eigenschaften hergestellt werden.

Als Halbleiter mit kubischer Struktur sind sie *isotrop* hinsichtlich der Transporteigenschaften ohne Magnetfeld und in erster Ordnung

Tabelle 10.1. *Wichtige Parameter der Halbleiter Si und Ge* [a]

	Silizium	Germanium
Schmelzpunkt	1410 °C	937 °C
Gitterkonstante	5,43 Å	5,65 Å
Leitungsband	6 Minima auf den Δ-Achsen (Δ_6)	4 Minima in den Punkten L (L_{6+})
$E(k)$	Gl. (15.3)	Gl. (15.3)
mit m_l/m	0,98 $\pm$ 0,04	1,64 $\pm$ 0,03
m_t/m	0,19 $\pm$ 0,01	0,082 $\pm$ 0,003
m_{ds}	0,26	0,22
Valenzband	Maximum in Γ (Γ_{8+})	Maximum in Γ (Γ_{8+})
$E(k)$	Gl. (15.4)	Gl. (15.4)
mit A	4,0 $\pm$ 0,1	13,1 $\pm$ 0,4
B	1,1 $\pm$ 0,4	8,3 $\pm$ 0,6
C	4,1 $\pm$ 0,4	12,5 $\pm$ 0,5
m_{p1}/m	0,49	0,28
m_{p2}/m	0,16	0,044
Bandabstände		
E_G	$\Delta_6 - \Gamma_{8+}$	$\Delta_{6+} - \Gamma_{8+}$
bei 300 °K	1,12 eV	0,665 eV
bei 4 °K	1,165 eV	0,28 eV
$\Delta = \Gamma_{8+} - \Gamma_{7+}$	0,035 eV	0,28 eV
Beweglichkeiten		
μ_n (300 °K)	1450 cm^2/Vsec	3800 cm^2/Vsec
μ_p (300 °K)	500 cm^2/Vsec	1800 cm^2/Vsec
Eigenleitungskonzentration n_i (300 °K)	$1,5 \cdot 10^{10}$ cm^{-3}	$2,5 \cdot 10^{13}$ cm^{-3}

[a] Für die Halbleiter Diamant und graues Zinn vgl. den Text.

im Magnetfeld (Hall-Effekt). Zur Beschreibung der meisten ihrer Eigenschaften genügt also die Annahme einer skalaren (und konstanten) effektiven Masse für die Ladungsträger.

Die *Lebensdauern* angeregter Elektron-Loch-Paare sind in hinreichend reinen Präparaten um Größenordnungen höher als die dielektrischen Relaxationszeiten. Diese Tatsache zusammen mit der völlig beherrschten Technologie ist der Grund für die Bedeutung beider Halbleiter in der Transistor-Technik. Dabei wird heute dem Silizium wegen dessen höheren Schmelzpunktes der Vorzug gegeben.

Die *Beweglichkeiten* schließlich sind hoch. Die Elektronenbeweglichkeit wird nur in wenigen Halbleitern (dort allerdings teilweise beträchtlich) übertroffen.

Übersichtsartikel über die Halbleitereigenschaften speziell des Ge und des Si aus neuerer Zeit liegen nicht vor. Mit den Transporteigenschaften in Ge befaßt sich ein Buch von Paige [37.8].

Das *graue Zinn* ist ein typisches Beispiel für ein *Halbmetall*, d.h. für einen Halbleiter mit verschwindendem Bandabstand $E_G = 0$ (Groves und Paul [33]). Seine Bandstruktur ist dadurch gekennzeichnet, daß das Teilband $L_{6^+}–\Lambda_6–\Gamma_7^-–\Delta_7–X_5$ der Abb. 61b unter die beiden in Γ_{8^+} entarteten Teilbänder rückt. Dafür rückt das Teilband $L_{6^-}–\Lambda_6–\Gamma_{8^+}–\Delta_7–X_5$ *unter Beibehaltung seiner Entartung in* Γ_{8^+} nach oben. Die in ihm befindlichen Valenzelektronen werden von dem nach unten gerückten bisherigen Leitungsband übernommen. Damit folgt eine Struktur, bei der die Oberkante des Valenzbandes und die Unterkante des Leitungsbandes im Term Γ_{8^+} aus Symmetriegründen miteinander entartet sein müssen ($E_G = 0$). Ein ähnlicher Fall ist in Abb. 62 dargestellt.

Die Beweglichkeiten der Elektronen und Löcher liegen bei Zimmertemperatur bei etwa 1400 bzw. 1200 cm^2/Vsec. Die effektiven Massen sind nur ungenau bekannt (Busch und Kern [36.11]).

α-Sn ist nur unterhalb 13 °C stabil. Bei höherer Temperatur wandelt es sich in die metallische Modifikation des weißen Zinns (β-Sn) um.

Das *Siliziumkarbid* kristallisiert sowohl in der Zinkblende- als auch der Wurtzitstruktur. Zahlreiche Polytypen treten auf. Bei einem Bandabstand von ca. 2,8 eV nimmt es eine Zwischenstellung zwischen dem Diamant und dem Silizium ein. Über seine Halbleitereigenschaften ist nicht allzuviel bekannt. Dagegen besitzen eine Reihe seiner Eigenschaften technische Bedeutung (O'Connor und Smiltjens [52]).

Mischkristalle zwischen C und Si existieren nicht. Ge und Sn sind nur jeweils wenige Prozent zueinander mischbar. Dagegen existiert eine lückenlose Mischkristallreihe zwischen Si und Ge. Diese Mischkristalle der Form $Si_{1-x}Ge_x$ ($0 \leq x \leq 1$) bilden in ihren Eigenschaften einen kontinuierlichen Übergang zwischen Si und Ge. Bei $x = 0{,}85$ liegen die Δ_6-Minima und die L_{6^+}-Minima des Leitungsbandes energetisch auf gleicher Höhe. Für $x < 0{,}85$ verhalten sich also die Mischkristalle ähnlich dem Silizium, für $x > 0{,}85$ ähnlich dem Germanium bezüglich der Besetzung ihres Leitungsbandes mit Elektronen.

b) *III-V-Verbindungen*

Die wichtigsten halbleitenden Verbindungen der III. und der V. Gruppe des Periodischen Systems sind InSb, InAs, InP, GaSb, GaAs, GaP und AlSb. Sie kristallisieren im Zinkblendegitter (Abb. 6b). Die Wigner-Seitz-Zelle und die Brillouin-Zone sind für das Zinkblende- und das Diamantgitter die gleichen, da das zugehörige Punktgitter in beiden Fällen kubisch-flächenzentriert ist. Abb. 61c und d gibt die qualitative Bandstruktur eines Halbleiters mit Zinkblendegitter, d.h. die Änderungen, die sich aus Symmetriegründen beim Übergang von der Diamantstruktur eines Elementes zur Zinkblendestruktur einer Verbindung ergeben. Diese Änderungen beschränken sich (von einer geänderten Nomenklatur für die irreduziblen Darstellungen abgesehen) auf die Aufhebung der Entartungen in X und der Überkreuzung zweier Bänder auf den Δ-Achsen. Die *Bandstruktur* der III-V-Verbindungen ist somit eng verwandt mit der Bandstruktur der Elementhalbleiter der IV. Gruppe. Tabelle 10.2 gibt die wichtigsten Informationen über die sieben genannten III-V-Verbindungen. Zu bemerken ist noch, daß in einigen III-V-Verbindungen über den tiefsten Minima des Leitungsbandes in geringem Abstand Minima höherer Bänder folgen. In GaAs ist die Existenz der um 0,36 eV höher gelegenen Extrema die Ursache für den Gunn-Effekt (Abschnitt 43).

Die *chemische Bindung* ist gemischt covalent-ionogen, da durch die unterschiedliche Kernladung nächster Nachbarn die Elektronenbrücken zum stärker positiv geladenen Kern hin polarisiert sind. Mit diesem ionogenen oder polaren Bindungsanteil verbunden sind einige bei den Elementhalbleitern fehlende Effekte. So tritt neben die bei den Elementhalbleitern vorherrschende Deformationspotential-Wechselwirkung zwischen Elektronen und Gitterschwingungen die polare optische Streuung als maßgebender Streumechanismus. Auch in den Gitterschwingungs-Spektren macht sich das Vorhandensein optisch aktiver Phononen bemerkbar.

Tabelle 10.2. *Parameterwerte für einige III—V-Verbindungen* [a]

	InSb	InAs	InP	GaSb	GaAs	GaP	AlSb
Leitungsband Minimum	Γ_6	Γ_6	Γ_6	Γ_6	Γ_6	Δ_5	Δ_5
Valenzband Maximum	Γ_8	Γ_8	Γ_8	Γ_8	Γ_8	Γ_8	Γ_8
E_G (300 °K) (eV)	0,18	0,36	1,26	0,7	1,43	2,24	1,6
E_G (4 °K) (eV)	0,236	0,425	1,416	0,813	1,517	2,325	1,7
m_n/m	0,0116	0,025	0,073	0,047	0,07	0,34	0,39
m_{p1}/m	0,5	0,3	0,2	0,35	0,5	0,5	0,4—0,9
m_{p2}/m	0,015	0,025		0,052	0,12		
μ_n (300 °K) (cm^2/Vsec)	77 000	27 000	4 500	2 500	8 500	130	200
μ_p (300 °K) (cm^2/Vsec)	700	450	150	1 420	435	150	400
Schmelzpunkt (°C)	536	942	1 058	712	1 238	1 467	1 050
Gitterkonstante (Å)	6,48	6,06	5,87	6,09	5,65	5,45	6,13

[a] Für weitere III—V-Verbindungen vgl. den Text.

Trotz solcher Unterschiede sind die III-V-Verbindungen die dem Germanium ähnlichsten Halbleiter. InSb und InAs stechen hervor durch ihre extrem hohen Elektronenbeweglichkeiten, die sie zur Untersuchung (und Anwendung) der galvanomagnetischen Effekte besonders brauchbar machen (vgl. z. B. Weiss [39.5]).

Da die Extrema des Leitungs- und des Valenzbandes bei vielen III-V-Verbindungen in Γ liegen, kann man weitgehend das isotrope Bändermodell benutzen. Anisotropiekorrekturen sind kaum notwendig, dagegen ist die Berücksichtigung der Nicht-Parabolizität (energieabhängige effektive Masse) und der gleichzeitig möglichen Besetzung mehrerer Teilbänder oft erforderlich.

Die Technologie der III-V-Verbindungen ist nicht so weit entwickelt wie die der Elementhalbleiter. Schwierigkeiten treten wegen des hohen Dampfdrucks einiger der Komponenten auf. Als Verbindungen sind sie schwerer zu handhaben als die Elementhalbleiter. Abweichungen von der Stöchiometrie sind allerdings nicht festgestellt worden; auch aus einer nichtstöchiometrischen Schmelze kristallisiert die feste Phase stöchiometrisch. Für technologische Fragen vgl. z. B. Folberth [38.5].

Innerhalb der III-V-Verbindungen läßt sich der gleiche Trend erkennen wie bei den Elementhalbleitern: Mit wachsendem Atomgewicht der Gitterbausteine wird der Bandabstand E_G kleiner. Die Elektronenbeweglichkeiten steigen meist gegenüber den isoelektronischen Elementen an.

Die III-V-Verbindungen sind größtenteils miteinander lückenlos mischbar.

Neben den in Tabelle 10.2 genannten sieben wichtigsten III-V-Verbindungen sind noch untersucht: BN, BP, BAs, AlN, AlP, AlAs und GaN. Bei den Nitriden findet man zum Teil Wurtzitstruktur. Die Schmelzpunkte sind alle sehr hoch, die Technologie schwierig. E_G liegt bei allen genannten Verbindungen über 2,5 eV. Beweglichkeiten der Ladungsträger sind nicht hinreichend genau bekannt.

Für Literatur über III-V-Verbindungen vgl. vor allem die Bücher [12] und [16] sowie das Sammelwerk [40].

c) II-VI-Verbindungen

Unter den II-VI-Verbindungen sind zwei grundsätzlich verschiedene Gruppen zu unterscheiden.

HgSe und *HgTe* sind Halbmetalle (Harman [49], [50], Rodot [35] u. a.). Ähnlich wie beim grauen Zinn sind in diesen beiden im Zinkblendegitter kristallisierenden Stoffen der untere Rand des Leitungsbandes und der obere Rand des Valenzbandes miteinander entartet. Der Übergang vom Halbleiter mit E_G größer Null zum Halbmetall läßt sich in der lückenlosen Mischkristallreihe CdTe–HgTe verfolgen (Abb. 62). Bei der Zusammensetzung $Cd_{0,15}Hg_{0,85}Te$ hat sich das Leitungsband des CdTe soweit abgesenkt, daß die ver-

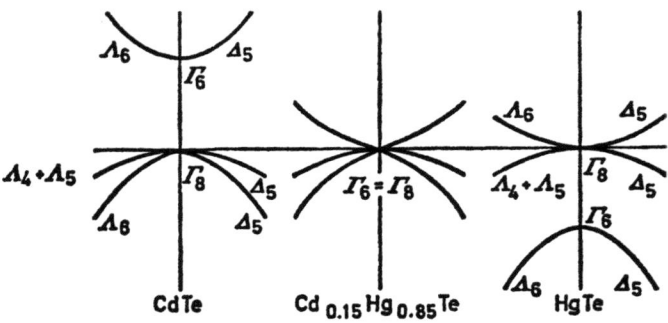

Abb. 62. Der Übergang vom Halbleiter zum Halbmetall am Beispiel der Mischkristallreihe CdTe-HgTe

botene Zone verschwindet. Bei größerer Hg-Beimischung rückt das Γ_6-Leitungsband unter das Γ_8-Valenzband. Ein Teilband der beiden in Γ_8 entarteten Bänder „wölbt" sich dann nach oben und wird zum tiefsten Leitungsband.

Die effektive Masse der Elektronen in HgTe ist sehr klein ($m_n = 0,027$ m), die Elektronenbeweglichkeit entsprechend hoch (über 10^4 cm^2/Vsec bei Zimmertemperatur). Ähnliche, wenn auch nicht ganz so extreme Werte werden für HgSe berichtet. Die effektiven Massen der Löcher sind in beiden Halbleitern etwa 0,17 m.

Die zweite Gruppe umfaßt mit den halbleitenden Verbindungen aus Cd oder Zn mit O, S, Se und Te Substanzen mit relativ großem Bandabstand.

CdO kristallisiert in der NaCl-Struktur. Seine Halbleitereigenschaften sind noch wenig bekannt. Der Bandabstand (indirekt) liegt bei 1 eV, eine Elektronenbeweglichkeit von 20 cm^2/Vsec wurde gemessen. NaCl-Struktur besitzen auch die Verbindungen MgO, SrO, BaO und BaS. Ihre E_G-Werte liegen über 3,5 eV.

ZnO kristallisiert im hexagonalen Wurtzitgitter. Mit einem Bandabstand von ca. 3 eV gehört es zu den Halbleitern, die vorwiegend wegen ihrer Photoleitungs- und Lumineszenzeigenschaften Interesse finden. Wie CdO ist auch ZnO bisher nur als n-Leiter bekannt. Elektronenbeweglichkeiten von 100 cm^2/Vsec werden angegeben (Heiland, Mollwo und Stöckmann [36.8]).

Die sechs Verbindungen zwischen Cd, Zn und S, Se, Te können sowohl im Zinkblendegitter als auch im Wurtzitgitter kristallisieren. Obwohl das eine Gitter kubisch, das andere hexagonal ist, sind beide Gitter eng miteinander verwandt (Abb. 6b und 8a). In beiden Fällen ist die Anordnung der nächsten Nachbarn die gleiche. Die Parameterwerte für die kubischen und die hexagonalen Modifikationen sind entsprechend ähnlich. Für die Bandstruktur (E_G, m^*) erkennt man die Ursache aus Abb. 63: In allen sechs Verbindungen

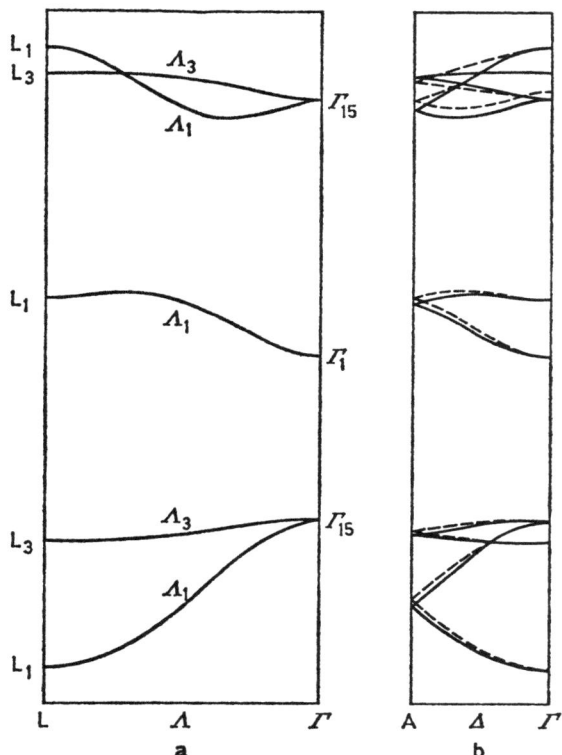

Abb. 63. a Bandstruktur des *kubischen* ZnS längs der Λ-Achse; b Bandstruktur des *hexagonalen* ZnS längs der Δ-Achse (----) und Vergleich mit der auf diese Achse „gefalteten" kubischen Bandstruktur (——) [U. Rößler, Phys. Rev. **184**, 733 (1969)]

liegen bei der Zinkblende-Modifikation die Extrema des Leitungs- und des Valenzbandes in Γ. Wenn auch die Gestalt der Brillouin-Zonen in beiden Gittern unterschiedlich ist (Abb. 9c und 10b), so bleibt doch die Umgebung von Γ angenähert die gleiche. Einzelne Richtungen in beiden Zonen lassen sich einander zuordnen. So entspricht die Linie Γ–Δ–A–Δ–Γ, also die Verbindungslinie der Mittelpunkte zweier Brillouin-Zonen im hexagonalen System genau einer Achse Γ–Λ–L im kubischen System. Abb. 63 zeigt nun die berechnete Bandstruktur von ZnS für das kubische ZnS längs der genannten Achse, das „Einfalten" dieser Bänder in die Achse Γ–Δ und zurück und den Vergleich dieser eingefalteten Bänder mit den für die hexagonale Struktur berechneten Bänder. Man erkennt, daß besonders in der Umgebung der relevanten Extrema kaum Unterschiede bestehen.

Aus diesem Grund sind in Tabelle 10.3 Parameterwerte für diese sechs II-VI-Verbindungen angegeben, die nicht zwischen beiden Modifikationen unterscheiden. Dies gibt auch die häufig vorliegende experimentelle Situation wieder, daß die untersuchten Proben wegen der Schwierigkeit der Herstellung der beiden reinen Grenzstrukturen Mischformen sind.

Tabelle 10.3. *Parameterwerte für einige II—VI-Verbindungen* [a] [49]

	CdS	CdSe	CdTe	ZnS	ZnSe	ZnTe
Schmelzpunkt (°C)	1475	1239	1092	1830	1520	1295
Gitterkonstante (Å)	5,84	6,06	6,47	5,41	5,66	6,09
E_G (eV)	2,4	1,67	1,44	3,6	2,7	2,26
m_n/m	0,204	0,13	0,096	0,27	0,17	
m_p/m			0,35	0,58	0,6	0,6
μ_n (cm^2/Vsec)	350	650	1050	140	530	
μ_p (cm^2/Vsec)			80	5	28	110

[a] Alle Daten beziehen sich auf 300 °K; für weitere II—VI-Verbindungen vgl. den Text.

Durch die größeren Bandabstände treten in den genannten II-VI-Verbindungen die Transporteigenschaften (außer der Photoleitung natürlich) zurück gegen die optischen Eigenschaften. Probleme der Lumineszenz stehen im Vordergrund. Neben ZnO und ZnS ist besonders CdS eine Mustersubstanz zur Untersuchung der Lumineszenz in Halbleitern geworden.

ZnO, CdS und CdSe lassen sich nur als n-Leiter herstellen, ZnTe praktisch nur als p-Leiter. Hier weiß man also nur über die Eigenschaften einer Ladungsträger-Sorte näher Bescheid. Die Ursache scheint darin zu liegen, daß die stärker ionogene chemische Bindung *Abweichungen von der Stöchiometrie* leichter zuläßt. Solche Abweichungen (z.B. Sauerstoffüberschuß in ZnO) bestimmen dann den Leitungstyp.

Überhaupt spielen bei den II-VI-Verbindungen Gitterdefekte und andere Störstellen die entscheidende Rolle, während die Eigenschaften des Grundgitters weniger interessant sind. Man nähert sich damit den Verhältnissen bei reinen Ionenkristallen (z.B. den Alkalihalogeniden), wo die Gitterfehler, also F-Zentren etc., völlig im Vordergrund stehen und das Kristallgitter nur die Matrix bildet, in die die Zentren eingebettet sind und durch deren Kristallfeld die Zentren beeinflußt werden.

Mit zunehmender Bandbreite E_G wächst die Bedeutung der Exzitonen. Exzitonenlinien und -spektren bestimmen die optischen Eigenschaften vieler II-VI-Verbindungen.

Für Literatur über die II-VI-Verbindungen sei auf die Sammelwerke [49] und [50] verwiesen.

d) Ternären Verbindungen

Von den am Anfang dieses Abschnittes genannten *ternären Verbindungen* sind nur wenige auf Grund ihrer Eigenschaften von Interesse. Hervorzuheben ist das CdSnAs$_2$ mit einer Elektronenbeweglichkeit von 10000 cm^2/Vsec bei Zimmertemperatur! Eine größere Anzahl von II-IV-V-Verbindungen wurde hergestellt; Angaben über die Werte ihrer Parameter differieren. Für eine Übersicht vgl. Goryunowa [35], Madelung [16].

e) III-VI-Verbindungen

Auch über die *III-VI-Verbindungen* vom Typ In$_2$Te$_3$ ist wenig zu sagen. Im In-Teilgitter ist ein Drittel der Gitterplätze unbesetzt (vgl. den Anfang dieses Abschnittes); die unbesetzten Plätze sind in diesem Teilgitter statistisch verteilt. In wenigen Fällen ist es gelungen, Kristalle mit geordnet verteilten Fehlstellen herzustellen. Die Einheitszelle solcher Kristalle enthält 216 Gitterplätze. Neben In$_2$Te$_3$ sind noch weitere Sulfide, Selenide und Telluride von In, Ga und Al bekannt.

56. Weitere halbleitende Elemente und Verbindungen

Wir geben jetzt einen Überblick über die Halbleiter der weiteren in Tabelle 1.1 aufgeführten Gruppen. Der Zusammenhang zwischen chemischer Bindung und Halbleitereigenschaften ist bei diesen Halbleitern schwieriger einzusehen als bei den im letzten Abschnitt behandelten tetraedrischen Halbleitern. Die Klassifikation läßt sich weitertreiben, wenn man die Halbleiter betrachtet, bei denen noch *ein* Teilgitter eine dichteste Kugelpackung bildet. Solche Fragen wollen wir hier aber nicht anschneiden und verweisen etwa auf Mooser und Pearson [37.5] (vgl. auch Pauling [21] für allgemeine Betrachtungen).

Wenn auch die im folgenden aufgezählten Halbleiter (mit Ausnahme des Selens und des Tellurs) noch nicht die Bedeutung erlangt haben wie die tetraedrischen Halbleiter, so läßt sich doch heute schon eine deutliche Verlagerung des Interesses auf einige der im weiteren zu nennenden Gruppen beobachten. Die *Oxide der Übergangsmetalle* haben z.B. im Zusammenhang mit den schon in Abschnitt 42 erwähnten *Schmalband-Halbleitern* Bedeutung (Gerthsen et al. [39.5], Jonker et al. [38.6], Appel [36.19], Hannay [46] u.a.). Einige Gruppen knüpfen eine Verbindung zu anderen Festkörpern, so die *ferroelektrischen* Titanate BaTiO$_3$ und SrTiO$_3$ (Heywang [35.6]), die *ferromagnetischen* und *antiferromagnetischen* Halbleiter wie etwa einige Spinelle und Europiumchalkogenide (Rodot [35]). Einen Zusammenhang mit der *Supraleitung* findet man bei supraleitenden Halbleitern (Klose [39.7]). Über den Bereich der anorganischen Halbleiterkristalle hinaus werden die halbleitenden Eigenschaften *organischer Molekülkristalle* untersucht (Riehl [39.4], Wolf [39.4], Hannay [46], Inokuchi und Akamatu [36.12]). Die *amorphe Phase* zahlreicher Halbleiter, *halbleitende Gläser*, gewinnen Bedeutung (Krebs [39.9], Stuke [39.9], Mott [39.9], mehrere Beiträge in [35]).

Als Ergänzung zu der folgenden Übersicht verweisen wir auf die Zusammenstellung von Halbleiterparametern von Gürs [57] und auf einen Bericht von Welker [43.29].

Elemente

Selen. Obwohl das Selen zu den ältesten bekannten Halbleitern gehört, ist man dem Verständnis seiner Eigenschaften erst seit kurzer Zeit näher gekommen. Selen kommt in drei Modifikationen vor, dem trigonalen (hexagonalen), dem monoklinen und dem amorphen Selen. Am besten bekannt sind die Eigenschaften der trigonalen Modifikation. Der Bandabstand E_G ist bei Zimmertemperatur 1,8 eV. Die optischen Spektren lassen sich an Hand des berechneten Bändermodells gut deuten. Schwieriger ist die Interpretation der Transporteigenschaften. Selen kommt nur p-leitend vor; die Löcherbeweglichkeit ist klein (ca. 10 cm^2/Vsec). Die Temperaturabhängigkeit der Beweglichkeit gehorcht keinem Potenzgesetz. Sie läßt sich vielmehr durch eine exponentielle Abhängigkeit von $1/T$ beschreiben. Dies läßt vermuten, daß der Transportmechanismus nicht auf einer normalen Loch-Gitter-Wechselwirkung, sondern auf Hopping-Prozessen beruht. Dies wird auf die Ausbildung innerer Sperrschichten und damit verbundene Potentialschwellen zurückgeführt, die von den Ladungsträgern bei ihrer Bewegung überwunden werden müssen. Für einen Überblick vgl. z. B. Stuke [39.5].

Tellur. Im Gegensatz zu Selen läßt sich Tellur in die Reihe der „normalen" Halbleiter einordnen. Es besitzt nur eine trigonale Modifikation. E_G hat bei 10 °K den Wert 0,334 eV. Die effektiven Massen sind klein und zeigen eine starke Anisotropie. Beide Bandextrema liegen im oder in der Nähe des gleichen Punktes (H) der Brillouin-Zone. Das Leitungsband ist in der Umgebung von H stark anisotrop und nicht-parabolisch. Das Valenzband ist in H durch Spin-Bahn-Wechselwirkung um 0,1 eV aufgespalten. Wahrscheinlich liegen die Bandextrema nicht genau in H. In der Umgebung von H gruppierte äquivalente Extrema verschmelzen aber schon bei relativ schwacher Besetzung zu einem valley, das stark deformierte (hantelförmige) Energieflächen zeigt. Die Beweglichkeiten liegen bei etwa 1170 cm^2/Vsec für die Elektronen und bei etwa 560 cm^2/Vsec für die Löcher. Die Technologie des Tellurs ist wesentlich einfacher als die des Selens. Zwischen beiden Halbleitern existiert eine lückenlose Mischkristallreihe. Für eine eingehende Diskussion aller Eigenschaften des Tellurs vgl. das Buch von Grosse [43.48].

Graphit, Bi, B, P, As. Neben Selen und Tellur spielen die anderen halbleitenden Elemente Bi, B, P und As nur eine untergeordnete Rolle. Graphit besitzt ein stark anisotropes Schichtengitter. (Abbildung 8b). Innerhalb der Schicht ist es ein Halbmetall mit sehr hoher Beweglichkeit der Ladungsträger. Für weitere Eigenschaften vgl. z.B. Haering et al. [37.5]. Wismut ist ebenfalls ein Halbmetall mit rhomboedrischer Struktur. Eine Diskussion seiner Eigenschaften findet man bei Boyle [37.7]. Über die halbleitenden Modifikationen des Phosphors liegen verschiedene Messungen vor. Die Bandbreite E_G des schwarzen Phosphors liegt bei 0,57 eV, für die anderen Modifikationen ist dieser Wert größer. Beweglichkeiten von einigen Hundert cm^2/Vsec wurden gemessen. Im Bor ($E_G = 1,5$ eV) liegt die Elektronenbeweglichkeit bei 1 cm^2/Vsec, die Löcherbeweglichkeit bei 50 cm^2/Vsec.

Verbindungen

IV-VI-Verbindungen. Unter den bisher noch nicht behandelten halbleitenden Verbindungen besitzen die IV-VI-Verbindungen PbS, PbSe und PbTe das größte Interesse. Als wichtige Photoleiter sind sie aus zahlreichen Untersuchungen gut bekannt. Sie kristallisieren im NaCl-Gitter. Die Bindung besitzt einen starken ionogenen (polaren) Anteil. Die Bandabstände sind 0,37 (PbS), 0,26 (PbSe) und 0,30 (PbTe) eV bei Zimmertemperatur. Für die durch polare optische Streuung begrenzten Beweglichkeiten findet man:

PbS: $\mu_n =$ 600 cm^2/Vsec, $\mu_p =$ 620 cm^2/Vsec
PbSe: $\mu_n =$ 1000 cm^2/Vsec, $\mu_p =$ 960 cm^2/Vsec
PbTe: $\mu_n =$ 1700 cm^2/Vsec, $\mu_p =$ 880 cm^2/Vsec.

Die optischen Eigenschaften lassen sich aus dem berechneten Bändermodell (Extrema des Leitungs- und Valenzbandes im Punkte L) konsistent deuten. Für einen Überblick über die Eigenschaften dieser drei Halbleiter vgl. Scanlon [36.9].

Neben dieser Gruppe gibt es unter den IV-VI-Verbindungen noch die orthorhombisch kristallisierenden binären Verbindungen vom Typ GeS, SnSe. Mit Beweglichkeiten von einigen Hundert cm^2/Vsec und Bandabständen der Größenordnung 1 eV gehören sie zu den normalen Halbleitern. Von Interesse ist in neuerer Zeit das GeTe:MnTe, das durch die statistisch verteilten Mn^{2+}-Ionen ferromagnetische Eigenschaften besitzt.

Zu den II-VI-Verbindungen gehört ferner der Rutil (TiO$_2$) mit einem Bandabstand von über 3 eV und sehr kleinen Beweglichkeiten und einige Sn-Verbindungen: SnO$_2$, SnS$_2$, SnSe$_2$.

II-IV-Verbindungen. Bekannt sind vor allem die im Antifluoritgitter kristallisierenden Verbindungen Mg$_2$Si, −Ge, −Sn und −Pb.

Daneben kennt man als Halbleiter die tetragonalen Ca-Verbindungen Ca_2Si, Ca_2Sn und Ca_2Pb. Die Magnesiumverbindungen Mg_2Si, —Ge und —Sn sind Halbleiter mit Bandabständen von resp. 0,78, 0,74 und 0,33 eV und Beweglichkeiten von einigen Hundert cm²/Vsec. Mg_2Pb ist ein Halbmetall mit $E_G = 0$.

II-V-Verbindungen. Unter den II-V-Verbindungen findet man die Typen A_3B_2, AB_2 und AB. Speziell sind bekannt das hexagonale Mg_3Sb_2 und die tetragonalen Zn_3P_2, Zn_3As_2, Cd_3As_2, die Verbindungen $ZnAs_2$ (monoklin) und $CdAs_2$ (tetragonal) und die beiden orthorhombischen Halbleiter ZnSb und CdSb. Von diesen ist nur das Cd_3As_2 mit einer Löcherbeweglichkeit von über 10^4 cm²/Vsec hervorzuheben.

I-VI-Verbindungen. Von den I-VI-Verbindungen sind seit langem bekannt die Kupferverbindungen CuO und Cu_2O, von denen das CuO in der Frühzeit der Halbleitergleichrichter Bedeutung hatte. Neben ihnen sind noch einige Modifikationen von Cu_2S, Ag_2S, Ag_2Se und Ag_2Te (die beiden letzteren haben sehr hohe Elektronenbeweglichkeiten) zu erwähnen.

I-V-Verbindungen. Die Verbindungen Na_3Sb, K_3Sb, Rb_3Sb und Cs_3Sb sind als Photokathoden wegen ihrer Sekundäremissions-Eigenschaften wichtig. Über ihre Halbleiterparameter ist wenig bekannt. E_G liegt in der Größenordnung von 1 eV.

V-VI-Verbindungen. Hier sind eine große Zahl bekannt: As_2O_3 und Sb_2O_3 (kubisch), Sb_2S_3, Sb_2Se_3, Bi_2S_3 (orthorhombisch), Sb_2Te_3, Bi_2Se_3 und Bi_2Te_3 (rhomboedrisch), As_2S_3, As_2Te_3, Bi_2O_3 (monoklin). Von diesen Verbindungen sind Bi_2Se_3 und Bi_2Te_3 sowie deren Mischkristalle gut bekannt. Die Bandabstände liegen bei einigen Zehntel eV, die Elektronenbeweglichkeiten über 1000 cm²/ Vsec und die Löcherbeweglichkeiten um 500 cm²/Vsec. Ihre Bedeutung liegt in einem durch das hohe Atomgewicht bedingten sehr kleinen Verhältnis von Wärmeleitfähigkeit zu elektrischer Leitfähigkeit und damit ihrer Brauchbarkeit für thermoelektrische Anwendungen.

III-VI-Verbindungen. Von den III-VI-Verbindungen haben wir schon im vorhergehenden Abschnitt die In_2Te_3-Gruppe erwähnt. Daneben werden in neuerer Zeit die Schichtgitter der Halbleiter GaS, GaSe, GaTe näher untersucht. Ein Beispiel für einen ferromagnetischen Halbleiter ist das EuSe.

Unter den bisher noch nicht behandelten Halbleitern ist vor allem die große Gruppe der Oxide und Sulfide der Übergangsmetalle zu nennen, die sich durch *schmale Bänder* und *Polaronenleitung* auszeichnen. Zu dieser Gruppe gehören auch das $FeSi_2$, das schon oben erwähnte TiO_2 und das Bariumtitanat. Wir hatten zu dem Problemkreis der Schmalbandhalbleiter schon in Abschnitt 42 Literatur genannt und am Anfang dieses Abschnittes auf weitere Literatur hingewiesen. Eine Behandlung dieser Gruppe von Halbleitern übersteigt den Rahmen dieses Buches, zumal ihre Eigenschaften noch nicht so gut verstanden sind wie die Eigenschaften der vorwiegend homöopolar gebundenen Halbleiter. Auf die wachsende Bedeutung der Schmalbandhalbleiter sei aber nochmals hingewiesen.

57. Anwendungsmöglichkeiten der Halbleiter

Zahlreiche Eigenschaften der Halbleiter finden in der Technik eine Anwendung.

Die optischen Eigenschaften, speziell das Aneinandergrenzen von Spektralbereichen hoher Durchlässigkeit und hoher Absorption, werden zur Herstellung von *optischen Filtern* benutzt.

Die starke Temperaturabhängigkeit des elektrischen Widerstandes kann direkt in *Heißleitern* ausgenutzt werden.

Die galvanomagnetischen Effekte (speziell von InSb und InAs) haben in zahlreichen Bauelementen Verwendung gefunden. Ausgenutzt wird die starke Magnetfeldabhängigkeit des Widerstandes (vgl. z.B. Abb. 45) in den sog. *Feldplatten* und das Auftreten einer Hall-Spannung in den *Hall-Generatoren*. Hall-Generatoren können deshalb vielseitig benutzt werden, weil die Hall-Spannung proportional zum Produkt der beiden Steuergrößen Magnetfeld und Primärstrom ist. Über die galvanomagnetischen Bauelemente unterrichtet ein Buch von Weiss [28].

Die thermoelektrischen Effekte geben im Peltier-Effekt die Möglichkeit der *Kälteerzeugung* und durch die Thermokraft die Möglichkeit der *thermoelektrischen Energieerzeugung* und der Temperaturmessung *(Thermoelement)*. Hierzu vgl. z.B. Lautz [38.4].

Diese Anwendungen — so wichtig sie in einzelnen Bauelementen auch sind — treten zurück gegen die *p-n-Gleichrichter* und die *Transistoren*, die wir in Kapitel 8 kennengelernt haben. Neben der normalen *p-n-Diode* (Abschnitt 47) hat die Sonderform der *Tunneldiode* als Bauelement mit negativem differentiellem Widerstand (Abschnitt 48) besondere Bedeutung. Der Photoeffekt an *p-n*-Übergängen (Abschnitt 49) wird in der *Photodiode (Solarzelle)* und im *Sperrschicht-Zähler* angewandt. Die vielseitigen Anwendungen der *Transistoren* brauchen hier nicht aufgezählt zu werden. Über sie liegt eine umfassende Literatur vor. Neben den *p-n-p-* (bzw. *n-p-n-*) Transistoren (Abschnitt 50) und ihren Sonderformen hat der *Feldeffekt-Transistor* (Abschnitt 51) in der letzten Zeit im Zusammenhang mit der *Mikrominiaturisierung* der Schaltkreise Bedeutung gefunden (MOS-FET-Transistor, bei ihm wird mittels einer *M*etallelektrode durch eine *O*xidschicht die Oberflächenleitung eines „*S*emiconductors" so beeinflußt, daß sie wie ein *F*eld-*E*ffekt-*T*ransistor wirkt).

Informative Berichte über Fragen der Transistorphysik, der Mikrominiaturisierung und anderer Halbleiteranwendungen finden sich in den Referaten der IEEE-Tagungen über Halbleiterbauelemente in [39.7] und [39.9], in Büchern wie [20] und [24] und zahlreichen Fachzeitschriften.

Auf den technisch wichtigen *Gunn-Effekt* hatten wir schon in Abschnitt 43, auf die *Injektions-Laser* in Abschnitt 48 hingewiesen.

Schlußbemerkungen

Das vorliegende Buch versucht einen Überblick über das Halbleitermodell, seine Begründung und seine Grenzen zu geben und dann die Vielzahl der Halbleiterphänomene soweit zu schildern, daß der Leser an Hand der zitierten Literatur weitere Informationen leicht finden und einordnen kann. Obwohl dabei ein Überblick über das Gesamtgebiet der Halbleiterphysik angestrebt wurde, sind schon aus der Anlage des Buches heraus einige Aspekte völlig unberücksichtigt geblieben. So mußte auf Fragen der *Technologie* (Herstellung definierter Präparate in einkristalliner Form mit vorgegebenem Störstellengehalt) und auf Fragen der *experimentellen Methodik* völlig verzichtet werden.

Aber auch das Problem der *Störstellen in Halbleitern* konnte nur so weit im Text behandelt werden, wie es die Besprechung genereller Halbleiterphänomene zuließ. Ein großer Teil der Halbleiterliteratur befaßt sich aber gerade mit der Untersuchung der Wirkung spezieller Störstellen in speziellen Halbleitern. Neben den im Text bereits zitierten Literaturstellen (vgl. z.B. die bei der Lumineszenz in Abschnitt 46 genannten Berichte) sei auf das Buch von Rhodes [23] hingewiesen. Für die Wechselwirkung zwischen Störstellen im Gleichgewicht vgl. z. B. Vink [39.1], [46]. Für das große Gebiet der Strahlenschäden in Halbleitern, das Auskünfte über die Eigenfehlordnung gibt, vgl. Aukerman [40.4], Bäuerlein [39.8], Corbett [36, Suppl. 7], Seeger [39.4], sowie das Tagungsbuch [45]. Für Störstellen-Untersuchungen sind Resonanzmethoden (Paramagnetische Elektronen-Resonanz, Elektronen-Spin-Resonanz) wichtig: Geist [39.2], Goldstein [40.2], Ludwig et al. [36.13], Title [49]. Von Störstellen werden auch die mechanischen und plastischen Eigenschaften der Halbleiter beeinflußt (Haasen [39.3], Pearson und Vogel [37.6]).

Liste der verwendeten Symbole

		Definiert oder zum ersten Mal benutzt im Zusammenhang mit Gleichung:
a	Gitterkonstante	(8.4)
a	nicht-primitive Translation	(10.1)
a_i	Basisvektoren	(8.1)
A	Anisotropiekonstante	(15.4)
A_i	Streukoeffizient	(39.3)

A	Vektorpotential	
b	Beweglichkeitsverhältnis μ_n/μ_p	(39.9)
b_j	Basisvektoren im reziproken Gitter	(8.2)
B	Anisotropiekonstante	(15.4)
$\mathbf{B}$	magnetische Induktion	
c	Lichtgeschwindigkeit	
c_l	Geschwindigkeit longitudinaler elastischer Wellen	(36.14)
C	Anisotropiekonstante	(15.4)
$D_{(n,p)}$	Diffusionskoeffizient	(27.2) (44.4)
e	Elementarladung	
$\mathbf{e}$	Polarisationsvektor	(21.2)
$\mathbf{e}_{x,y,z}$	Einheitsvektoren	(8.4)
E	Energie	
$E_n(\mathbf{k})$	Bandstruktur	(12.11)
E_G	Breite der verbotenen Zone	(2.1)
E_L	Unterkante des Leitungsbandes	(15.1)
E_V	Oberkante des Valenzbandes	(15.4)
E_D	Energie der Donatorenterme	(24.3)
E_A	Energie der Akzeptorenterme	
E_n	$= E - E_L$	
E_p	$= E_V - E$	
E_{1n}, E_{2n}	Deformationspotentiale	(36.12)
$\mathbf{E}$	elektrische Feldstärke	
$f(E)$	Fermi-Verteilung	(23.5)
$f_{n,p}$	Verteilungsfunktion der Elektronen bzw. Löcher	(35.1)
F	freie Energie	(23.1)
$F(x)$	Fermi-Integral	(24.7)
$F(\mathbf{r},t)$	Wellenfunktion in der Effektiv-Massen-Näherung	(16.8)
$\mathbf{F}$	Kombination von äußeren Kräften	(37.12)
G	Erzeugungsrate	(4.7)
H, H'	Hamilton-Operator	(11.1)
$H(\mathbf{p,r})$	Hamilton-Funktion	(17.1)
$\mathbf{i}$	elektr. Stromdichte	(35.3)
$\mathbf{j}$	Teilchenstromdichte	(35.2)
k	Extinktionskoeffizient	Einl. Kap. 6
k	Boltzmann-Konstante	
$\mathbf{k}$	Wellenzahlvektor	(12.4)
$\mathbf{k}_0$	Position eines Bandextremums in der BZ	(15.3)
K	Absorptionskoeffizient	Einl. Kap. 6
$\mathbf{K}$	Kraft	
$\mathbf{K}$	Wellenzahlvektor des Exzitons	(30.2)
$\mathbf{K}_m$	prim. Translation im reziproken Gitter	(8.2)
l	freie Weglänge	(42.8)
l_i	ganze Zahlen	
L	Symmetriepunkt in der BZ	Fig. 11
$L_{(n,p)}$	Diffusionslänge	(44.4)
L_D	Debye-Länge	(27.7)
m	Elektronenmasse	
m^*	effektive Masse	(4.2) (15.1)
m_l, m_t	effektive Massen in anisotropen Extrema	(15.3)
m_n, m_p	effektive Massen der Elektronen und Löcher	(24.6)

m_{ds}	density of states Masse	(18.5)
m_l	ganze Zahlen	
M_i	kritische Punkte	(18.6)
M_α	Masse des α-ten Gitteratoms	(21.1)
M_{ik}	Transportkoeffizienten	(37.16)
$M_{(jj')}$	Übergangsmatrixelement	(28.2)
n	reeller Brechungsindex	Einl. Kap. 6
n	Konzentrationen	
	n Konzentrationen der Elektronen	(24.1)
	n_D Konzentrationen der Donatoren	(24.3)
	n_{D^+} Konzentrationen der positiv geladenen Donatoren	(24.4)
	$n_{D^\times}$ Konzentrationen der neutralen Donatoren	(24.3)
	n_A Konzentrationen der Akzeptoren	(24.4)
	n_{A^-} Konzentrationen der negativ geladenen Akzeptoren	(24.4)
	$n_{A^\times}$ Konzentrationen der neutralen Akzeptoren	(24.4)
	n_i Eigenleitungskonzentration	(24.12)
	n_{ion} Konzentrationen ionisierter Störstellen	(36.17)
	n_0 Entartungskonzentration der Elektronen	(24.6)
	$n_{n,p}$ Konzentrationen der Elektronen im n- bzw. p-Gebiet	(47.7)
	$n(E)$ Konzentrationen der Elektronen der Energie E	(23.5)
N	Gitterpunkte im Grundgebiet	(9.2)
N	komplexer Brechungsindex	Einl. Kap. 6
N_q	Zahl der Phononen der Wellenzahl q	(29.1)
p	Löcherkonzentration	(24.2)
p_0	Entartungskonzentration der Löcher	(24.3)
$p_{n,p}$	Konzentrationen der Löcher im n- bzw. p-Gebiet	(47.7)
P	Druck	
q	Wellenzahlvektor eines Phonons	(21.2)
Q	Nernst-Koeffizient	(41.1)
r	Exponent im $\tau_r(E^r)$-Gesetz	(37.2)
r	Rekombinationskoeffizient	(4.6)
r	Ortsvektor	
R	Reflexionskoeffizient	(33.8)
$\boldsymbol{R}_l$	primitive Translation	(8.1)
$\{\boldsymbol{R}_l\}$	$\boldsymbol{R}_l$ zugeordneter Operator	(9.1)
$\boldsymbol{R}_\alpha$	Position eines Basisatoms relativ zu $\boldsymbol{R}_l$	(21.1)
$R_{(n,p,i)}$	Hall-Koeffizient (n-, p-, Eigenleiter)	(39.8)
s	Anisotropieparameter	(15.4)
s	Oberflächenrekombinationsgeschwindigkeit	(44.7)
$s_{n\alpha}$	Auslenkung des α-ten Basisatoms	(21.1)
$\boldsymbol{s}$	magnetfeldproportionaler Vektor	(37.12)
S	Entropie	(23.1)
$S_{\{\alpha \mid t\}}$	Symmetrieoperator der Raumgruppe	(13.1)
t	Zeit	
t	$= \boldsymbol{a} + \boldsymbol{R}_l$ allgemeiner Translationsoperator	
T	absolute Temperatur	
$T_{\boldsymbol{R}_l}$	$\boldsymbol{R}_l$ zugeordneter Operator	(12.11)
u_n	periodischer Anteil der Bloch-Funktion	(12.13)
U	Rekombinationsrate	(4.6)
v	Geschwindigkeit	
v_{th}	thermische Geschwindigkeit	

$V(r)$	Potential	(11.1)
V	Volumen	
V_D	Diffusionsspannung einer Raumladungsschicht	(53.2)
V_G	Volumen des Grundgebietes	(18.1)
w	Energiestromdichte	(35.4)
w_q	Wärmestromdichte	(35.5)
W	Übergangswahrscheinlichkeit	(28.1) (36.4)
x_n, x_p	Grenzen des Übergangsgebietes eines p-n-Übergangs	(47.2)
X	Symmetriepunkt in der BZ	Abb. 11
$z(E)$	Zustandsdichte	(18.4)
α	Symmetrieoperation im Gitter	(10.1)
α_e	Stromverstärkungsfaktor des Transistors	(50.14)
$\{\alpha\mid t\}$	Operator der Raumgruppe	(10.1)
β	Stoßparameter	(36.15)
β_e	Einfangfaktor des Emitters	(50.12)
γ_e	Gütefaktor des Emitters	(50.13)
Γ	Zentrum der Brillouin-Zone	Abb. 11
Δ	Symmetrieachse der BZ	Abb. 11
Δ	Laplace-Operator	
$\Delta(r)$	relative Volumenänderung	(36.11)
δ_{ik}	Kronecker-Symbol	
$\delta(x)$	Delta-Funktion	
$\delta n, \delta p, \delta T$	differentielle Größen	
$\varepsilon(\varepsilon_1, \varepsilon_2)$	Dielektrizitätskonstante (Real- und Imaginärteil)	Einl. Kap. 6
ε	Seebeck-Koeffizient	(40.6)
ε_g	Beitrag des Gitters zur DK	(33.3)
ε_0	Influenzkonstante	
ζ	chemisches Potential (Fermi-Niveau)	(23.2)
ζ_i	chemisches Potential des Eigenleiters	(24.11)
ζ_i	chemisches Potential der i-ten Komponente	(23.1)
$\zeta_{n,p}$	$= \zeta - E_L$ bzw. $E_V - \zeta$	
η	$= \zeta - e\phi$ elektrochemisches Potential	
ϑ	Hall-Winkel	(39.12)
θ	Streuwinkel	(36.7)
$\varkappa$	Wärmeleitfähigkeit	(40.6)
$\varkappa$	Wellenzahlvektor der Lichtwelle	(33.1)
μ	Beweglichkeit	(4.4) (38.2)
μ_B	Bohrsches Magneton	
ν	Anzahl äquivalenter Extrema eines Bandes	(18.5)
Π	Peltier-Koeffizient	(40.6)
$\Pi(x)$	Π-Funktion	(38.2)
ϱ	Raumladung	(27.3)
ϱ	Dichte	
ϱ	spez. Widerstand	(39.10)
σ	Wirkungsquerschnitt	(36.16)
$\sigma_{n,p}$	elektr. Leitfähigkeit (der Elektronen, der Löcher)	(38.1)
τ	Lebensdauer	(4.7)
τ_r	Relaxationszeit der Elektron-Gitter-Wechselwirkung	(4.4) (36.7)
τ_0	Konstante im $\tau_r(E^r)$-Gesetz	(37.1)
τ_{rel}	dielektrische Relaxationszeit	(27.5)
ϕ	elektrostatisches Potential	(16.3)

φ	Fermi-Potential	(26.1)
$\varphi_{n,p}$	Quasi-Fermi-Potentiale der Elektronen und Löcher	(26.1)
Φ	Thermospannung	(40.8)
Φ	Streuwahrscheinlichkeit	(36.1)
Φ	Pot. Energie der Gitterbausteine	(21.1)
ψ	Wellenfunktionen	
$\psi_n(k, r) = \|n, k\rangle$	Bloch-Funktion	(12.13)
ω	Frequenz des Lichtes	
ω_0	$= 1/\tau_r$	(4.3)
ω_c	Cyclotron-Resonanz-Frequenz	(20.1) (31.1) (33.4)
ω_p	Plasma-Resonanz-Frequenz	(33.4)
$\omega(q)$	Frequenz eines Phonons der Wellenzahl q	(21.2)
Ω	Raumwinkel	

Literaturverzeichnis

Allgemeine Lehrbücher und Monographien der Festkörper- und Halbleiterphysik, auf die im Text nicht besonders verwiesen wird:

Einführungen in das Gesamtgebiet der Festkörperphysik geben:

Azaroff, L. V.: Introduction to Solids. New York- Toronto-London: McGraw-Hill 1960.

Blakemore, J. S.: Solid State Physics. Philadelphia-London-Toronto: W. B. Saunders Comp. 1969.

Hellwege, K. H.: Einführung in die Festkörperphysik I (Heidelberger Taschenbücher, Band 33). Berlin-Heidelberg-New York: Springer 1968.

Kittel, C.: Einführung in die Festkörperphysik (Übersetzung der 3. Aufl. des Buches „Introduction to Solid State Physics". New York: J. Wiley & Sons 1966.) München und Wien: R. Oldenbourg 1968.

Wert, Ch. A., Thomson, R. M.: Physics of Solids. New York-Toronto-London: McGraw-Hill 1964.

Als Einführung in die Theorie des festen Körpers seien genannt:

Azaroff, L. V., Brophy, J. J.: Electronic Processes in Materials. New York-Toronto-London: McGraw-Hill 1963.

Beam, W. R.: Electronics of Solids. New York-Toronto-London: McGraw-Hill 1965.

Weinreich, G.: Solids, Elementary Theory for Advanced Students. New York-London-Sidney: J. Wiley & Sons 1965.

Höhere Anforderungen an den Leser stellen die folgenden Lehrbücher der Theoretischen Festkörperphysik:

Brauer, W.: Einführung in die Elektronentheorie der Metalle. Braunschweig: Friedr. Vieweg & Sohn 1966.

Haug, A.: Theoretische Festkörperphysik I. Wien: Franz Deuticke 1964.

Kittel, C.: Quantum Theory of Solids. New York-London: J. Wiley & Sons 1963.

Slater, J. C.: Quantum Theory of Molecules and Solids, 3 Bd. New York-Toronto-London: McGraw-Hill 1965—1967.

Smith, R. A.: Wave Mechanics of Crystalline Solids. London: Chapman & Hall 1961.

Ziman, J. M.: Electrons and Phonons. Oxford: Clarendon Press 1960.
— Principles of the Theory of Solids. Cambridge: University Press 1964.

Ferner befassen sich speziell mit der Transporttheorie in Festkörpern:
Blatt, F. J.: Physics of Electronic Conduction in Solids. New York- Toronto-London: McGraw-Hill 1968.
Smith, A. C., Janak, J. F., Adler, R. B.: Electronic Conduction in Solids. New York-Toronto-London: McGraw-Hill 1967.

Alle bisher genannten Bücher enthalten mehr oder weniger umfangreiche Kapitel über Halbleiter. An speziell der Halbleiterphysik gewidmeten Lehrbüchern seien genannt:
Adler, R. B., Smith, A. C., Longini, R. L.: Introduction to Semiconductor Physics. New York: J. Wiley & Sons 1964. (Kurze speziell auf das Verständnis der physikalischen Grundlagen der Halbleiterelektronik ausgerichtete Einführung.)
Geist, D.: Halbleiterphysik I (uni-text). Braunschweig: Friedr. Vieweg & Sohn 1969. (Elementare Einführung für Physiker, Chemiker und Elektrotechniker.)
Moll, J. L.: Physics of Semiconductors. New York-Toronto-London: McGraw-Hill 1964. (Elementare Einführung in das Gesamtgebiet der Halbleiterphysik.)
Smith, R. A.: Semiconductors. Cambridge University Press 1964. (Darstellung des Gesamtgebietes der Halbleiterphysik mit Schwergewicht auf den theoretischen Grundlagen.)
Spenke, E.: Elektronische Halbleiter, 2. Aufl. Berlin-Göttingen-Heidelberg: Springer 1965. (Einführung in die für das kritische Verständnis der Transistorphysik notwendigen Teilgebiete der Halbleitertheorie.)

Monographien über Teilgebiete der Festkörper- und Halbleiterphysik auf die im Text verwiesen wird:
1. Adler, B., Fernbach, S., Rotenberg, M.: Energy Bands of Solids, Methods of Computational Physics, Vol. 8. Academic Press 1969.
2. Blakemore, J. S.: Semiconductor Statistics. Oxford-London-New York-Paris: Pergamon Press 1962.
3. Bube, R. H.: Photoconduction in Solids. New York: J. Wiley & Sons 1960.
4. Callaway, J.: Energy Band Theory. New York-London: Academic Press 1964.
5. Drabble, J. R., Goldsmid, H. J.: Thermal Conduction in Semiconductors. Oxford-London-New York-Paris: Pergamon Press 1961.
6. Frankl, D. R.: Electrical Properties of Semiconductor Surfaces. Oxford-London-New York-Paris: Pergamon Press 1967.
7. Gossick, B. R.: Potential Barriers in Semiconductors. New York-London: Academic Press 1964.
8. Greenaway, D. L., Harbecke, G.: Optical Properties and Band Structure of Semiconductors. Oxford-London-New York-Paris: Pergamon Press 1968.
9. Heine, V.: Group Theory in Quantum Mechanics. London-Oxford-New York-Paris: Pergamon Press 1960.
10. Henisch, H. K.: Electroluminescence. Oxford-London-New York-Paris: Pergamon Press 1962.
11. — Rectifying Semiconductor Contacts. Oxford: Clarendon Press 1957.
12. Hilsum, C., Rose-Innes, A. C.: Semiconducting III-V-Compounds. Oxford-London-New York-Paris: Pergamon Press 1961.

13. Jones, H.: The Theory of Brillouin-Zones and Electronic States in Crystals. Amsterdam: North-Holland Publ. Comp. 1962.
14. Koster, G. F., Dimmock, J. O., Wheeler, R. G., Statz, H.: Properties of the thirty-two point groups. Cambridge (Mass.): MIT Press 1963.
15. Loucks, T. L.: Augmented Plane Wave Method. New York: A. W. Benjamin 1967.
16. Madelung, O.: Physics of III-V-Compounds. New York-London-Sidney: J. Wiley & Sons 1964.
17. Many, A., Goldstein, Y., Grover, B.: Semiconductors Surfaces. Amsterdam: North Holland Publ. Comp. 1965.
18. Moss, T. S.: Optical Properties of Semiconductors. London: Butterworth 1959.
19. Nussbaum, A.: Semiconductor Device Physics. Prentice Hall Inc. 1962.
20. Paul, R.: Transistoren. Physikalische Grundlagen und Eigenschaften. Braunschweig: Friedr. Vieweg & Sohn 1969.
21. Pauling, L.: Die Natur der chemischen Bindung (Übersetzung von „The Nature of the Chemical Bond"). Weinheim: Verlag Chemie 1962.
22. Putley, E. H.: The Hall-Effect and Related Phenomena. London: Butterworth 1962.
23. Rhodes, R. G.: Imperfections and Active Centers in Semiconductors. Oxford-London-New York-Paris: Pergamon Press 1964.
24. Seiler, K.: Physik und Technik der Halbleiter. Stuttgart: Wiss. Verlagsges. 1964.
25. Streitwolf, H.: Gruppentheorie in der Festkörperphysik. Leipzig: Akad. Verlagsges. 1967.
26. Tauc, J.: Photo- and Thermoelectric Effects in Semiconductors. Oxford-London-New York-Paris: Pergamon Press 1962.
27. Taylor, J. M.: Semiconductor Particle Detectors. London: Butterworth 1963.
28. Weiss, H.: Physik und Anwendung galvanomagnetischer Bauelemente. Braunschweig: Friedr. Vieweg & Sohn 1969.

Proceedings der Internationalen Halbleitertagungen[1]:

29. Garmisch-Partenkirchen 1956. Braunschweig: Friedr. Vieweg & Sohn 1959.
30. Rochester 1958. Oxford-London-New York-Paris: Pergamon Press 1959.
31. Prag 1960. Prague: Publishing House of the Czechoslovak Academy of Sciences 1961.
32. Exeter 1962. London: The Institute of Physics and the Physical Society 1962.
33. Paris 1964. Paris: Dunod 1964.
34. Kyoto 1966. The Physical Society of Japan. Suppl. to J. Phys. Soc. Japan, Vol. 21, 1966.
35. Moskau 1968. Leningrad: Publishing House „Nauka" 1968.

Buchreihen mit Einzelbeiträgen verschiedener Autoren:

36. Solid State Physics, Advances and Applications. Eds.: F. Seitz and D. Turnbull. New York: Academic Press Inc. (seit 1954 22 Bd. u. 11 Suppl.-Bd.).

---

[1] Einzelbeiträge aus den Sammelwerken 29.-56. werden im Text durch Angabe des Namens des Autors, Nummer des Sammelwerkes und eventuell Nummer des betreffenden Bandes zitiert. Beispiel: Phillips [36.18] bedeutet J. C. Phillips, Solid State Physics, Vol. 18.

37. Progress in Semiconductors. Eds.: A. F. Gibson and B. E. Burgess. London: Heywood (seit 1955 9 Bd.).
38. Halbleiterprobleme. Hrsg.: W. Schottky (Bd. 1—4) u. F. Sauter (Bd. 5 u. 6). Braunschweig: Friedr. Vieweg & Sohn 1954—1961.
39. Festkörperprobleme (Fortsetzung der Buchreihe [38]). Hrsg.: F. Sauter (Bd. 1—5) u. O. Madelung (ab Bd. 6). Braunschweig: Friedr. Vieweg & Sohn (seit 1962 9 Bd.).
40. Semiconductors and Semimetals. Eds.: R. K. Willardson and A. C. Beer. New York-London: Academic Press (seit 1966 4 Bd.).
41. Plenarvorträge der Physikertagungen der Deutschen Physikalischen Gesellschaft. Stuttgart: B. G. Teubner (seit 1964 5 Bd.).
42. Handbuch der Physik. Hrsg.: S. Flügge. Berlin-Göttingen-Heidelberg: Springer.
43. Ergebnisse der exakten Naturwissenschaften/Springer Tracts in Physics. Berlin-Göttingen-Heidelberg: Springer.

Sommerschulen:

44. Polarons and Excitons. Scottish Universities Summer School 1962. Edinburgh-London: Oliver and Boyd 1963.
45. Radiation Damage. Proceedings of the International School of Physics „Enrico Fermi", Varenna, Course XVIII. New York-London: Academic Press 1962.
46. Semiconductors. Proceedings of the International School of Physics „Enrico Fermi", Varenna, Course XXII. New York-London: Academic Press 1963.
47. The Optical Properties of Solids. Proceedings of the International School of Physics „Enrico Fermi", Varenna, Course XXXIV. New York-London: Academic Press 1966.
48. Theory of Condensed Matter. Lectures Presented at an International Course, Triest 1967. Vienna: Int. Atomic Energy Agency 1968.

Weitere Sammelwerke über Teilgebiete der Halbleiterphysik:

49. II-VI-Compounds. 1967 Int. Conference. Ed.: D. G. Thomas. New York-Amsterdam: W. A. Benjamin 1967.
50. Physics and Chemistry of II-VI-Compounds. Eds.: M. Aven and J. S. Prener. Amsterdam: North-Holland Publ. Comp. 1967.
51. Solid Surfaces. Proceedings of an Int. Conference 1964. Ed. H. C. Gatos. Amsterdam: North-Holland Publ. Comp. 1964.
52. Silicon Carbide, a High Temperature Semiconductor. Proceedings of a Int. Conference 1959. Eds.: J. R. O'Connor and J. Smiltjens. Oxford: Pergamon Press 1960.

Ferner werden im Text zusammenfassende Berichte zitiert aus:

53. Advances in Physics. London: Taylor & Francis Ltd.
54. Fortschritte der Physik. Berlin: Akademie-Verlag.
55. Physica Status Solidi. Berlin: Akademie-Verlag.
56. Reports on Progress in Physics. London: The Institute of Physics and the Physical Society.

Eine Tabelle wichtiger Halbleiterdaten enthält:

57. Gürs, U., Gürs, K.: In: Landolt-Börnstein, Bd. 4, 2. Teil, Bandteil c, 6. Aufl. Berlin-Göttingen-New York: Springer 1965.

Sachverzeichnis

Absorption durch Gitter-
schwingungen 89 ff.
— freier Ladungsträger 69, 84 ff.
— im Magnetfeld 79 ff.
Absorptionskante 72
Absorptionskoeffizient 69
Adsorptionsschichten 160
akustischer Zweig 53
akustisches Phonon 53
Akzeptoren 5
allgemeiner Punkt 29
alloy scattering 125
AlSb 175, 176
ambipolarer Diffusionskoeffizient 135
ambipolarer Strom 111, 113, 118, 141
amorpher Halbleiter 17, 182
anisotropes Band 39, 46, 123
Anreicherungsrandschicht 163, 169, 170
äquivalente Darstellung 26
Auger-Rekombination 65
Austrittsarbeit 162, 163

Band, anisotropes 39, 46, 123
—, isotropes 38, 46, 90, 102
—, nicht-parabolisches 38, 72, 123
—, parabolisches 39, 46, 58, 102
Bandabstand 9, 13
Bändermodell 9, 10
— im Magnetfeld 48 ff.
Bandkante 10
Bandstruktur 23 ff., 27, 35, 36, 37 ff.
— quantitative Berechnung 36
— typische Eigenschaften 37 ff.
Basisfunktionen 35
Basisvektoren 17
Beweglichkeit 8, 12, 104 ff.
Besetzungswahrscheinlichkeit 55
Bloch-Funktion 27

Blochsches Theorem 26
Boltzmann-Gleichgewicht 67, 163
Boltzmannsche Stationaritäts-
bedingung 94, 100
Boltzmann-Verteilung 59, 103
Bragg-Reflexion 45
Bravais-Gitter 18
Brechungsindex 69
Breite der verbotenen Zone 9, 108
Brillouin-Zone 18, 27, 30, 52
Burstein-Effekt 74

Chalkopyritgitter 14, 15, 19
channel 163
Charaktertafeln 33
chemisches Potential 54
CdO 178
CdS, CdSe, CdTe 180
Corbino-Scheibe 114
Cyclotron-Resonanz 87
Cyclotron-Resonanz-Frequenz 49, 85

Darstellung einer Gruppe 26, 32
—, äquivalente 26
—, irreduzible 31
Debye-Länge 68, 135, 144, 161
Deformations-Potential 98, 100
de Haas-Shubnikov-Effekt 131
de Haas- van Alphen-Effekt 132
Dember-Effekt 141
density of states Masse 47
Diamant 173, 174
Diamantgitter 13, 14, 19, 23, 173
dielektrische Relaxationszeit 68, 139
Dielektrizitätskonstante 69
differentielle optische Methoden 84
Diffusions-Koeffizient 116
— —, ambipolarer 135
Diffusionslänge 135

Diffusionspotential, -spannung 146, 161, 165
Diffusionsstrom 67, 116, 144, 168
Diffusionstheorie 168
Diodentheorie 168
direkte Interband-Übergänge 69 ff.
Domänen 129, 143
Donatoren 4
Doppelgruppe 36
Dunkelleitfähigkeit 139

Effekte, galvanomagnetische 95 ff., 185
—, magnetooptische 82, 86
—, thermoelektrische 116 ff., 185
—, thermomagnetische 120
effektive Masse 7, 11, 38
— am oberen Bandrand 44
— density of states 47
—, longitudinale 39
—, integrale 125
—, optische 85
—, transversale 39
Effektiv-Massen-Gleichung 42, 76
Effektiv-Massen-Näherung 40 ff., 48
Eigenhalbleiter 4, 59
Eigenleitung 108
Eigenleitungsgerade 108
Eigenleitungskonzentration 59
Ein-Elektronen-Näherung 11, 24
Einfangfaktor 158
Ein-Phonon-Absorption 89
Einstein-Beziehung 117
elastische Stöße 95
electron drag 126
elektrische Leitfähigkeit 104 ff.
elektrochemisches Potential 57
Elektrolumineszenz 142, 152
Elektronenbrücken 2
Elektronenkonzentration 57
Elektron-Spin-Resonanz 186
Elektron-Gitter-Wechselwirkung 94 ff.
Elektron-Loch-Paar 4, 134
Elektroreflexion 82 ff.
Elementarzelle 17
Emissionsspektrum, thermisches 74, 163
Emitter 158
Energiespektrum 9

Energiestromdichte 93
Entartung 59, 122, 124
Entartungskonzentration 59
erlaubter Übergang 71
Erzeugung von Elektron-Loch-Paaren 4, 64 ff., 119
Ettingshausen-Effekt 115, 120
Extinktionskoeffizient 69
Exzitonen 76 ff.
—, Frenkel- 76
—, gebundene 79
—, metastabile 78
—, Mott- 76
—, Sattelpunkts- 78
— -Übergänge 76 ff., 82
—, Wannier- 76

Faraday-Effekt 88
Fehlordnung 5, 63
—, Frenkel- 63
—, Schottky- 63
Feldeffekt 163
— -Transistor 159 ff., 185
Feldemission, innere 44, 143, 150
Feldinhomogenitäten 143
Feldplatte 185
Feldstrom 67, 118, 144, 167
Fermi-Energie 55
— -Integral 59
— -Niveau 55
— -Potential 66
— -Verteilung 55
ferroelektrische Halbleiter 181
ferromagnetische Halbleiter 181, 184
flache Störstellen 47
Flußrichtung 149
Franz-Keldysh-Effekt 83
freezing-out effect 132
freie Valenzen 160
freie Weglänge 7, 127
Fremdatome 4, 63
Frenkel-Exziton 76
Frenkel-Fehlordnung 63

Galliumarsenid 39, 176
galvanomagnetische Effekte 95 ff., 185
GaSb, GaAs, GaP 175, 176
gebundene Exzitonen 79
gemischte Leitung 6, 60

195

Generationsquote 134
Germanium 2, 13, 39, 173, 174
Gitter, Bravais- 18
—, Chalkopyrit- 14, 15, 19
—, Diamant- 14, 15, 19, 23, 172
—, Graphit 14, 16, 20, 23
—, NaCl- 14, 15, 20, 22, 171
—, reziprokes 18
—, Selen- 14, 16, 20, 23
—, Wurtzit- 14, 16, 20, 23, 172
—, Zinkblende- 14, 15, 19, 23, 172
Gitterwärmeleitung 118
Gitterkräfte 6
Gitterschwingungen 7, 50 ff.
Gitterstöße 7
Gläser 16, 182
Gleichgewicht, lokales 57, 64 ff., 146
—, räumliches 57, 66 ff.
—, thermodynamisches 55
Gleichrichter 147, 149
— -Kennlinie 149, 166, 169
Graphit 183
Graphitgitter 14, 16, 20, 23
Grundgebiet 20
Gruppe 20
Gunn-Effekt 129, 186
Gütefaktor 158

Haftstelle 5, 10, 138
Halbmetall 13, 175, 177
Hall-Beweglichkeit 115
— -Effekt 109 ff.
— —, isothermer 115
— -Feldstärke 110
— -Generator 185
— -Koeffizient 111
— -Winkel 114
Hamilton-Operator 25
— —, äquivalenter 41
harmonische Näherung 51
heiße Elektronen 129
Heißleiter 185
HgSe, HgTe 177
Hopping 126, 127, 133

Indiumantimonid 38, 151, 152
indirekte Interband-Übergänge 74 ff.
Inhomogenitäten 125, 144
Injektion von Majoritätsträgern 153, 170
— von Minoritätsträgern 153, 170

Injektionslaser 152, 186
innere Feldemission 44, 150
innere Felder 67, 139, 141
innerer Photoeffekt 65
InSb, InAs, InP 175, 176
Instabilitäten 130, 143
Interband-Übergänge 69
— —, direkte 69 ff.
— —, indirekte 74 ff.
Inter-valley-Streuung 97, 98, 105
Intraband-Übergänge 69, 74
Intra-valley-Streuung 97, 105
Inversionsschicht 163, 169
Ionenbindung 15
Ionenleitung 1
irreduzible Darstellung 31 ff.
Isolator 1, 13, 140
isotropes Band 38, 46, 96, 102

Kälteerzeugung 185
Kennlinie, Gleichrichter- 147, 149, 166, 169
—, N-förmige 129
—, nicht-lineare 147
—, S-förmige 130
Kollektiv 61
Kollektor 158
kombinierte Zustandsdichte 71, 91
Kompatibilitätsrelationen 34
Kontakte 123, 138 ff.
Kontakt Metall-Halbleiter 164 ff.
Kontakt-Potential 163
kovalente Bindung 13
Kramers-Kronig-Relationen 69
Kramerssches Theorem 28
k-Raum 27
Kristall-Impuls 43
kritische Punkte 47, 71, 72, 82

Ladungsstromdichte 93
Landau-Niveau 113
Lawinendurchbruch 150
Lebensdauer 8, 12, 64, 138, 139
LEED 161
Leerstellen 5, 63
Leistungsverstärkung 159
Leitfähigkeit, elektrische 104 ff.
Leitungsband 9
Leitungselektronen 3
Löcher 3, 11, 45
—, leichte und schwere 125

Löcherinjektion 153, 170
Löcherkonzentration 58
lokales Gleichgewicht 57, 64 ff., 146
longitudinale effektive Masse 39
longitudinales Phonon 53
Lumineszenz 142

magnetische Sperrschicht 142
magnetische Suszeptibilität 132
magnetische Teilbänder 49, 79, 131
Magnetoabsorption 82
magnetooptische Effekte 82, 86
Magneto-Plasma-Reflexion 88
Magnetoreflexion 82
Majoritätsträger 136, 140
many-valley-semiconductor 39
Massenwirkungsgesetz 4, 62, 135
mechanische Halbleitereigenschaften 186
Mehr-Phonon-Absorption 90
metastabile Exzitonen 78
Mikrominiaturisierung 185
Minoritätsträger 135, 140
Mischkristallreihen 17, 175
Molekülkristalle 16, 182
MOS-FET-Transistor 185
Mott-Exziton 76
multiple trapping 139

NaCl-Gitter 14, 15, 20, 22, 171
negativer differentieller Widerstand 129, 143, 151
Nernst-Effekt 120, 124
Neutralitätsbedingung 58, 135
N-förmige Kennlinie 129
n-Gebiet 144
nicht-entarteter Halbleiter 59, 62, 103
nicht-primitiver Translation 21
n-Leiter 6, 60
Normalkoordinaten 51
Normalschwingungen 51
n-p-n-Transistor 155 ff., 185

Oberflächen 160 ff.
—, perfekte 160
—, reale 160
—, reine 160
Oberflächen-Leitfähigkeit 163
— -Rekombination 136, 163
— -Rekombinations-Geschwindigkeit 136

Oberflächen-Zustände 161, 163
Ohmscher Kontakt 170
Onsager-Beziehungen 119
optische effektive Masse 85
optische Filter 185
optische Konstanten 69
optisches Phonon 53
optischer Zweig 53
organischer Halbleiter 16, 182
Oszillationen in der Widerstandsänderung 131
— in der magnetischen Suszeptibilität 132

parabolisches Band 38, 46, 58, 102
paramagnetische Elektronen-Resonanz 186
PbS, PbSe, PbTe 183
Peltier-Koeffizient 117, 119 ff.
PEM-Effekt 143
perfekte Oberfläche 160
p-Gebiet 144
Phonon 51 ff.
—, akustisches und optisches 53
—, longitudinales und transversales 53
phonon-drag 126
Photodiode 185
Photoeffekt, innerer 65
— in p-n-Übergängen 153 ff.
photoelektromagnetischer Effekt 142
Photoemission 163
Photoleitung 137 ff.
Photolumineszenz 142
Photospannung 141, 154
piezoelektrische Streuung 97
Piezowiderstand 133
Pinch-Effekt 128, 130
Plasma 128
Plasma-Frequenz 84
Plasma-Reflexion 86
plastische Halbleitereigenschaften 186
p-Leiter 6
p-n-Diode 185
p-n-Teilchenzähler 155
Poisson-Gleichung 67, 139, 144
polare optische Streuung 97, 100, 105
Polaronen 127, 184

Potential, chemisches 54
—, elektrochemisches 57
—, Fermi- 66
—, Quasi-Fermi- 66, 67
Punktgitter 17, 19
—, hexagonales 18, 19
—, kubisch-flächenzentriertes 18, 19
Punktgruppe 21, 29

quantum limit 132
Quasi-Fermi-Niveau 66
Quasi-Fermi-Potential 66, 67

Raman-Effekt 89
Randbedingungen, zyklische 20, 27
Randschicht 161, 169
Randschichttheorie, Schottkysche 165
Raumgruppe 21
Raumladungen 67, 144
raumladungsbegrenzte Ströme 141, 170
Raumladungsschicht 161
räumliches Gleichgewicht 57, 66 ff.
Reaktionskinetik 61 ff.
reale Oberflächen 160
Reflexion im Magnetfeld 79 ff.
reine Oberflächen 160
Rekombination 4, 64 ff., 138, 150
Rekombination, Auger- 65
Rekombinationsleuchten 152
Rekombinations-Überschußquote 134
Rekombinationszentrum 5, 9, 10, 65, 142
Relaxationszeit 8, 12, 95 ff.
—, dielektrische 68, 139
Relaxationszeit-Näherung 100 ff.
reziprokes Gitter 18
Righi-Leduc-Effekt 120

Sattelpunkts-Exzitonen 78
Sättigungsstrom 150, 169
Schallquant 52
Schmalband-Halbleiter 127, 133, 184
Schottky-Fehlordnung 63
Seebeck-Koeffizient 117, 119
Selen 182
Selengitter 14, 16, 20, 23

S-förmige Kennlinie 130
Shubnikov-de Haas-Effekt 131
SiC 172, 175
Silizium 39, 173, 174
Solarzelle 185
Spannungsverstärkung 159
Sperrichtung 149
Sperrschicht s. Randschicht
—, magnetische 142
Sperrschichtzähler 185
Sperrstrom 150
Spin-Bahn-Aufspaltung 40
Spin-Bahn-Kopplung 36
Stern von k 29, 30
Störband 48, 132
Störstellen 4, 12, 186
—, flache 47
Störleitung 108
Störstellenterme 9, 47
Stösse, elastische 95
—, erinnerungslöschende 96
Stoßionisation 65, 128, 142, 150
strahlende Übergänge 64
Strahlungsschäden 186
Streuung durch akustische Phononen 96, 97 ff., 104
— an Störstellen 97, 99, 104
—, Deformationspotential- 98, 100
— durch optische Phononen 96
—, Inter-valley- 97, 98, 105
—, Intra-valley- 97, 105
—, nicht-polare optische 97
—, piezoelektrische 97
—, polare optische 97, 100, 105
Streumechanismen 12, 94 ff.
Stromverstärkung 159
supraleitende Halbleiter 182
Suszeptibilität, magnetische 114
symmorphe Gruppe 21

Technologie 186
Teilbänder 30, 34, 125
—, magnetische 49, 79, 131
Teilchenstromdichte 93
Teilchenzähler 155
Tellur 182
ternäre Verbindungen 181
tetraedrische Halbleiter 171
thermisches Emissionsspektrum 74, 163
Thermodiffusion 117

thermodynamisches Gleichgewicht 55
thermoelektrische Effekte 116 ff., 185
thermoelektrische Energieerzeugung 185
Thermoelement 185
thermomagnetische Effekte 120
Thermospannung 119
Transistor, Feldeffekt- 137, 185
—, MOS-FET- 185
—, n-p-n- 155 ff., 185
Translation, nicht-primitive 21
—, primitive 17
Translationsgruppe 20
Translationsinvarianz 25
Translationsoperator 20
Translationssymmetrie 20
transversale effektive Masse 39
transversales Phonon 53
Trap 138
Tunneldiode 151, 185
Tunneleffekt 44, 142, 150, 152

Übergang, direkter 69
—, erlaubter 71
—, Exzitonen- 76 ff., 82
—, indirekter 69
—, Interband- 69 ff., 74 ff.
—, Intraband- 69, 74
—, strahlender 64
—, verbotener 71
Übergangsgebiet 144
Unipolartransistor 159

Valenzband 9
Valenzelektronen 2
Verarmungsrandschicht 163, 164 ff.
verbotener Übergang 71
verbotene Zone 9
Verteilungsfunktion 92
Verträglichkeitsrelationen 34
Voigt-Effekt 88

Wannier-Exzition 76
Wärmeleitfähigkeit 117
Wärmestromdichte 94
warped surfaces 39
Weglänge, freie 7, 127
Widerstandsänderung im Magnetfeld 111, 124
Wiedemann-Franzsches Gesetz 118
Wigner-Seits-Zelle 17
Wurtzit-Gitter 14, 16, 20, 23, 172

Zeitumkehrsymmetrie 36
Zinn, graues 173, 175
Zinkblendegitter 14, 15, 19, 23, 172, 175
ZnO 178
ZnS, ZnSe, ZnTe 180
Zone, verbotene 9
Zustandsdichte 46 ff.
—, kombinierte 71, 91
— im Magnetfeld 50, 131
Zwischengitterplatzatom 5, 63
zyklische Randbedingungen 20, 27

Erschienene Bände der Heidelberger Taschenbücher

1. Max Born: Die Relativitätstheorie Einsteins. 5. Auflage. DM 10,80
2. K. H. Hellwege: Einführung in die Physik der Atome
   3. verbesserte Auflage. DM 8,80
3. Wolfhard Weidel: Virus und Molekularbiologie
   2. erweiterte Auflage. DM 5,80
4. L. S. Penrose: Einführung in die Humangenetik. DM 8,80
5. Hans Zähner: Biologie der Antibiotica. DM 8,80
6. Siegfried Flügge: Rechenmethoden der Quantentheorie
   3. Auflage. DM 10,80
7/8. G. Falk: Theoretische Physik I und Ia auf der Grundlage einer allgemeinen Dynamik
   Band 7: Elementare Punktmechanik (I). DM 8,80
   Band 8: Aufgaben und Ergänzungen zur Punktmechanik (Ia). DM 8,80
9. Kenneth W. Ford: Die Welt der Elementarteilchen. DM 10,80
10. Richard Becker: Theorie der Wärme. DM 10,80
11. P. Stoll: Experimentelle Methoden der Kernphysik. DM 10,80
12. B. L. van der Waerden: Algebra I
    7. neubearbeitete Auflage der Modernen Algebra. DM 10,80
13. H. S. Green: Quantenmechanik in algebraischer Darstellung. DM 8,80
14. Alfred Stobbe: Volkswirtschaftliches Rechnungswesen. 2. erweiterte Aufl. DM 12,80
15. Lothar Collatz/Wolfgang Wetterling: Optimierungsaufgaben. DM 10,80
16/17. Albrecht Unsöld: Der neue Kosmos. DM 18,—
18. Fred Lembeck/Karl-Friedrich Sewing: Pharmakologie-Fibel. DM 5,80
19. A. Sommerfeld/H. Bethe: Elektronentheorie der Metalle. DM 10,80
20. K. Marguerre: Technische Mechanik. I. Teil: Statik. DM 10,80
21. K. Marguerre: Technische Mechanik. II. Teil: Elastostatik. DM 10,80
22. K. Marguerre: Technische Mechanik. III. Teil: Kinetik. DM 12,80
    DM 12,80
23. B. L. van der Waerden: Algebra II
    5. Auflage der Modernen Algebra. DM 14,80
24. Manfred Körner: Der plötzliche Herzstillstand. DM 8,80
25. W. Reinhard: Massage und physikalische Behandlungsmethoden. DM 8,80
26. H. Grauert/I. Lieb: Differential- und Integralrechnung I. 2. Auflage.
27/28. G. Falk: Theoretische Physik II und IIa
    Band 27: Allgemeine Dynamik. Thermodynamik (II). DM 14,80
    Band 28: Aufgaben und Ergänzungen zur Allgemeinen Dynamik und Thermodynamik (IIa). DM 12,80
29. P. D. Samman: Nagelerkrankungen. DM 14,80
30. R. Courant/D. Hilbert: Methoden der mathematischen Physik I
    3. Auflage. DM 16,80
31. R. Courant/D. Hilbert: Methoden der mathematischen Physik II
    2. Auflage. DM 16,80

MIX
Papier aus verantwortungsvollen Quellen
Paper from responsible sources
FSC® C105338

If you have any concerns about our products,
you can contact us on
ProductSafety@springernature.com

In case Publisher is established outside the EU,
the EU authorized representative is:
**Springer Nature Customer Service Center GmbH
Europaplatz 3, 69115 Heidelberg, Germany**

Printed by Libri Plureos GmbH
in Hamburg, Germany